図解

いちばんやさしい
相対性理論
の本

三澤信也

彩図社

はじめに

相対性理論はアインシュタインという天才が発見したものです。そして、その説明には多くの数式が登場します。

そのため、相対性理論を理解するのをあきらめている人は多いようです。

確かに、相対性理論を完全に理解するのは難しいです。

「物理の法則や数式なんて、お手上げだ」と思ってしまうのも無理はありません。

まして、知らないままでも生きていくのには困らないのですから、仕方のない判断なのかもしれません。

しかし一方で、「それはとてももったいない！」とも思うのです。

なぜなら、相対性理論はとても面白いからです。「ブラックホールはどうやってできるの?」「タイムマシンは作れるの?」といった疑問が、ひとつの理論をもとにすっきり解決するのです。

また、重力波など、未来を先取りする最新のトピックの理解にもつながっていきます。

最初からすべてを理解しようなどと思う必要はありません。エッセンスが分かるだけでも、楽しさを味わうことはできます。

そこで本書では、基本的に数式を使わず、代わりにイメージしやすい具体例を多く取り入れながら相対性理論を味わえるようにしました。

「自分は理科系の勉強が苦手」「物理なんてまともに勉強したことない」といった方にも、気楽に相対性理論の世界を味わっていただけるはずです。

なお、「相対性理論」には2種類あります。

アインシュタインは、1905年に初めて相対性理論を発表しました。ただ、これは正確には「特殊相対性理論」と呼ばれるものであり、相対性理論のすべてではありません。

特殊相対性理論は、観測者が一定の速さでまっすぐ動き続ける、もしくは静止を続ける場合にだけ成り立つ理論です。そういう〝特殊〟な場合にだけ適用できるため、「特殊相対性理論」と呼ばれるのです。

その後10年の歳月をかけて研究を重ね、アインシュタインはもう一度相対性理論を発表します。今度は「一般相対性理論」です。

こちらは、観測者の動き方が変化する場合でも成り立つ理論です。観測者がどんな動き方をしても〝一般〟的に成り立つ理論なので、「一般相対性理論」と言われます。

「一般相対性理論」より「特殊相対性理論」の方が難しそうな感じがするかもしれませんが、実際には一般相対性理論の方がずっと難解です。

ですので、本書では比較的易しい「特殊相対性理論」の説明からスタートします。最初から順番に読んでいくと全体的な理解がしやすいので、おすすめです。

ただ、難しければ、後半にあるブラックホールやタイムマシンの項目から先に読んでいただいてもかまいません。楽しみつつ相対性理論を理解してもらうのが本書の目的なので、自由に読んでください。

本書を通して、アインシュタインが明らかにした世界がいかに私たちの常識的な感覚とずれているか、よく分かっていただけると思います。

きっと、時間や空間といったものについての概念が覆《くつがえ》されてしまうことでしょう。ぜひ、衝撃を受けるような経験をしていただけたらと思います。

三澤　信也

第1章

時間と空間の話

第2章 質量の話

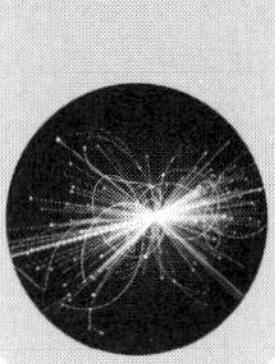

第3章 時空のゆがみの話

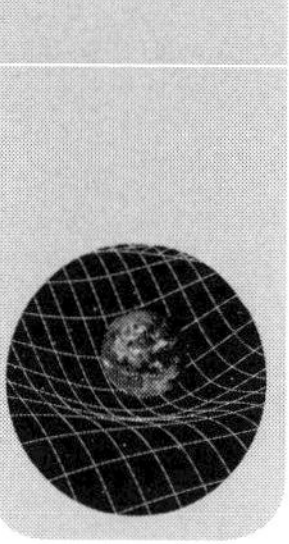

第5章 重力波が観測された！

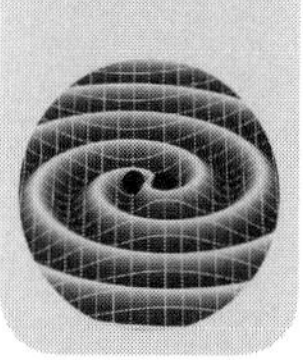

第6章

タイムマシンは実現するか？

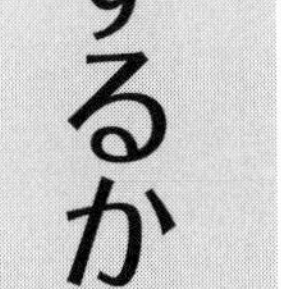

第1章

時間と空間の話

そもそも「相対」とは何なのか？

まず特殊相対性理論を見てみよう

相対性理論には2つの種類があります。**「特殊相対性理論」**と**「一般相対性理論」**です。

そして、アインシュタインが先に発表したのは「特殊相対性理論」でした。「はじめに」でも書きましたが、こちらの方が理解しやすいです。そして、その次に「一般相対性理論」に進んでいけば、スムーズにどちらも理解できるでしょう。

ということで、まずはアインシュタインが「特殊相対性理論」でどのようなことを説明したのかを見ていきます。

アインシュタインはどのような世界を明らかにしたのでしょう。そこは、私たちの常識では考えられないような世界なのです。

かつての常識
相対
どちらも正しい
絶対
それだけが正しい
時間も空間も
変化しない

「絶対」と「相対」

そもそも、相対性理論の「相対」というのはどういう意味でしょう?

これは、対義語を考えると理解しやすいです。

「相対」の対義語は「絶対」です。「絶対」というのは、「それだけが正しい」という意味です。例えば「絶対的な基準」と言ったら、その基準だけが正しく他は間違っているということになります。

この対義語が「相対」ですから、「相対」というのは**「どちらも正しい」**という意味になるわけです。

では、相対性理論では何が「どちらも正しい」と言っているのでしょう？

絶対時間と絶対空間

時間の進み方は、世界のどこでも一様ですよね？

時計が日本にあろうがアメリカにあろうが、月面上にあろうが宇宙空間にあろうが、どこに置いても同じ速さで時を刻んでいくはずです。もちろん、時計が狂わなければの話ですが。

さらに、例えば車の中の時計は車が止まっていようが走っていようが、同じように時を刻みますよね？

このように、この世のどんな場所でも同じように時間が進んでいく、これが常識的な感覚だと思います。

この誰にとっても同じように流れていく時間のことを**「絶対時間」**と呼びます。

また、空間についても同様です。

例えば、あるトンネルの長さをゆっくり歩きながら測った場合と高速で移動しながら測った場合とで値が変わる、などということもないですよね？　どんな人が測ろうが、トンネルの長さは同じであるはずです。

何ものからも影響を受けず、過去から未来まで変化することなく存在する空間を**「絶対空間」**と呼びます。

「絶対時間」「絶対空間」という考え方は、現在の私たちでも容易に受け入れられる考え方

絶対時間
時を刻む
速さは
どこでも同じ

絶対空間
誰が見ても
トンネルの長さは同じ

だと思います。

逆に、車が走り出すと時間の進み方が変わるとか、移動の速さによってトンネルの長さの測定値が変わると聞いたら、その方が非常識だと感じますよね。

しかし、アインシュタインはこの考え方に疑問を持ったのです。**「『絶対時間』とか『絶対空間』というものは、本当は存在しないのではないだろうか？」**と考えたのです。

当時も「絶対時間」「絶対空間」という考え方が常識で、誰もそれがおかしいなどとは思わなかったのですが、アインシュタインは違いました。

奇妙な感じがするかもしれませんが、実はこれがアインシュタインのすごいところなのです。

光速で動いたら、目の前の鏡に自分の顔は映るのか？

アインシュタインの疑問

アインシュタインはどのようなきっかけで「絶対時間」「絶対空間」に疑問を持ったのでしょう。

アインシュタインはみずからの伝記に「もし人が、光の波を後ろから光速度で追いかけたらどうなるのだろうか。光は止まって見えるのだろうか。とてもそうとは思えない！」と記しています。

これは、**「光速で動いたら、目の前の鏡に自分の顔は映るのか？」**という疑問です。

読者の方はどう思われますか？

「鏡があるのなら顔が見えるのが当たり前じゃないか」と思われるかもしれませんね。

しかし、実はそれは当たり前のことではない

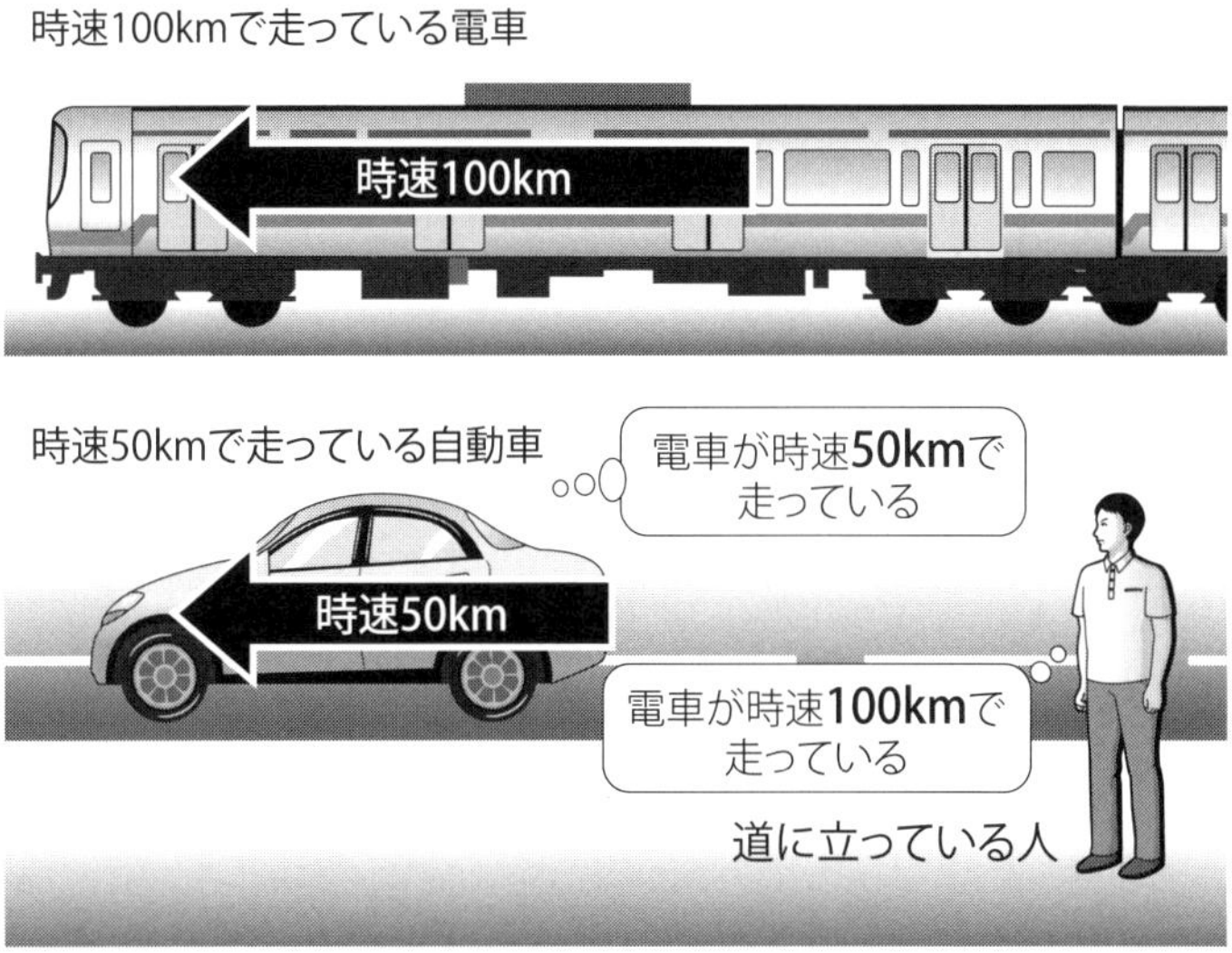

のです。そのことを、説明してみたいと思います。

電車の速さは立場によって違う

例えば、時速100キロメートルで走っている電車があるとします。

道に立っている人がこれを見れば、そのまま時速100キロメートルで走っているように見えます。

しかし、電車と同じ向きに時速50キロメートルで走っている車に乗っている人がこれを見たらどうでしょう？

この場合は、電車は時速50キロメートルで

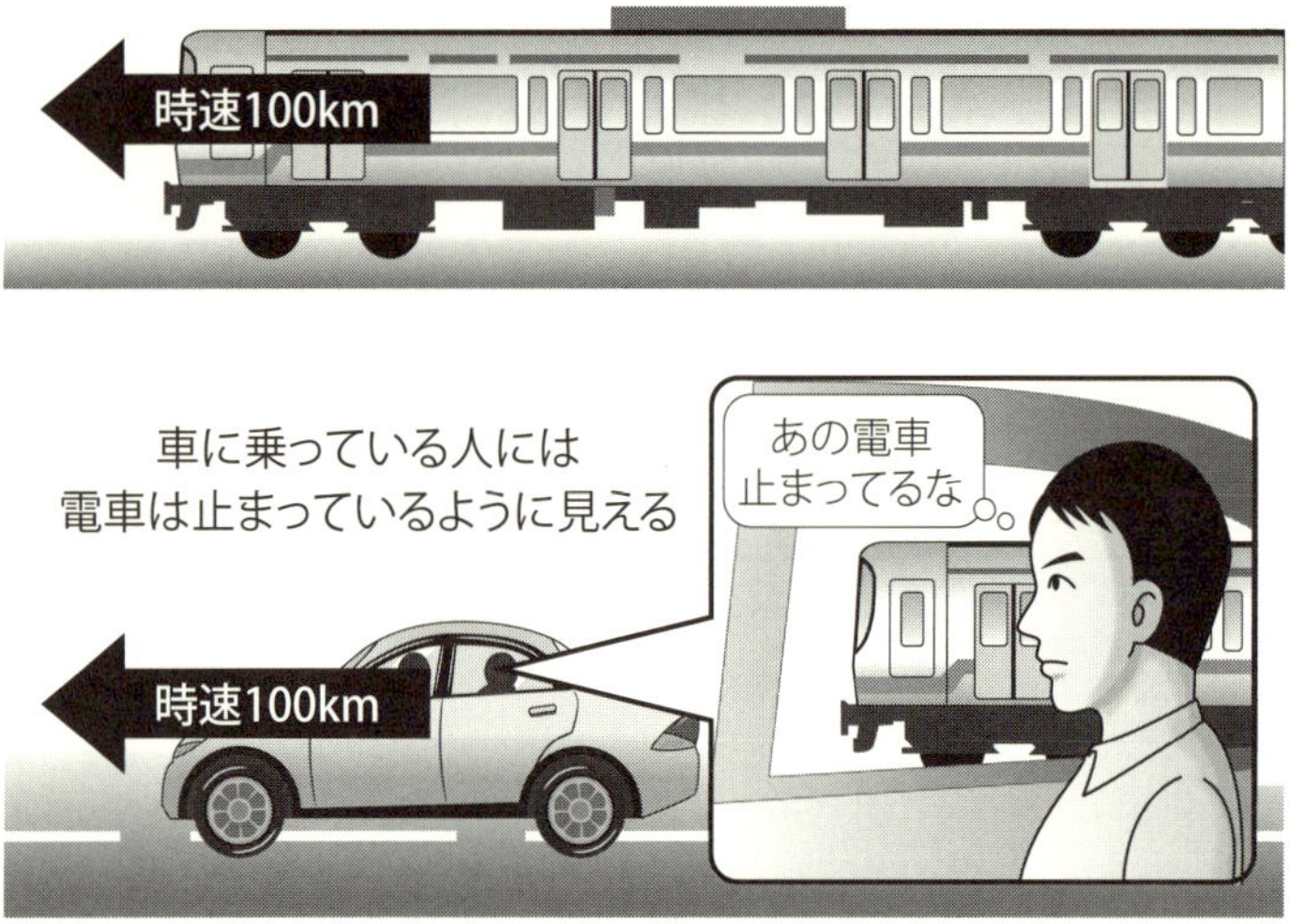

走っているように見えますね。

では、車が電車と同じ時速１００キロメートルで走ったらどうなるでしょう？

この場合は、車に乗っている人からは電車は止まっていて動かないように見えることになります。

このように、**観測者が動くとものの速さの見え方も変わる**ことが理解できます。

ものすごく速い光はどう見える？

では、光の場合はどうなるでしょう？

光はものすごい速さで進んでいる、というのは容易に実感できると思います。

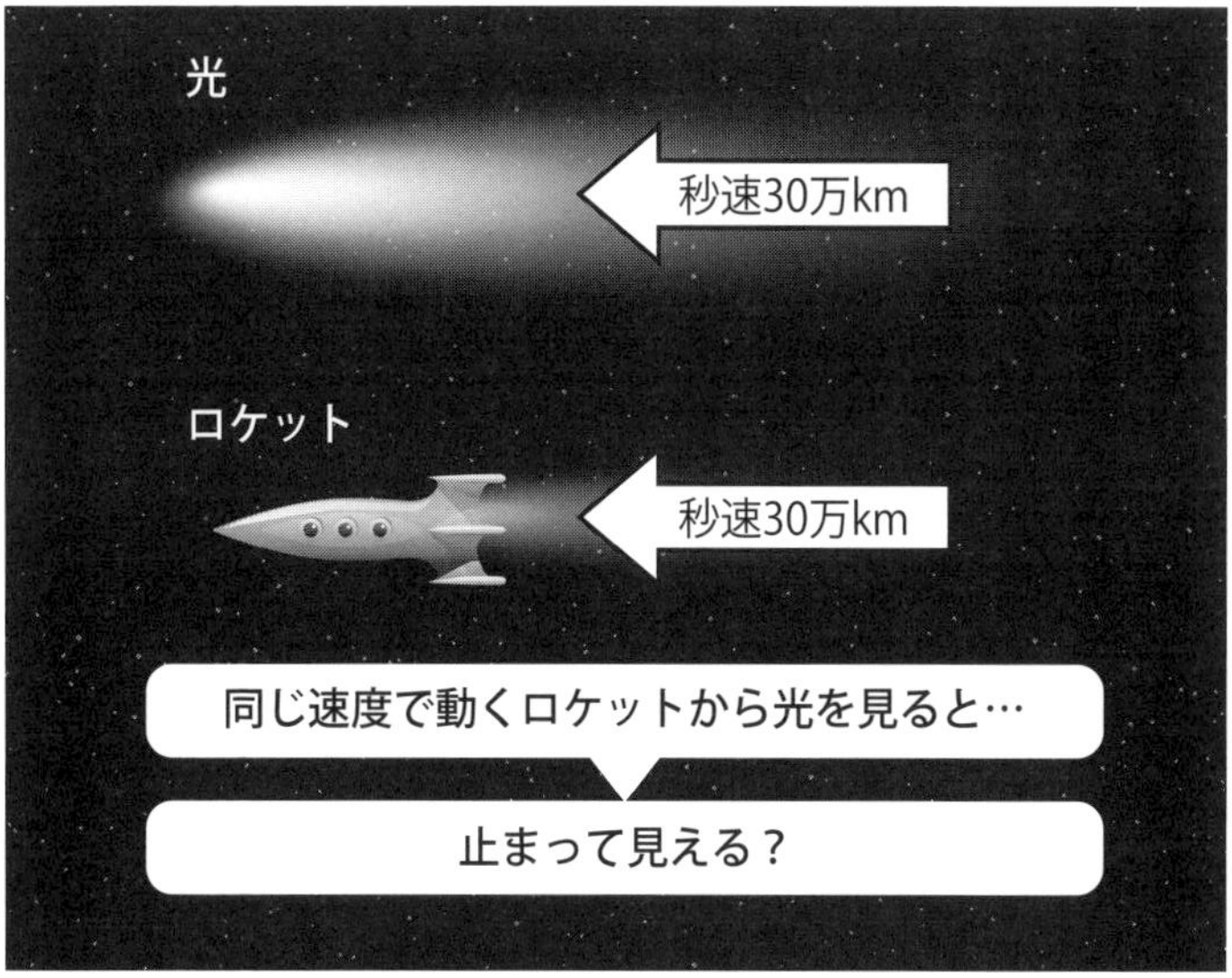

例えば、遠くで雷が発生したとき、「ゴロゴロ」という音が伝わってくるのには時間がかかりますが、電光は一瞬で届きますよね。打ち上げ花火でも同じように、光は音が伝わるのよりずっと速く観測できます。

光は、**秒速約30万キロメートル**で進みます。地球一周の距離は約４万キロメートルですから、30万キロメートルというのは地球７周半に相当する距離です。

光はたった１秒で地球を７周半もするのです。光はこのような速さで、空間中を進んでいきます。

それでは、このような速さで進む光を、光と同じ速さで動きながら追いかけたらどうなるでしょう？　光はどのように見えるのでしょうか？

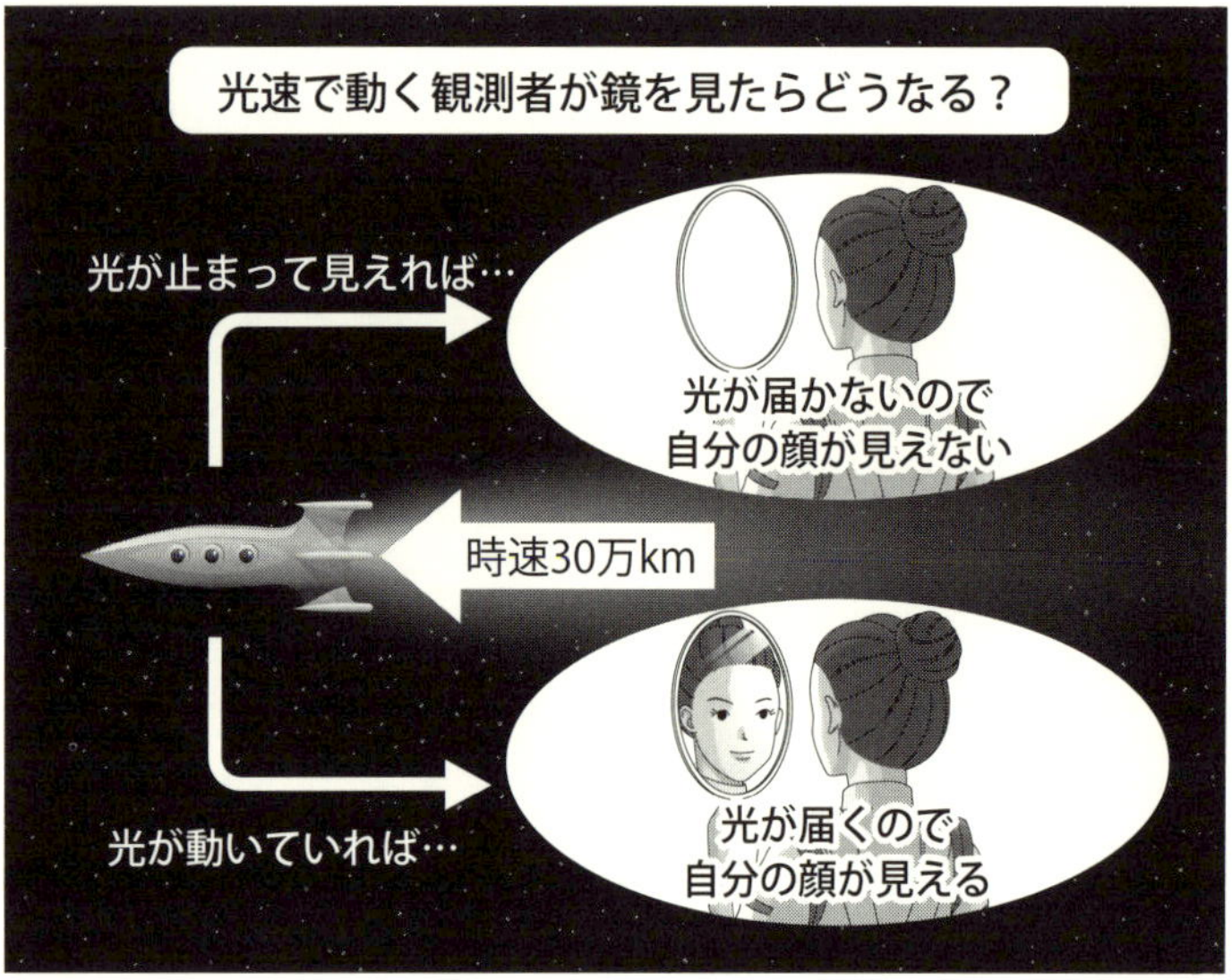
光速で動く観測者が鏡を見たらどうなる？
光が止まって見えれば…
光が届かないので
自分の顔が見えない
時速30万km
光が動いていれば…
光が届くので
自分の顔が見える

どこから見ても光の速さは同じ

電車と車の場合と同じように考えると、光は止まって見えることになります。

でも、光が止まって見えるなんて何だか変な感じがしませんか？　光が止まって見えるなどということが、本当に起こるのでしょうか？

もしも光が止まって見えることになるのなら、目の前に鏡があってもそこへ光が届かないことになります。そのため、鏡から反射してくる光もありません。その結果、鏡をのぞいても自分の顔は見えないということになります。逆に、光が止まらないのであれば、光

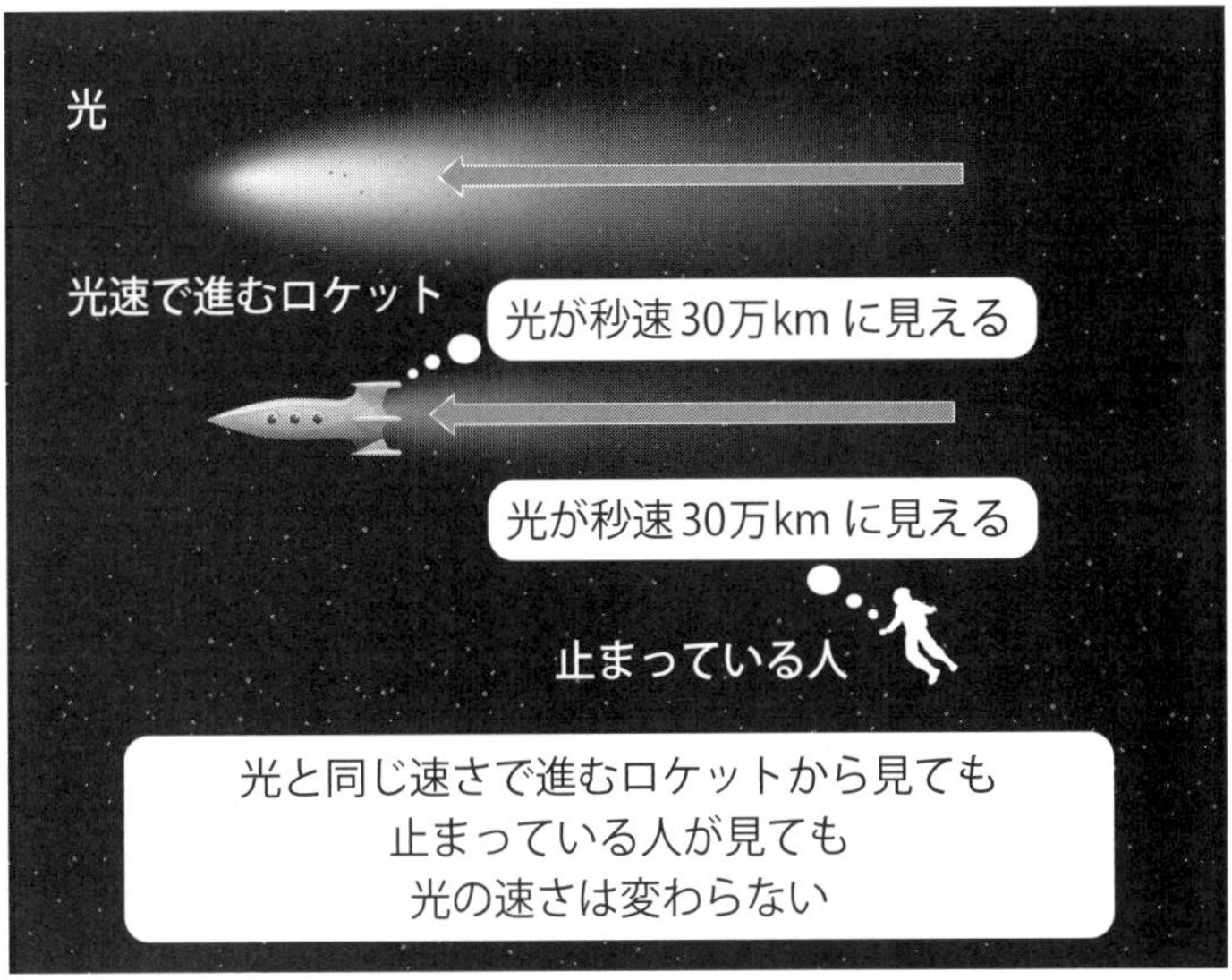
光
光速で進むロケット
光が秒速30万kmに見える
光が秒速30万kmに見える
止まっている人
光と同じ速さで進むロケットから見ても
止まっている人が見ても
光の速さは変わらない

が反射してきますから鏡に自分の顔が映って見えることになるのです。

結論から言うと、**「光と同じ速さで動くロケットから見ても、光は秒速30万キロメートルで動いて見える」**というのが正解となります。

ということは、光速で動くロケットの中でもちゃんと鏡に顔が映って見えるというわけです。

もちろん、光速で動くロケットなど実現されていません。ですので、鏡に顔が映って見えることを実際に確かめた人がいるわけではありません。ですが、次に紹介する実験の結果から、このような結論が導かれているのです。いったいどんな実験が行われたのでしょう？

光の速さを調べたマイケルソンとモーレー

私たちは常に動いている

「光速で動いたら、目の前の鏡に自分の顔は映るのか?」というアインシュタインの疑問は、**「観測者が動くことで光の速さは変わって見えるようになるのか?」**と言い換えることができます。ですので、動く観測者から光速を測ってみれば、結果はハッキリします。

では、ロケットを宇宙に飛ばしてその中で光速を測ればよいのでしょうか? たしかにそうすれば結論は出ますが、なかなか大変ですよね。

実は、そんなことをする必要はまったくありません。例えば、椅子の上に静かに座っているとき、自分は静止していると思うでしょう。たしかに静止しているかもしれませんが、

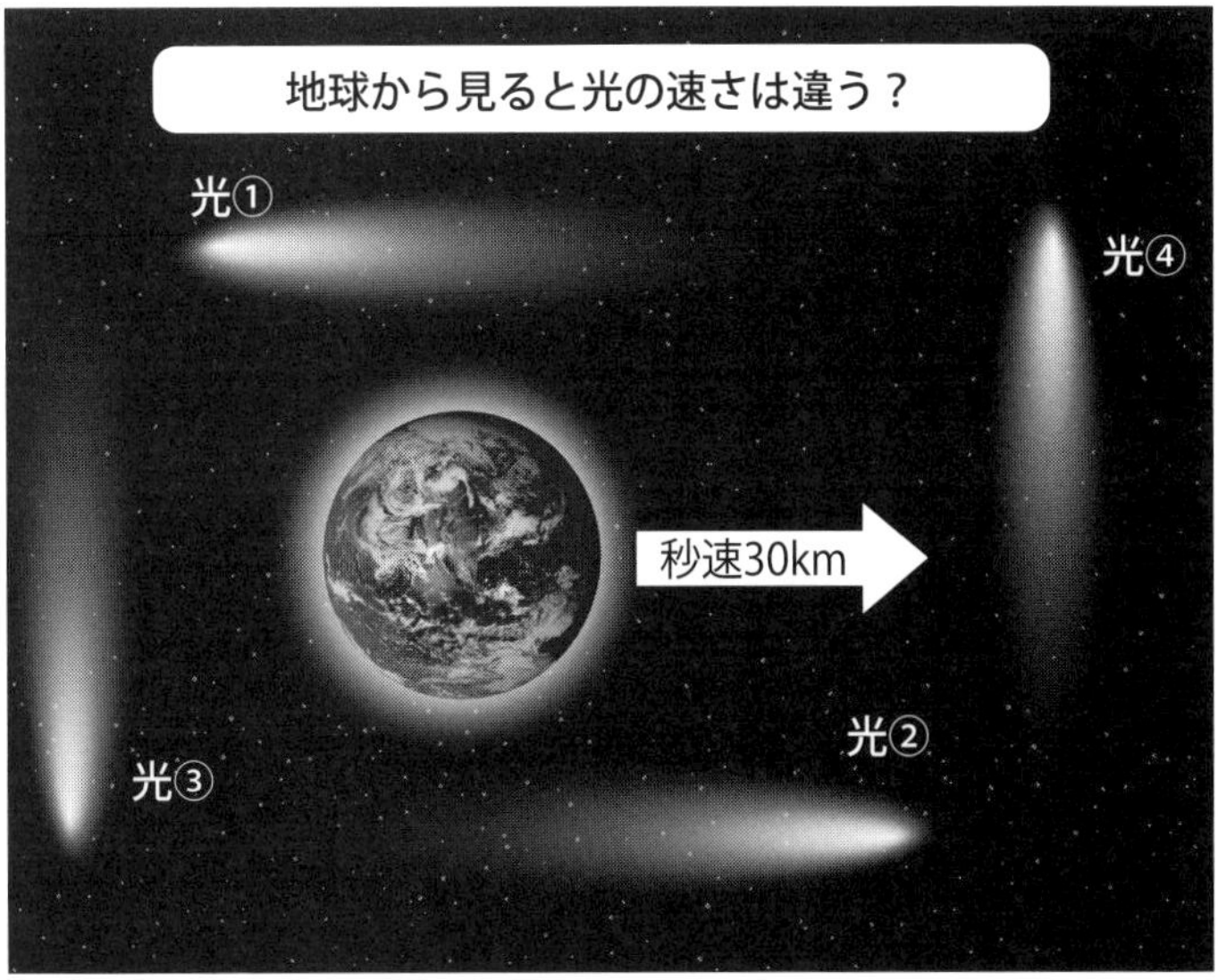

それは「地球に対して」静止しているということであり、**「宇宙空間に対して」静止しているわけではありません。**

地球は、太陽の周りを公転しています。その速さは、秒速約30キロメートルです。ですので、地球の上では静止している私たちも、実は**宇宙という視点で見れば動いている存在**なのです。ということは、地球上の私たちから光を見た場合、光の進む向きによって速さが違って見えるはずなのです。

光の速さの実験

上の図では4つの向きに進む光を示しまし

たが、それぞれの光は地球からは左のような速度で見えることになります。なお、地球は公転だけでなく自転もしていますが、自転の速さは秒速約５００メートルと、公転の速さの秒速約30キロメートルに比べてとても小さいので、ここでは無視しています。

さて、実際に地球上から光を観測した場合、このように速度が変化して見えるのでしょうか？

変化するとしても、きわめてわずかです。地球の秒速30キロメートルというのは、光の秒速30万キロメートルの1万分の1ですから、光速の変化も1万分の1にすぎないのです。

このわずかな変化を観測するのは、容易ではありません。

しかし、実験装置を工夫してこのわずかな差が生じているか、厳密に測定した人がいます。アメリカの物理学者マイケルソンとモーレーです。

鏡を使った実験装置

彼らは、１８８７年に29ページの図のような観測装置を用いて、光が進む向きによって速さが違って観測されるかを調べました。

この装置で、ハーフミラーから鏡Ａまでの距離と鏡Ｂまでの距離は厳密に等しくなっています。

ですので、もしも光の速さが進む向きによらず一定であれば、２つの光は同時に観測地

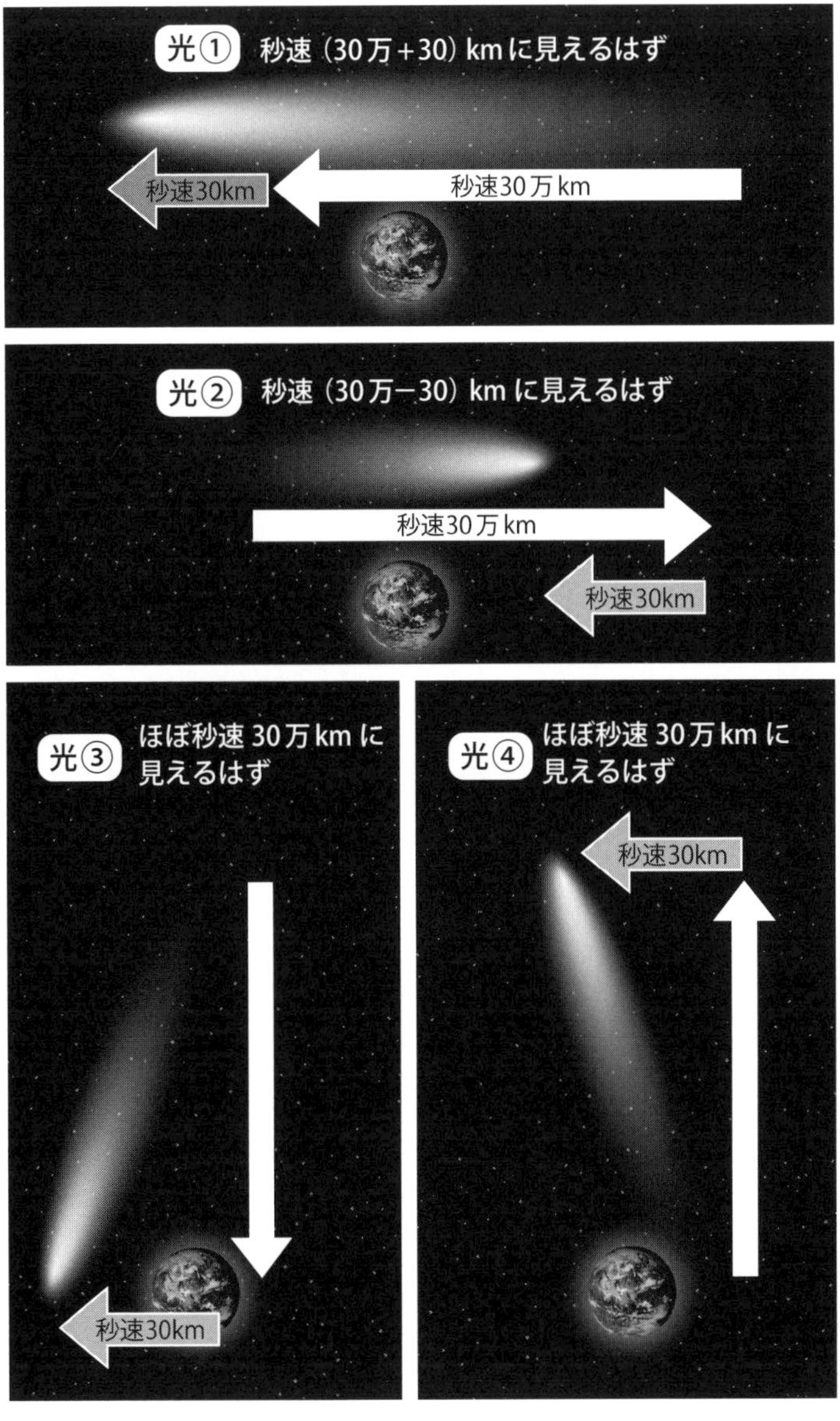
光①
秒速（30万＋30）kmに見えるはず
秒速30km
秒速30万km
光②
秒速（30万−30）kmに見えるはず
秒速30万km
秒速30km
光③
ほぼ秒速30万kmに見えるはず
秒速30km
光④
ほぼ秒速30万kmに見えるはず
秒速30km

点に到着することになります。

しかし、光の速さが進む向きによって違えば、同時に着くとは限りません。

マイケルソンとモーレーは、2つの光がピッタリ同時に到着したかどうかを確認できる装置を作り、調べてみたのです。

その結果はどうだったのでしょう?

実験の結果は「光の速さは一定」

マイケルソンとモーレーの実験では、南北方向に進んだ光も東西方向に進んだ光も、**まったく同じ速さで観測されました**。これが、精密に測定した結果だったのです。

この結果は、「**観測者が動いても光の速さは一定に観測される**」という事実を示しています。

しかし、これはとても不思議なことなのです。というのは、車に乗って電車を観測する例からも分かるように、普通は観測者の動きによってものの速さは違って見えるはずだからです。

どうして、光の場合は観測者の動きが関係しないのでしょう?

時間も空間も「相対的」

ここで、一つ気をつけなければいけない点

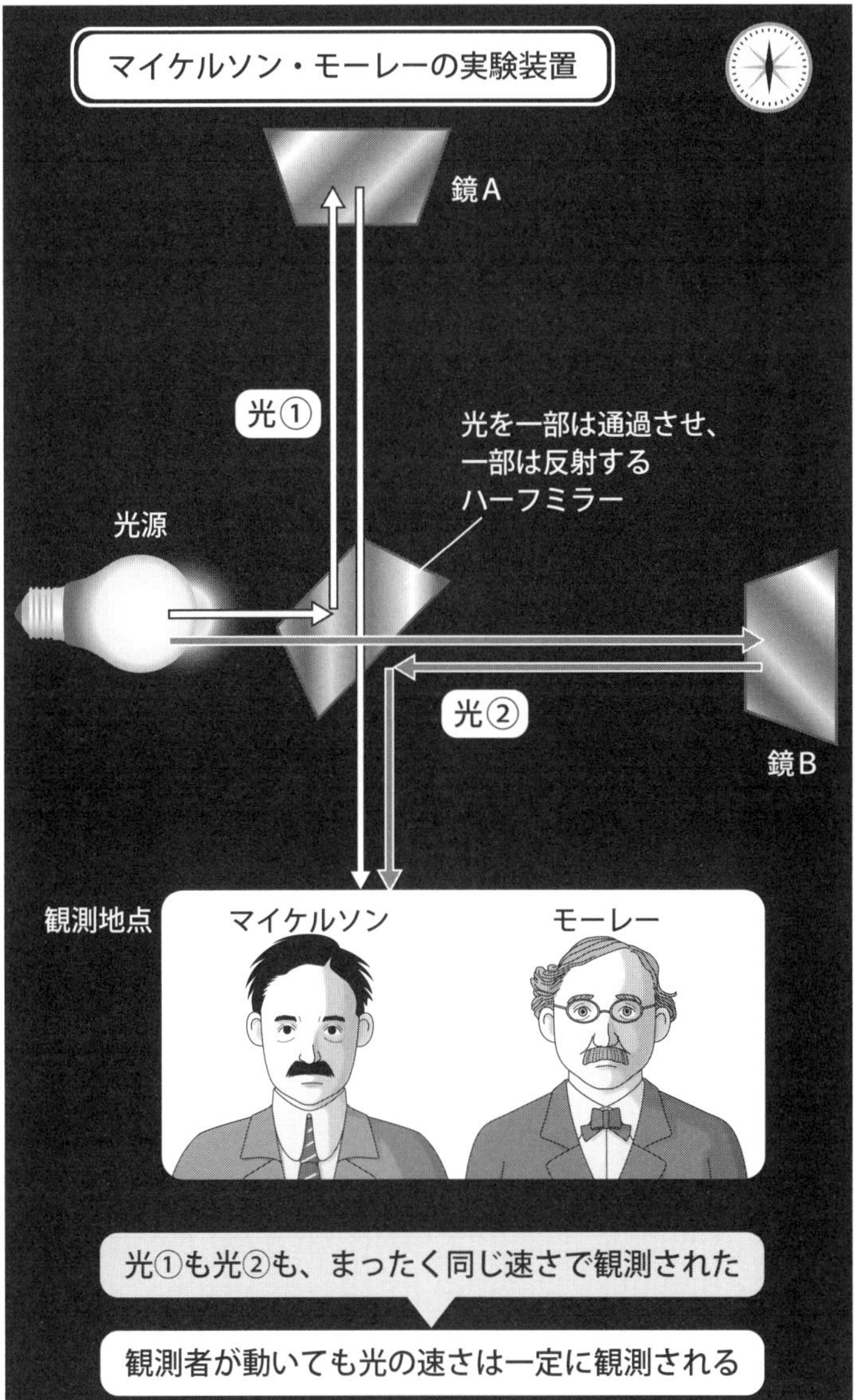
マイケルソン・モーレーの実験装置
鏡A
光①
光を一部は通過させ、
一部は反射する
ハーフミラー
光源
光②
鏡B
観測地点
マイケルソン
モーレー
光①も光②も、まったく同じ速さで観測された
観測者が動いても光の速さは一定に観測される

があります。それは、この考え方の大前提として**「宇宙空間を絶対空間とみなしている」**という点です。

宇宙空間という絶対空間の中を光が一定の速さで進んでいるとするなら、それを動く観測者が見た場合に動く向きによって速さは違って見えるはずです。

それなのに光の速さは一定に観測されたのですから、これは「絶対空間」を前提としたら矛盾が生じた、とも言えるわけです。

ということは、**そもそも絶対空間が存在するという大前提が間違っているのではないかと考えてもよいのではないでしょうか。**

なぜなら、光速度が一定に観測されたというのは紛れもない事実だからです。

絶対空間が存在する、というのは誰かが確かめたことではありません。そう考えるのが普通だと思えるというだけで、存在が証明されたわけではないのです。

そうであれば、絶対空間の存在を前提とするのでなく、「誰が見ても光速度は一定」という事実を大前提として考えるべきだ、となるのです。

このように考えた人、それがアインシュタインなのです。常に変わらないのは光の速さであり、空間はそれに合わせて変化するものなのだ、と考えたのですね。

さらに、アインシュタインは時間についても同じように考えました。

絶対時間などというものがあるのではなく、光速度一定という大前提に合わせて時間も変化するのだと考えたのです。

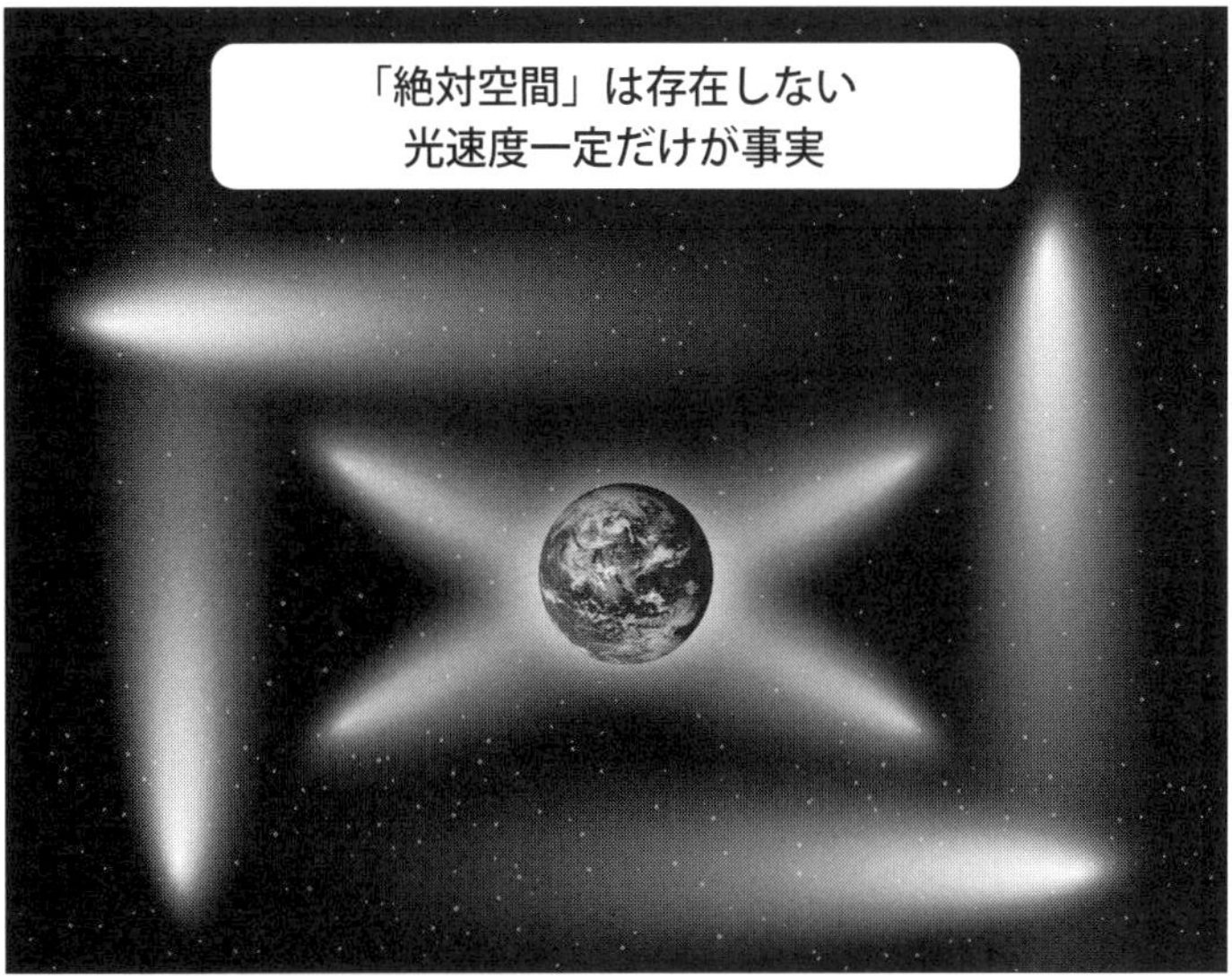
「絶対空間」は存在しない
光速度一定だけが事実

この世に存在する時間も空間も絶対不変のものではなく、光速度一定を成立させるように変化するものだ、つまり**時間も空間も相対的なものだ**、というのが相対性理論です。

何だか変な感じですよね？　でも、光の速さは常に一定という観測事実がある以上、これを否定することもできないのです。

ここまで、相対性理論では何が「相対的」だと言われているのか、説明してきました。少しずつ相対性理論の不思議な世界に足を踏み入れてきましたね。

何だか納得できない、という感があるかと思います。それはもっともなことです。

なぜなら、相対性理論が明らかにする世界は、私たちの日常生活からはあまりにもかけ離れているからです。

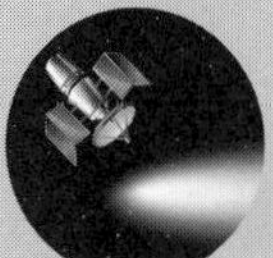

光の進み方から「同時刻の相対性」を考える

「絶対時間」はあるのか?

それでは、光速度一定を原則とすることで、どのように時間や空間の変化が導き出されるのでしょう?

まずは、時間の変化について説明します。

私たちは日々、時間を気にしながら生きています。「何時までにこれをやって」「何時に誰と待ち合わせをして」という感じです。

そして、私たちは時間というのは誰にとっても共通のものだと、当たり前のように認識しています。

例えばAさんとBさんが「6時に待ち合わせましょう」という約束をしたとき、Aさんにとっての6時とBさんにとっての6時が共通でなかったら、待ち合わせが成立しません。

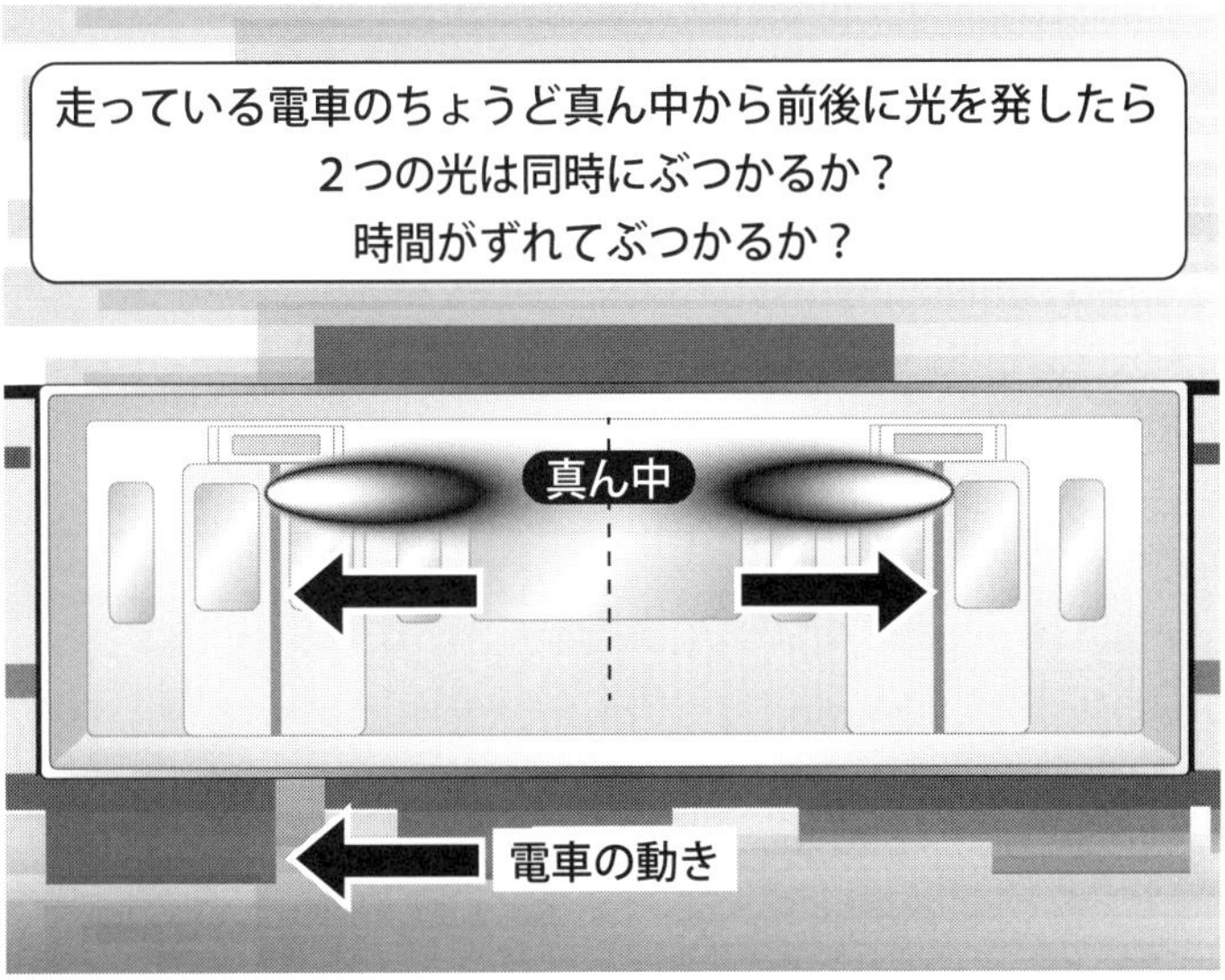
走っている電車のちょうど真ん中から前後に光を発したら
2つの光は同時にぶつかるか？
時間がずれてぶつかるか？
真ん中
電車の動き

Aさんにとってはいま6時だけど、Bさんにとってはいま6時半だというようなことになってしまったら困るわけです。

もちろん、国や地域の違いによる時差の話をしているのではありません。時間の流れ方は誰にとっても共通だという、**時間の根本**に関する話です。

私たちは時間というのは誰にとっても共通のもの、唯一絶対なものと無意識のうちに考えているのです。

この考え方を「絶対時間」といいました。

しかし、「絶対時間」というものの存在に疑問を持った人がいます。それがアインシュタインです。

アインシュタインは、上図のような問題を考えました。さて、アインシュタインはどん

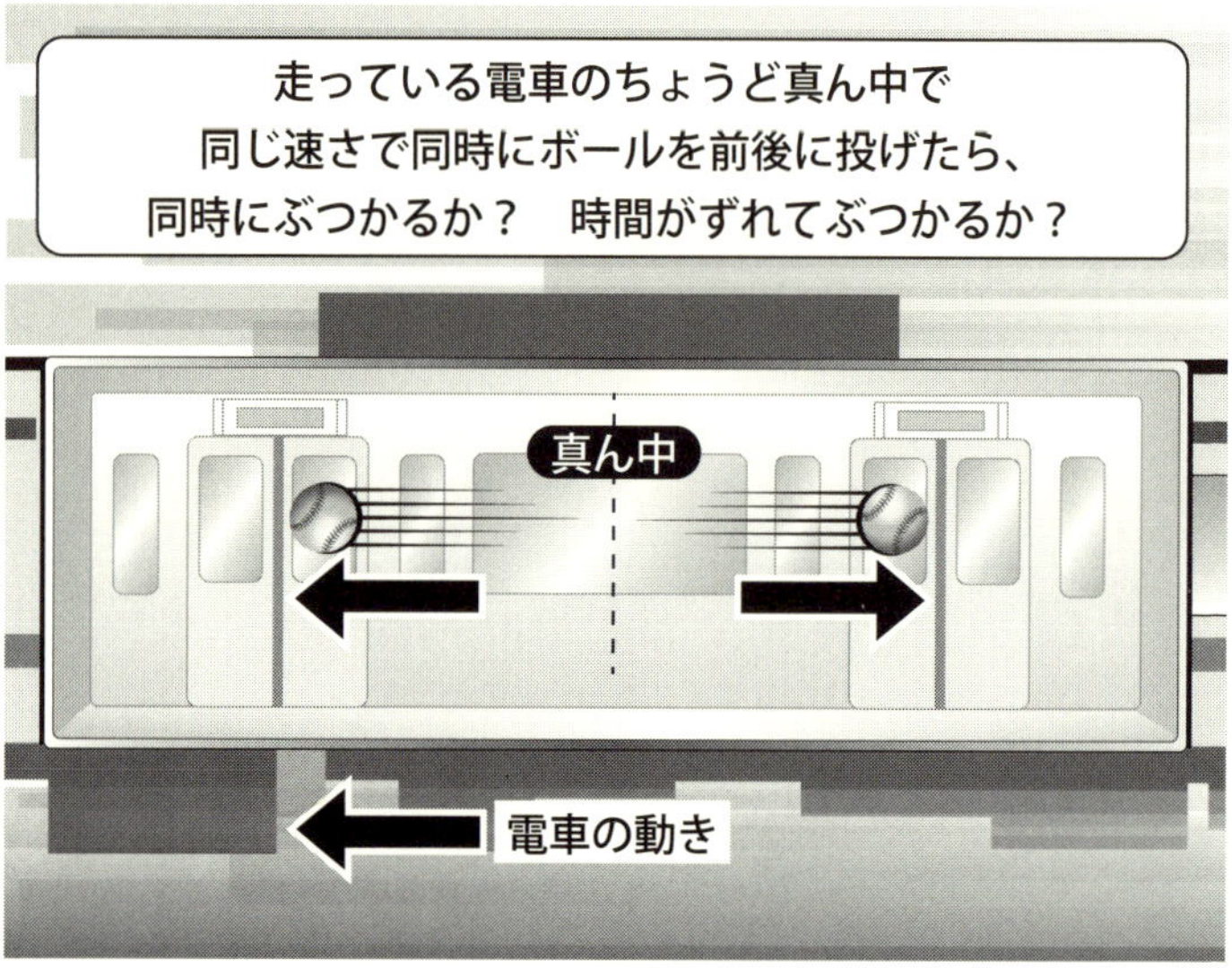
走っている電車のちょうど真ん中で
同じ速さで同時にボールを前後に投げたら、
同時にぶつかるか？　時間がずれてぶつかるか？
真ん中
電車の動き

な答えを導き出したのでしょう？

まずはボールで考えてみる

いきなりこの問題を考えるのは難しいので、少し簡単にしたパターンで考えてみます。

上図のように、電車の真ん中から光を発するのではなく、２つのボールを同じ速さで投げ出すとします。

この場合はどうなるでしょう？

この問題を考える場合、２つの視点があります。１つは電車に乗っている人の視点、もう１つは電車に乗らず地上にいる人の視点です。

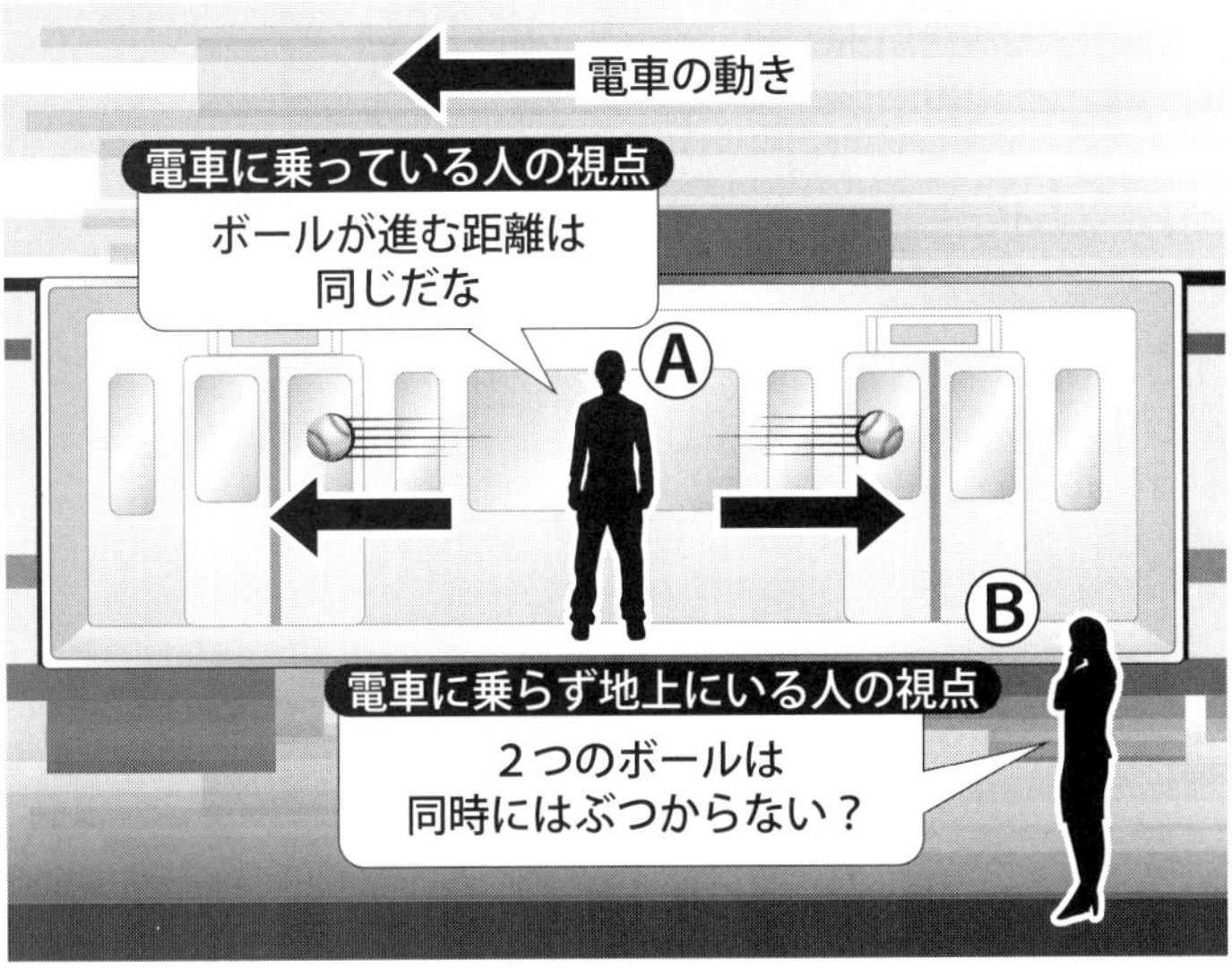

まずは電車に乗っている人の視点Aで考えてみましょう。

電車に乗っている人は電車と一緒に動いていきます。ですので、この視点から見ると電車の前方、後方までの距離はずっと等しいままになります。

そして、2つのボールは同じ速さで動いていくので、同じ距離を進むのにかかる時間は等しくなります。

次に、電車に乗らず地上にいる人Bの視点で考えてみます。

この場合、ボールがスタートした場所から電車の前方、後方へぶつかるまでに進む距離が等しくならないことに注意が必要です。

では、前方へぶつかるまでの距離の方が長くなるのなら、前方にぶつかるまでの時間の

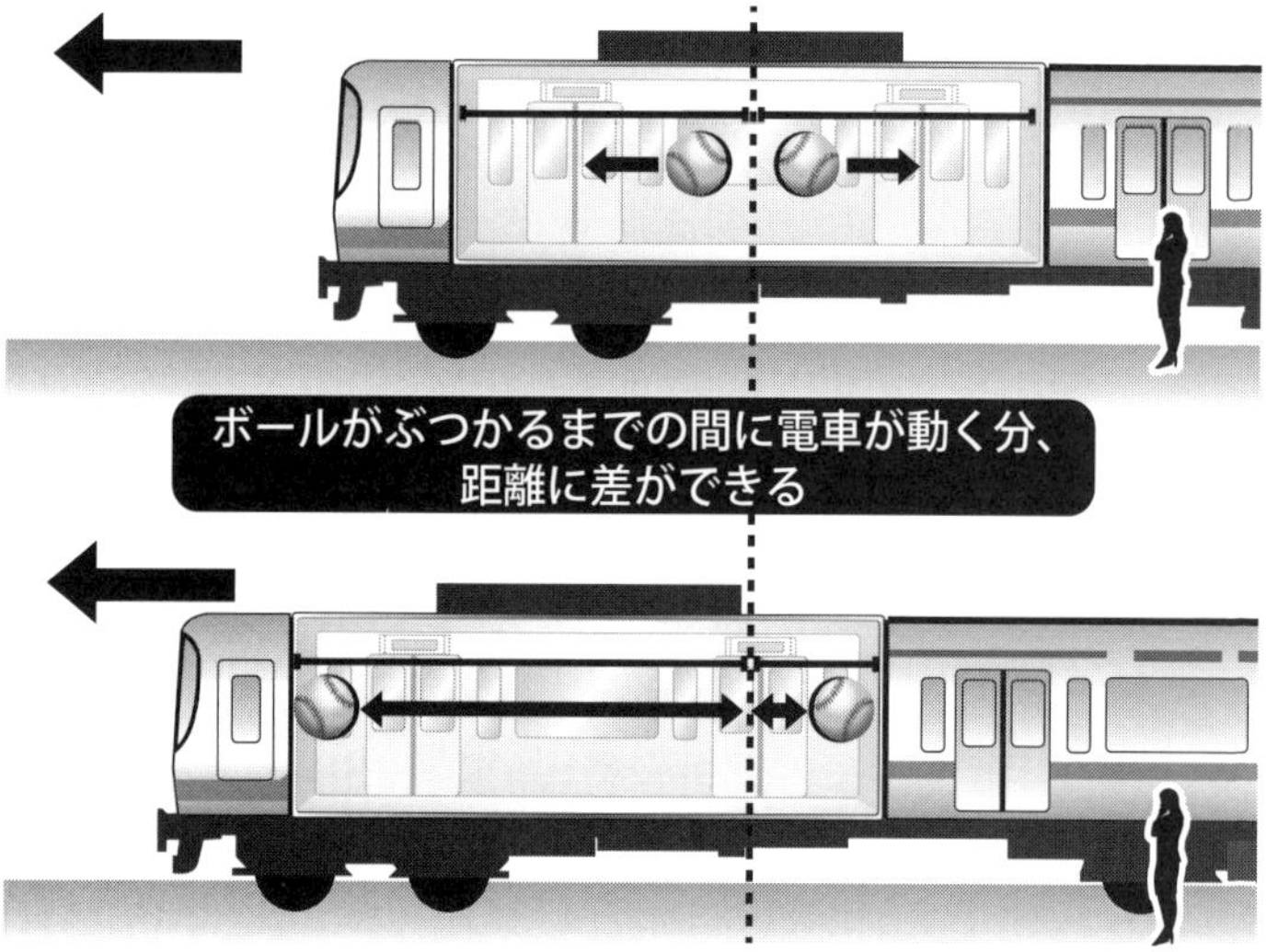

方が後方へぶつかるまでの時間より長くなるのでしょうか？

　そんなことがあったら変ですよね？　電車の中で見れば同時なのに、地上から見ると同時でないなどということはなさそうです。

　実は、**地上から見るとボールが進む距離が前後で異なるだけでなく、ボールの進む速さも違って見える**のです。

　ボールは、投げ出される前から電車と一緒に動いています。電車と一緒に動いているということは、**電車と同じ速さを持っている**ということです。

　この状態から2つのボールを前後に投げ出すのですから、最初の速度に投げ出すときの速度が加わることになるのです。すると、2つのボールの速度は、地上からは左下の図の

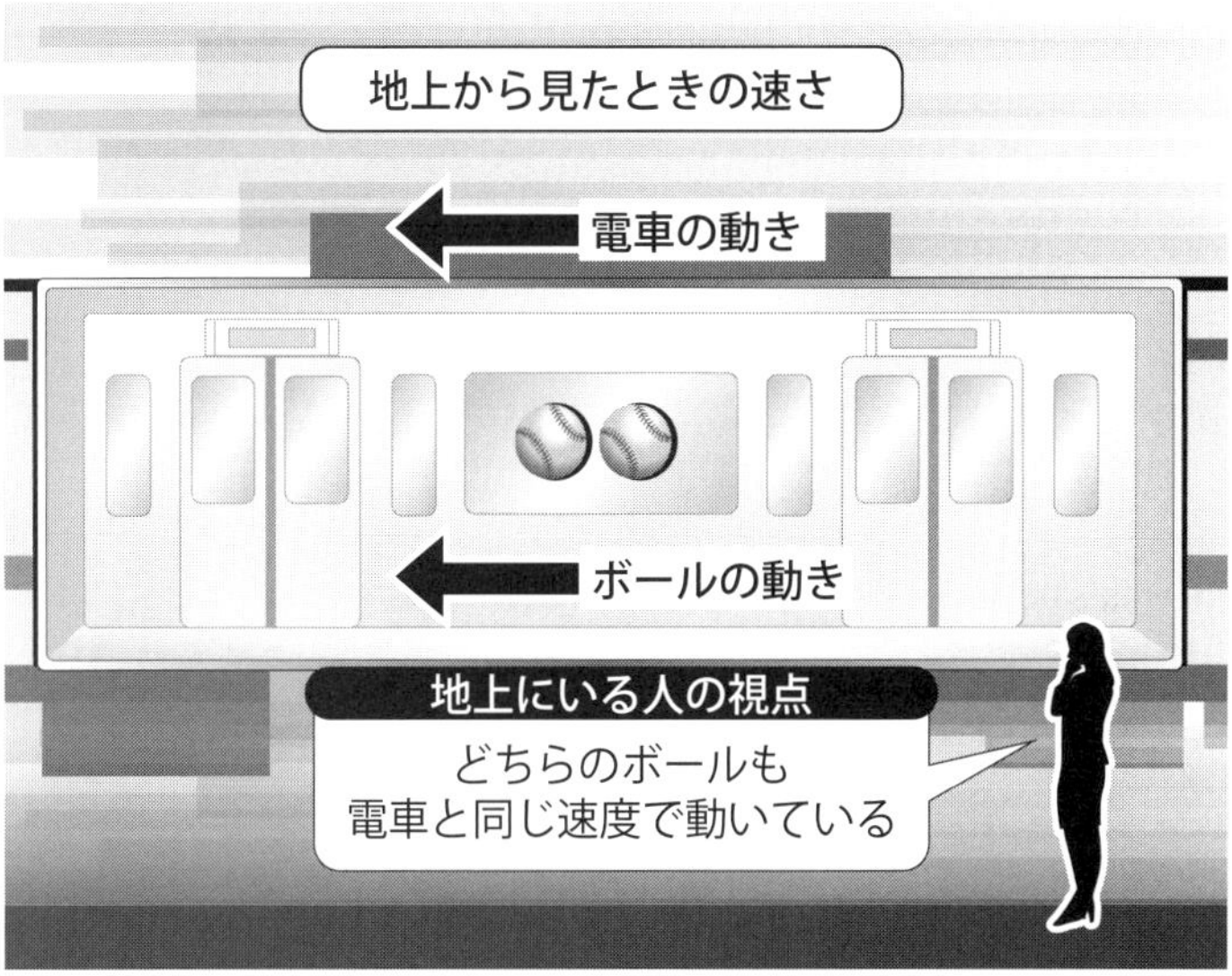
地上から見たときの速さ
電車の動き
ボールの動き
地上にいる人の視点
どちらのボールも
電車と同じ速度で動いている

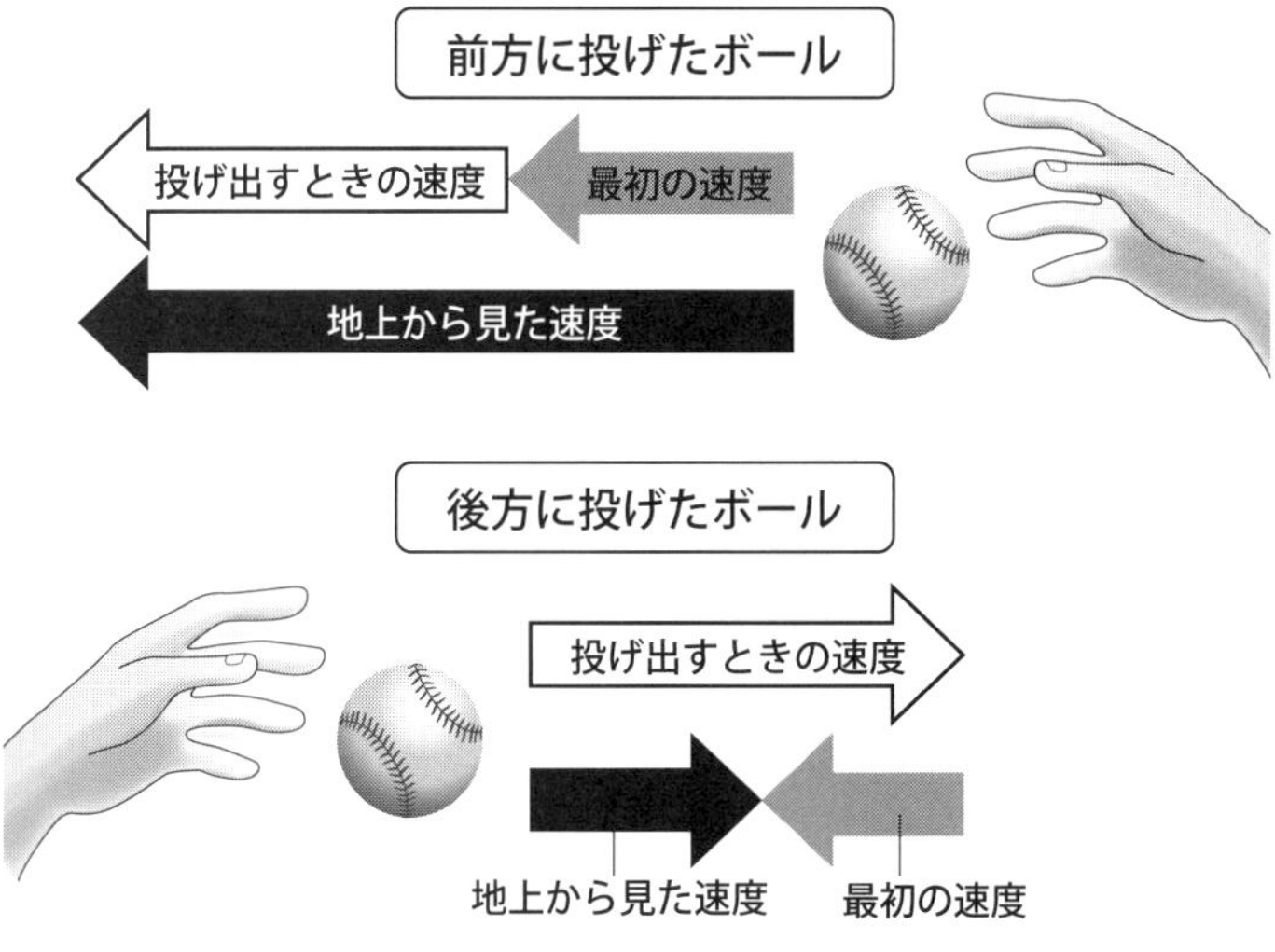
前方に投げたボール
投げ出すときの速度
最初の速度
地上から見た速度
後方に投げたボール
投げ出すときの速度
地上から見た速度
最初の速度

ように見えることになります。

つまり、地上から見た場合は前方へ進むボールの方が移動距離、速度ともに大きくなるのですが、**結果的にぶつかるまでにかかる時間は前方、後方で等しくなる**のです。

光の場合はどうなるか？

ということで、２つのボールは電車の中から見ても地上から見ても、同時にぶつかることが分かりました。

ではいよいよ、ボールではなく光が前後に同時に発せられたらどうなるのか、考えてみましょう。

ボールの場合と同様に、２つの視点で考えます。

電車に乗った人から見た場合、光が進む距離に差はできませんでした。

また、光の速さは一定です。ですので、この場合もやはり２つの光は同時にぶつかることになります。

では、地上から見た場合はどうなるでしょう？

地上から見ると、ボールの場合と同じように、光がぶつかるまでに電車が動く分、前後で距離に差ができます。

でも、ボールの場合と同じように前方へ進む光の方が速く、後方へ進む光の方が遅く見えるから、結局ぶつかるまでの時間は等しくなるのだろう、と思いますよね？

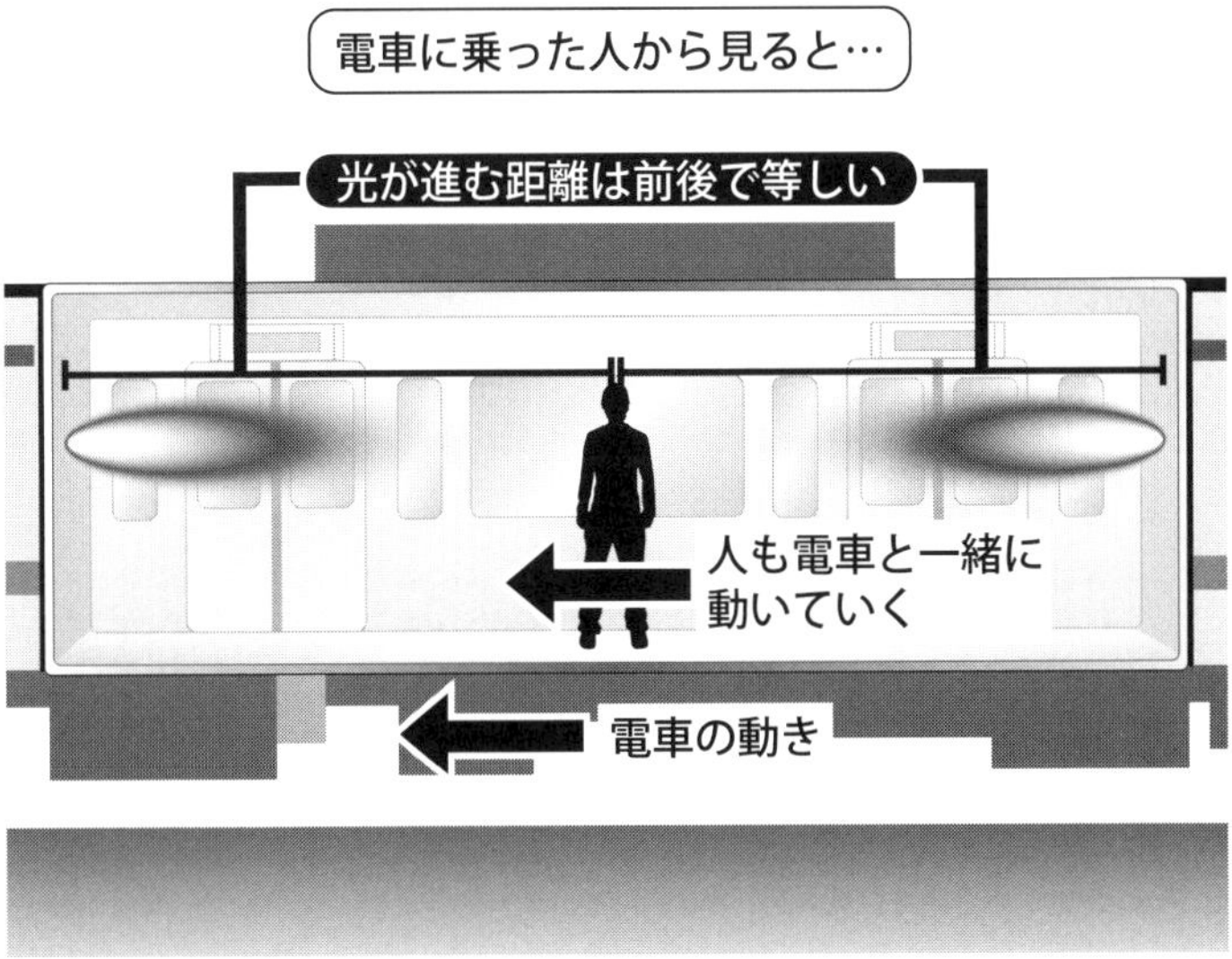
電車に乗った人から見ると…
光が進む距離は前後で等しい
人も電車と一緒に
動いていく
電車の動き

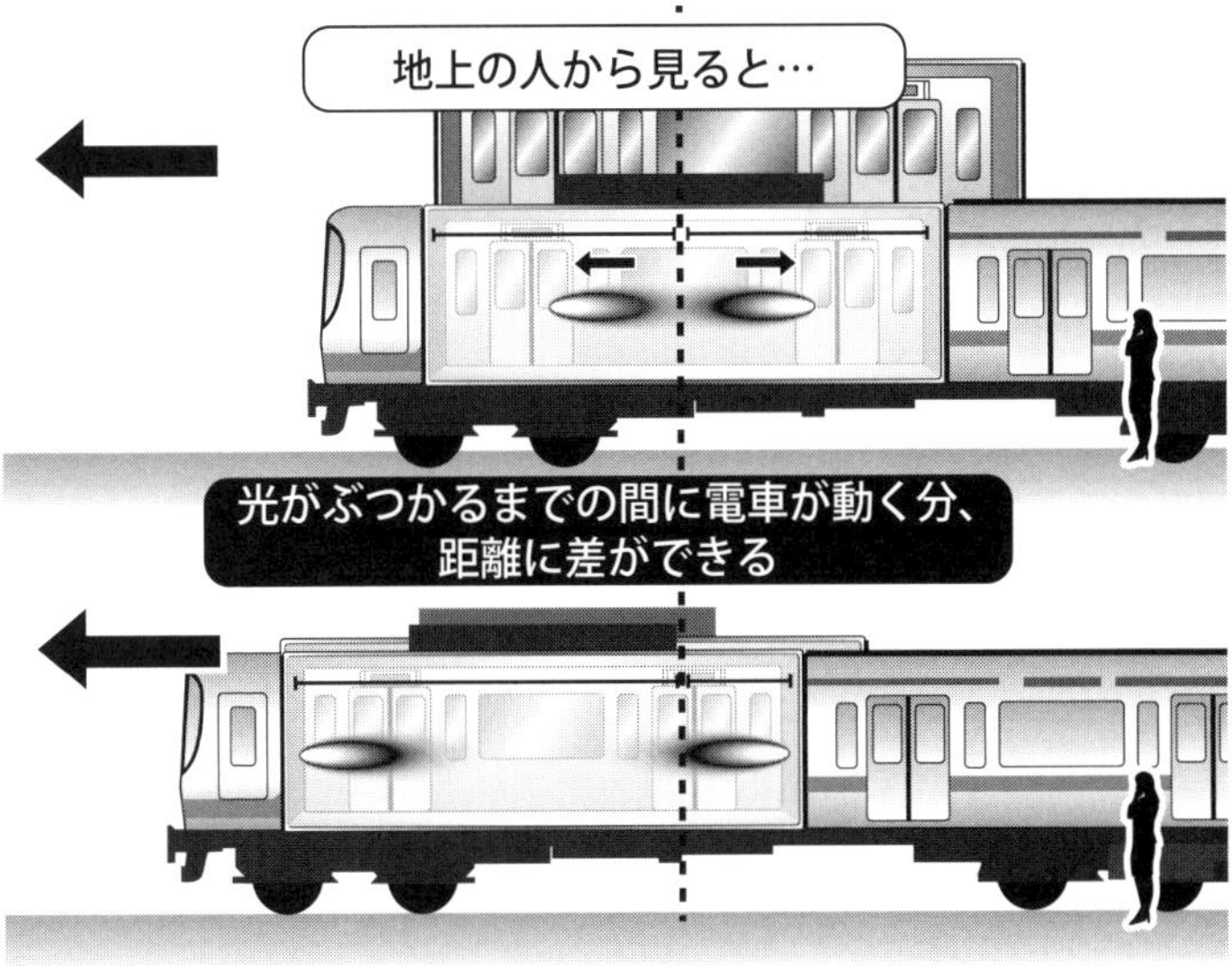
地上の人から見ると…
光がぶつかるまでの間に電車が動く分、
距離に差ができる

しかし、ここには1つ落とし穴があります。それが、アインシュタインが相対性理論を構築する上での根本となった**「光速度一定」**という大原則なのです。

光の速さはボールの速さなどと違って、動いている人、止まっている人、どんな観測者から見ても必ず一定になるのでした。ですので、この場合も地上から見ても前後に進む光の速さは同じになるのです。

よって、左の図のようになり、後方に進む光の方が先にぶつかることになるのです。

でも、この結論はおかしくありませんか？

というのは、先ほど電車に乗った人の視点で考えたときには、2つの光は前後に同時にぶつかるのでした。

ところが、地上から見ると後方に進んだ光が先にぶつかり、前方に進んだ光は遅れてぶつかるというのです。

まったく同じものを見ているのに、見る人によって違って見える、そんなことがあり得るのでしょうか？

実は、相対性理論ではそのようなことを認めています。

つまり、**「ある2つの出来事が、ある人にとっては同時に起こっているように見えるけれども、別の人には時間がずれて起こっているように見える」**ということがあり得るのだ、というのです。

「そんな馬鹿な」と思うかもしれません。いや、それが常識的な考え方だと思います。「2つの出来事が同時に起こった」というのが正しいのであれば、「2つの出来事が時間がずれて起

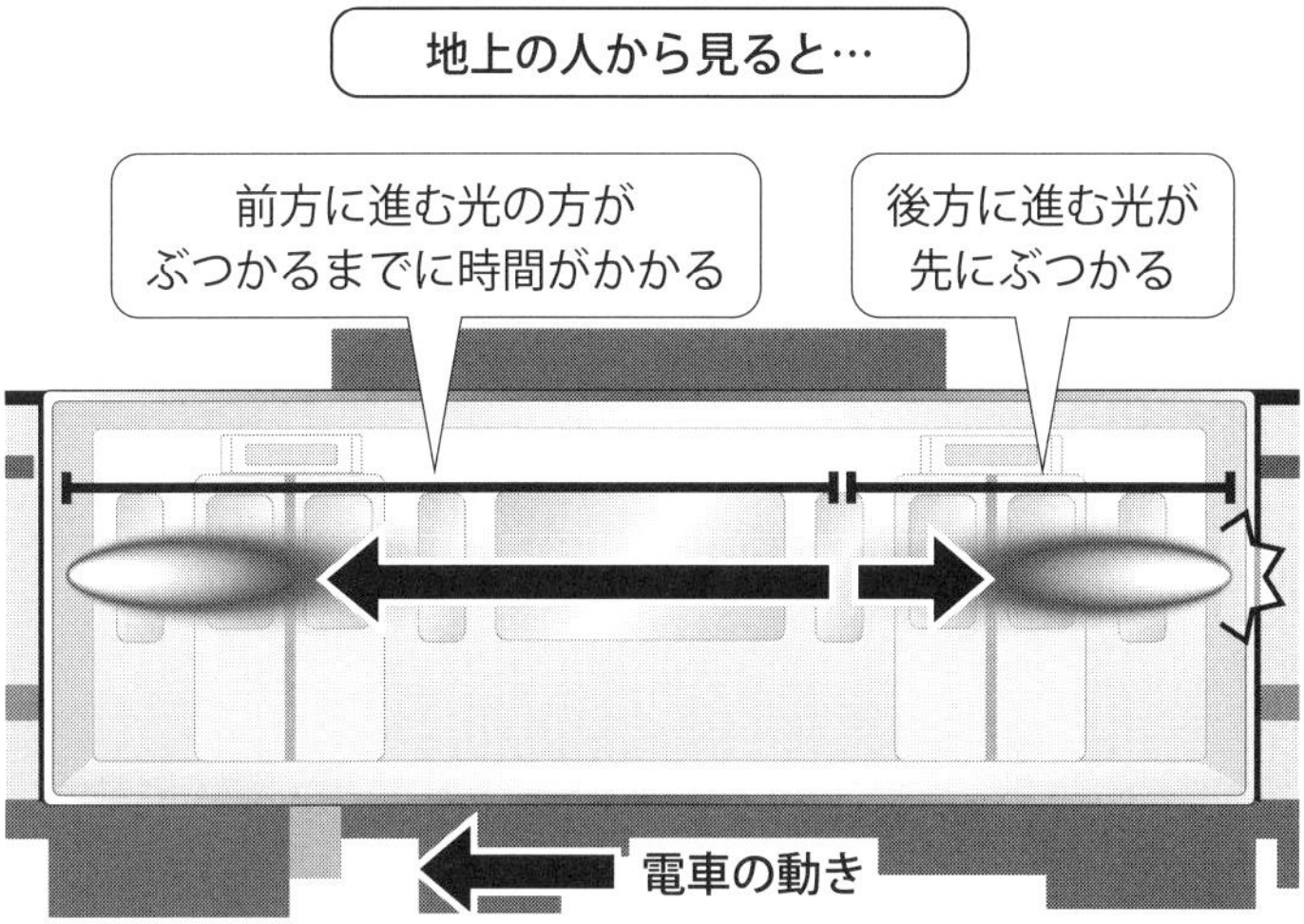
地上の人から見ると…
前方に進む光の方が
ぶつかるまでに時間がかかる
後方に進む光が
先にぶつかる
電車の動き

こった」というのは間違いだというのが当然ですよね。

でも、アインシュタインは**「どちらも正しい」**と言ったのです。

これが、時間は相対的なものだということなのです。時間の流れ方そのものが、立場によって違うのです。まさに「相対性」理論ですね。

アインシュタインは、時間というものを絶対的な基準とは考えませんでした。**あくまでも「光速度一定」を絶対的な基準とした**のです。その結論として「時間は相対的なものだ」と導かれても、何の問題もないと受け入れたわけです。

相対性理論の原則は「光速度一定」、ただこれ1つなのです。

動くものの時間は遅れて進む

時間の進み方は人によって変わる

光速度一定の原則から、時間は相対的なものだという結論が得られました。**時間は誰にとっても共通のものなのではなく、立場によって進み方が違う**ということです。

立場の違いというのは、電車の例ならば電車に乗っているかどうかという違いです。言い変えれば、動いているかどうかということですね。

動いているか止まっているかによって時間の進み方が変わるというのはなんとも奇妙な話ですが、次のような実験を考えるとそのことが理解できます。

ここでもやはり、**「光速度一定」が絶対的な基準**となっています。

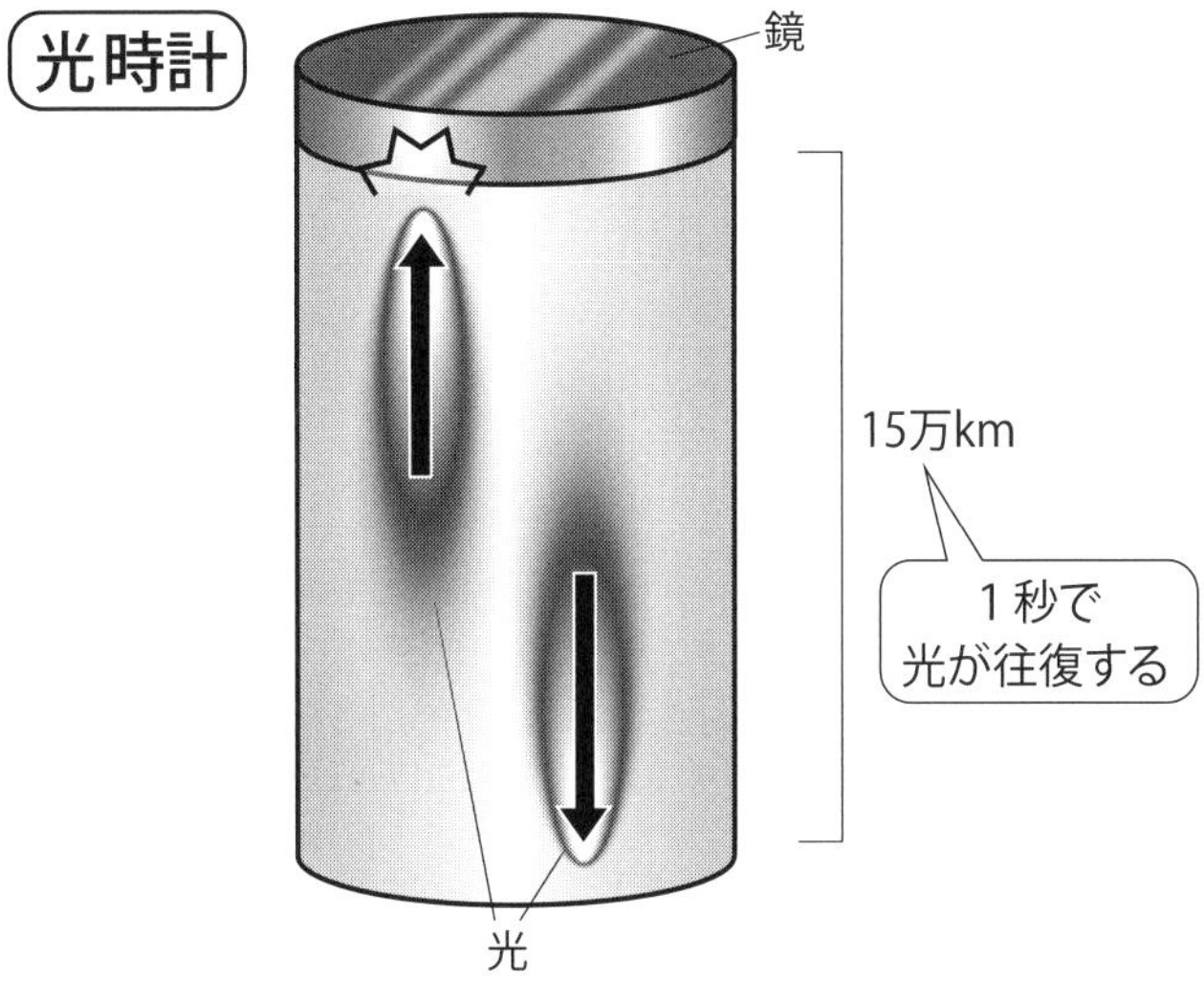

光時計の観測

上の図のような「**光時計**」という装置があったとします。

長さ15万キロメートル（こんなに長いものが作れるのか？　ということはこの際考えないでください。これは、あくまでも頭の中での思考実験です）の円筒の上側に鏡があります。

下側から上側に向けて光が発射され、鏡で反射されて再び下側へ戻ってきます。光速は秒速30万キロメートルですので、ちょうど1秒かけて光は往復します。

そして、光が往復して戻ってくると、下側

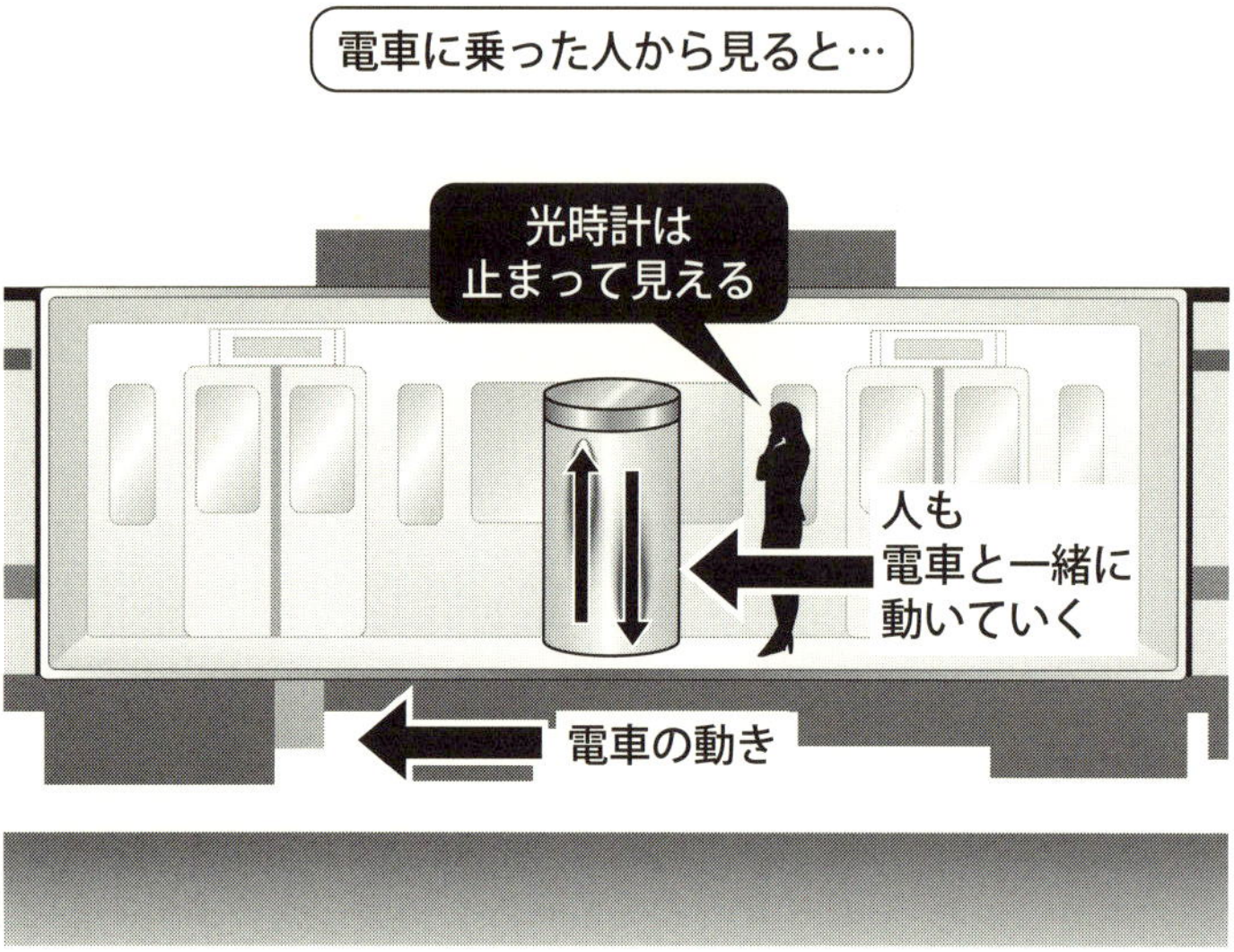
電車に乗った人から見ると…
光時計は
止まって見える
人も
電車と一緒に
動いていく
電車の動き

にあるセンサーがそれを感知し、「1秒」をカウントするようになっています。

さて、この光時計を電車に乗せてみます（ここでも、そんな大きな電車があるのか？　ということは考えないでくださいね）。

そして、光時計の中で光を往復させるのですが、これを電車に乗っている人と地上にいる人とがそれぞれどのように観測するかを考えてみます。

時間は相対的なもの

まずは、電車に乗っている人の視点で考えます。

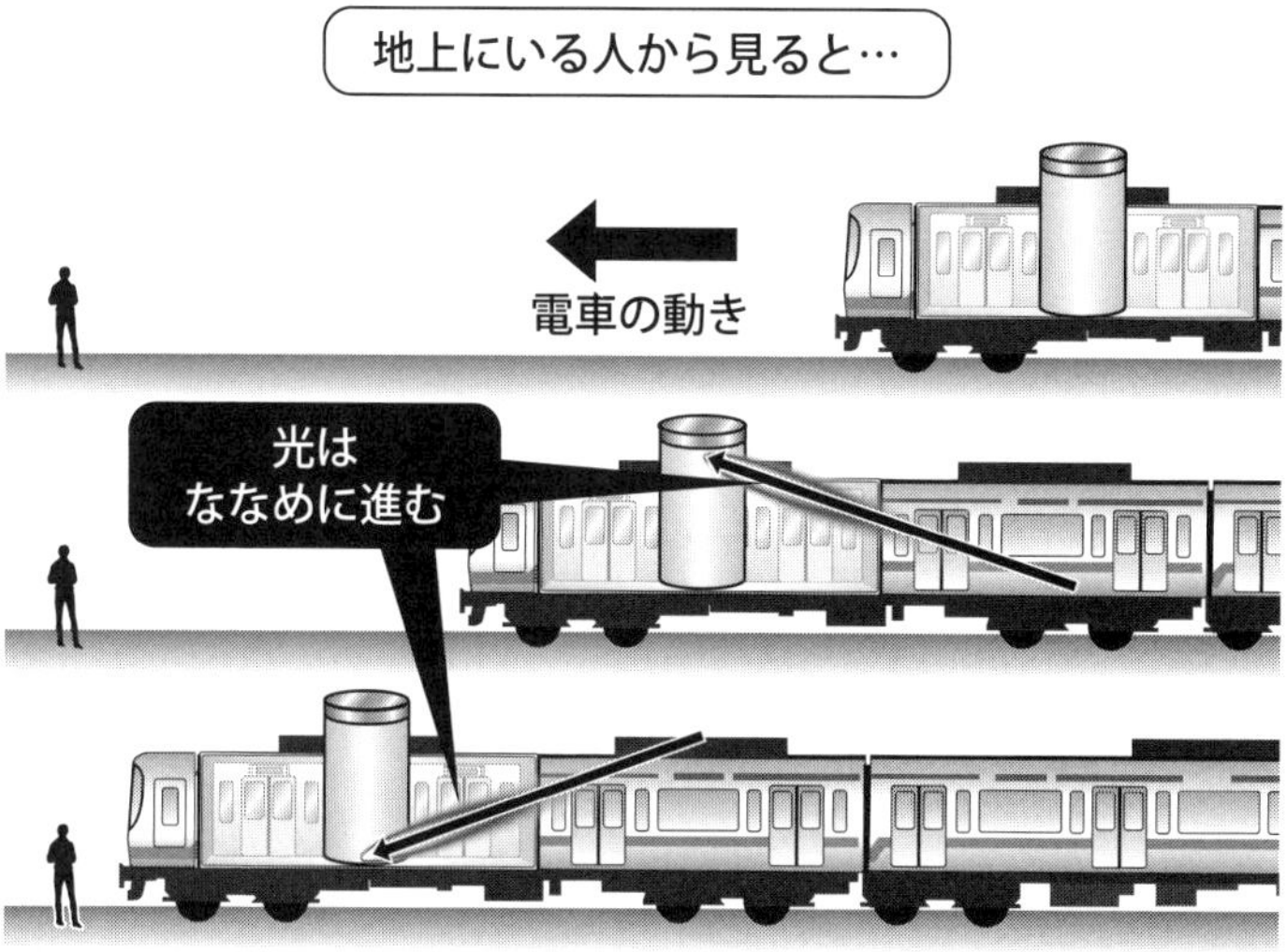

電車に乗っている人は電車と一緒に動きますので、光時計は止まって見えます。

ですので、光が発射されて鏡で反射して戻ってきて、「1秒」がカウントされます。まあ、これは当たり前といえば当たり前の話です。

では、これを地上にいる人が見たらどうなるでしょう？

光が発射されてから鏡に届くまでの間に、電車はわずかに移動しています。そのときに鏡は発射地点の真上から少しずれた位置にあるので、**地上から見ると光はななめに進むように見えます**。

鏡で反射したあとも同じです。発射地点へ戻るまでの間に、やはり電車はわずかに移動していますので、このときも光はななめに進むように見えるわけです。

さて、このとき光が往復するのにどれだけの時間がかかるでしょう？

光はまっすぐ上下した場合、往復で30万キロメートル進むのでした。しかし、この場合は光はななめに進むので、それより長い距離を進むことになります。

一方で、この場合もやはり光速度は一定です。秒速30万キロメートルのまま変わらないのです。ということは、光が往復するのにかかる時間は1秒よりも長くなるわけです。

このことは何を意味しているのでしょう？

光が往復したとき、地上の人にとっては「1秒以上時間がたっている」のです。一方で、その間に電車内では1秒しか時間がたっていません。

これは、地上に比べて電車内の方が時間がゆっくり進んでいることを意味します。**静止している人から見ると、動いているものの時間の進み方が遅れている**、というわけです。

これが、**時間は相対的なものだ**という意味です。時間の進み方が、動いているか止まっているかという立場によって変わってしまうのです。

なんとも奇妙に思えますが、光速度一定という原則に基づいて考えると、このような結論が得られるのです。

時間の遅れはお互いさま

先ほどは、光時計を電車内に置いて、それ

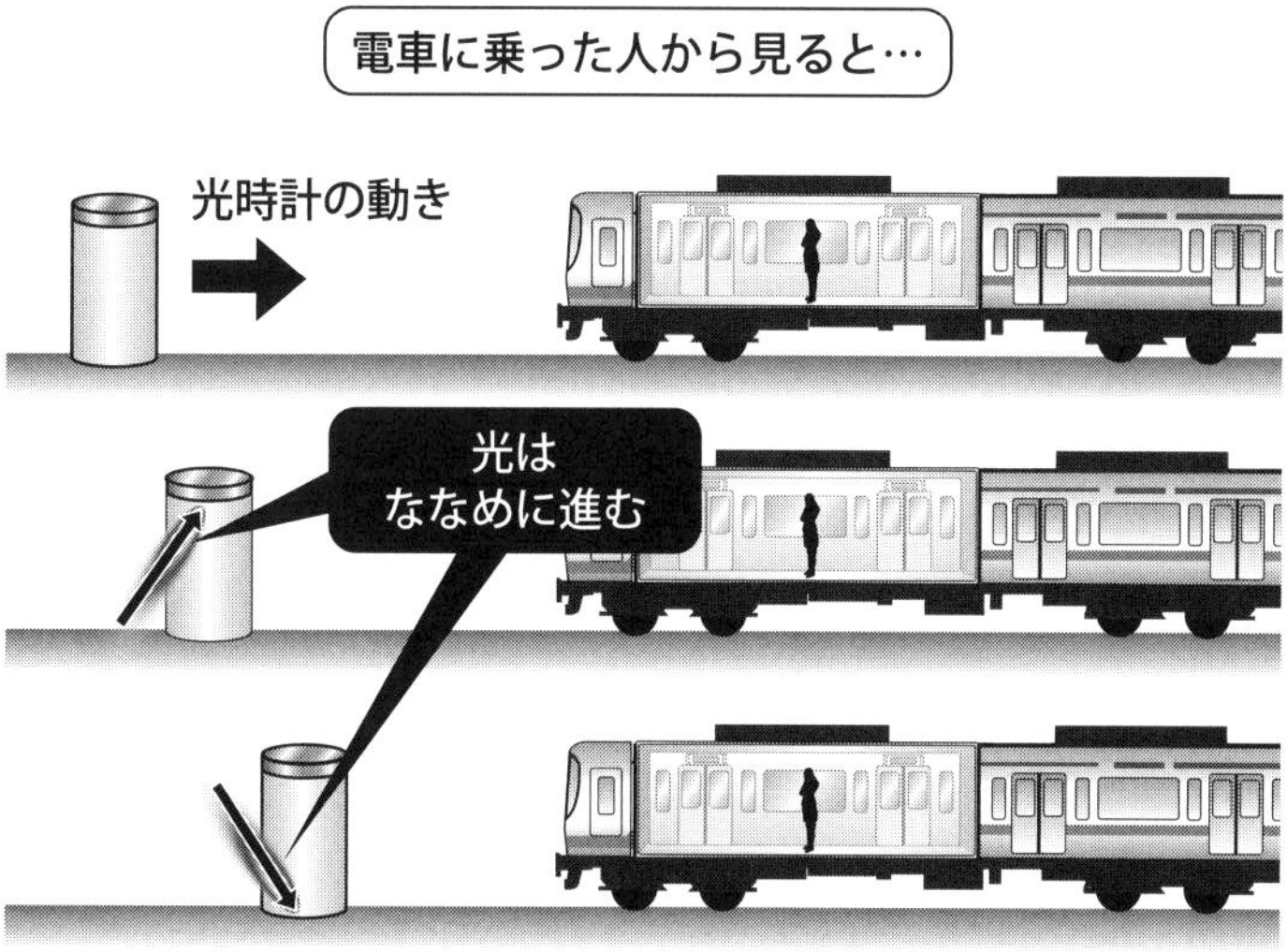
電車に乗った人から見ると…
光時計の動き
光は
ななめに進む

を地上にいる人と電車内の人が観測する場合について考えました。

今度は、光時計を地上に置いた場合を考えてみましょう。これを、地上にいる人と電車内の人とが見ると、どんな結論が得られるのでしょう？

まずは、地上にいる人が観測する場合を考えてみます。

この場合は、光が往復すると「1秒」がカウントされます。つまり、光が往復する間に1秒が経過するわけです。

では、電車に乗った人が観測するとどうなるでしょう？

ここで注意すべきは、電車内の人には「自分は止まっていて、周り（地上）が動いているんだ」と感じられるという点です。

電車内からは、地上の光時計は前ページの図のように見えます。

この状況は、地上から電車内の光時計を観測する場合と同じように考えられます。つまり、光はななめに進むので30万キロメートルより長い距離を進むことになります。

一方で、光速度は相変わらず一定で、秒速30万キロメートルです。というわけで、光が往復するのにかかる時間は1秒よりも長くなるわけですね。

この場合は、光が往復する間に「地上では1秒たっている」が「電車内では1秒より長い時間がたっている」という結論が得られるわけです。

つまり、電車内より地上の方が時間がゆっくり進むということですね。

「どちらも正しい」のが相対性理論

あれ、何か変なことに気づきませんか？

そうです。光時計が電車に乗っている場合は、「地上より電車内の方が時間がゆっくり進む」のでした。

一方、光時計が地上に置かれている場合は、「電車内より地上の方が時間がゆっくり進む」というわけですね。

これは明らかに矛盾ですよね？

ところが、これを矛盾とは考えず**「どちらも正しい」とするのが、「相対性」理論**なのですね。

ここが相対性理論を理解する上で難しいと

ころなわけですが、逆に奥深いところでもあるわけです。

地上に静止している人も電車に乗っている人も、自分を基準に考えます。「静止しているのは自分で、動いているのは相手の方」だと感じるのですね。

それはおかしいと思うかもしれませんが、そもそも「地上で」静止している人は本当に静止しているのかと言ったら、宇宙空間の中では動いているわけです。地球自体が動いているからですね。

そのように考えたら、**この世のどこかに絶対的な静止した視点というものは存在しない**ことに気づきます。

すべての視点は同等、つまり「どれも正しい」相対的なものなのです。

そのように考えれば、それぞれの立場での時間の進み方はどれも正しいのだ、ということになるのです。

「地上より電車内の方が時間がゆっくり進む」というのも「電車内より地上の方が時間がゆっくり進む」というのも、〝それぞれの立場で〟正しく成り立つのです。

これは、立場によって時間の流れ方そのものが違うということを意味します。**この世に「絶対時間」は存在せず、時間は相対的なものだ**というわけです。

何だかしっくりこないかもしれませんが、これが相対性理論の世界なのです。

相対性理論では、**絶対的基準は「光速度一定」以外になく、時間さえも相対的なものとなってしまうのです。**

時間の進み方が異なる2人が出会ったらどうなる?

特殊相対性理論が成り立つには条件がある

ところで、時間の進み方が異なる2人が出会ったらどうなるのでしょう?

Aさんの立場では「自分（Aさん）の時間が1秒進んだとき、Bさんの方が時間は0・9秒しか進んでいない」と感じられ、一方Bさんの立場では「自分（Bさん）の時間が1秒進んだとき、Aさんの方が時間は0・9秒しか進んでいない」と感じられる場合、この2人が出会ったらどうなるのでしょう?

Aさんからすると、Aさんの時計が1秒進んだときにBさんの時計は0・9秒しか進んでいないはずですが、このときBさんからはAさんの時計は0・9×0・9＝0・81秒しか進んでいないことになるはずで……、というこ

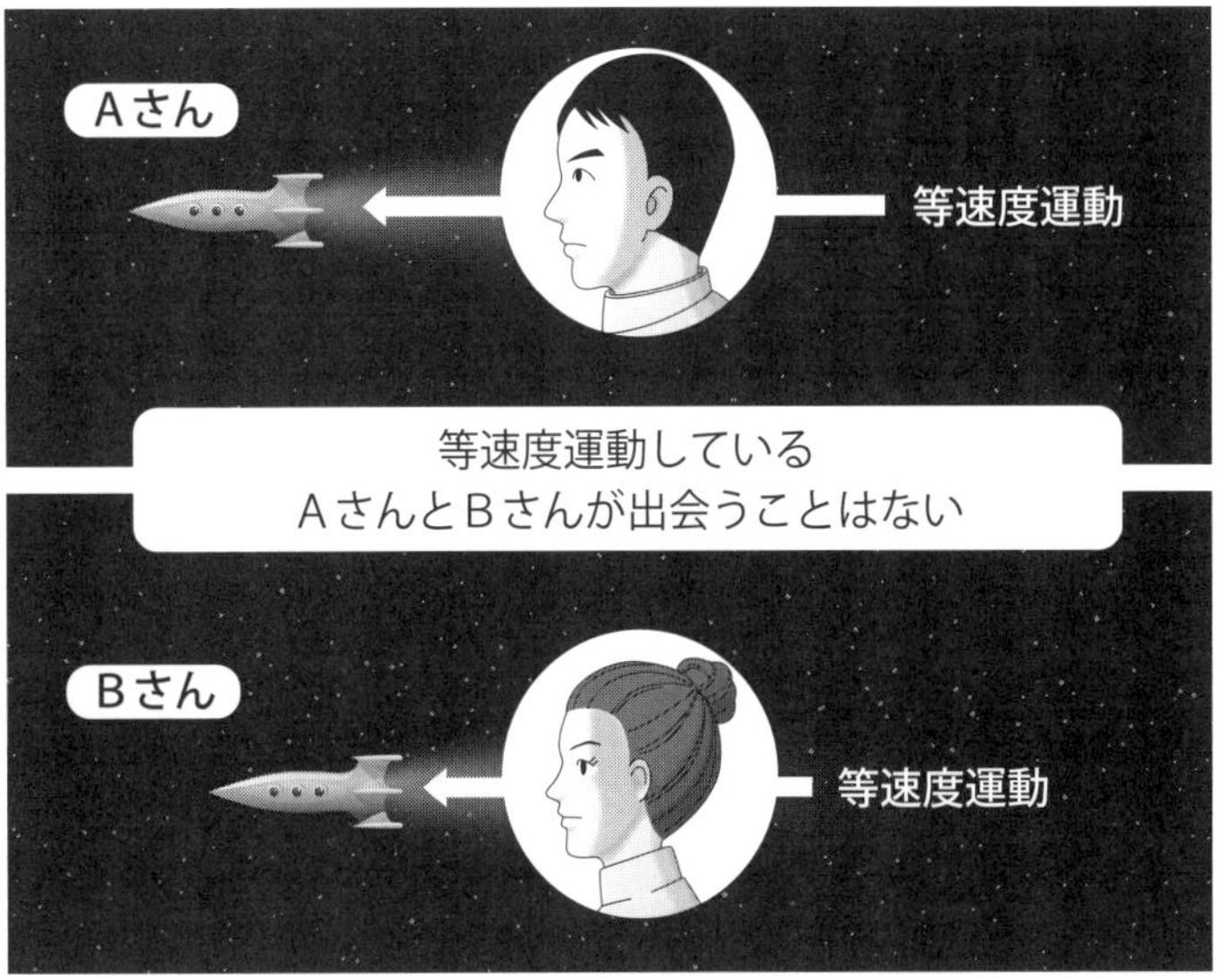

とになってしまいます。

こうなると、わけが分からなくなってしまいますね。

でも、大丈夫なんです。それは、**AさんとBさんが出会うことはありえない**からです。

ここまで説明してきているのは、特殊相対性理論の内容です。**特殊相対性理論とは、観測者が等速度運動している場合にだけ成り立つ**ものでした。この場合はAさんもBさんもともに観測者になるわけですから、ともに等速度運動しているわけです。

そして、等速度運動している2人が一度出会ったあとに再会することはありえません。だから、そもそも「時間の進み方が異なる2人が出会ったらどうなるのだろう?」と考える必要などないのです。

動いているものの時間はどのくらいずれるのか？

時間のずれは私たちが認識できない程度

時間の進み方の違いを説明してきましたが、具体的にどのくらい違うのでしょう？

計算式も相対性理論でハッキリ示されていますが、ここではそれは割愛し、具体的な値をいくつか紹介してみます。


世の中は動いているものだらけですが、例えば時速１０００キロメートルで飛ぶジェット機はかなり速く動いていますね。

時間の進み方のずれは速く動くほど大きくなりますが、このジェット機の場合は地上で1秒経過する間に1兆分の1秒ほど遅れる程度です。

秒速20キロメートルで動くロケットはもっと速いですが、それでも1秒に10億分の2秒

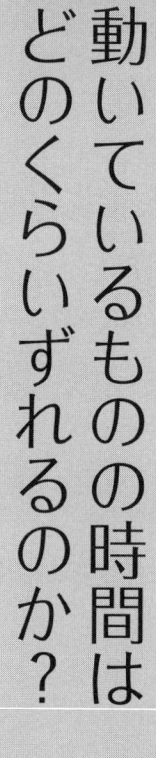

ほどの遅れです。このままずれていくと、16年たってやっと1秒ずれる計算になります。こんなわずかな時間のずれに、気づくはずもありませんね。

ということで、世の中で時間のずれは日常的に起きているのですが、**私たちが認識できる程度のずれというのはまず起こっていない**ということが分かります。

もし、例えば光速の半分（秒速15万キロメートル）というとてつもない速さで動くことができたとしたら、1秒に0・13秒ほど遅れることになります。また、光速の90％（秒速27万キロメートル）で動けば、1秒に0・56秒も遅れます。

しかし、そのような速さで動くものは、当面はとても実現できそうもありません。

身近にある相対性理論の成果

このように、日常生活の中では、私たちが認識できるほどの時間のずれは発生しません。私たちが実感できるような時間のずれが起こるのは、光速に近づいたときだけです。だから、日常生活では相対性理論など知らなくても、基本的には支障はないのです。

けれども、精密に時間を測る必要がある場合は、相対性理論が必要となります。

その例が、現代の私たちが大変お世話になっているGPSという仕組みです。

一体どのように時間の遅れが関わっているのでしょう。次に説明したいと思います。

ＧＰＳで利用されている相対性理論

暮らしを支えるＧＰＳ

最近は、初めての場所でも道に迷うことが少なくなりました。

スマートフォンを持っていれば地図アプリで簡単に現在地を検索できますし、車に乗っていてもカーナビゲーションがついていれば今どこを走っているのか分かります。

とても便利な世の中になりましたが、このように簡単に現在地が分かってしまうのは、**GPS**（Global Positioning system）という仕組みを利用しているからです。

ＧＰＳというのは、人工衛星を利用して現在地を知ることができる仕組みです。約30個のＧＰＳ衛星が地球の周りを回っています。

そして、衛星から発信される電波を受信する

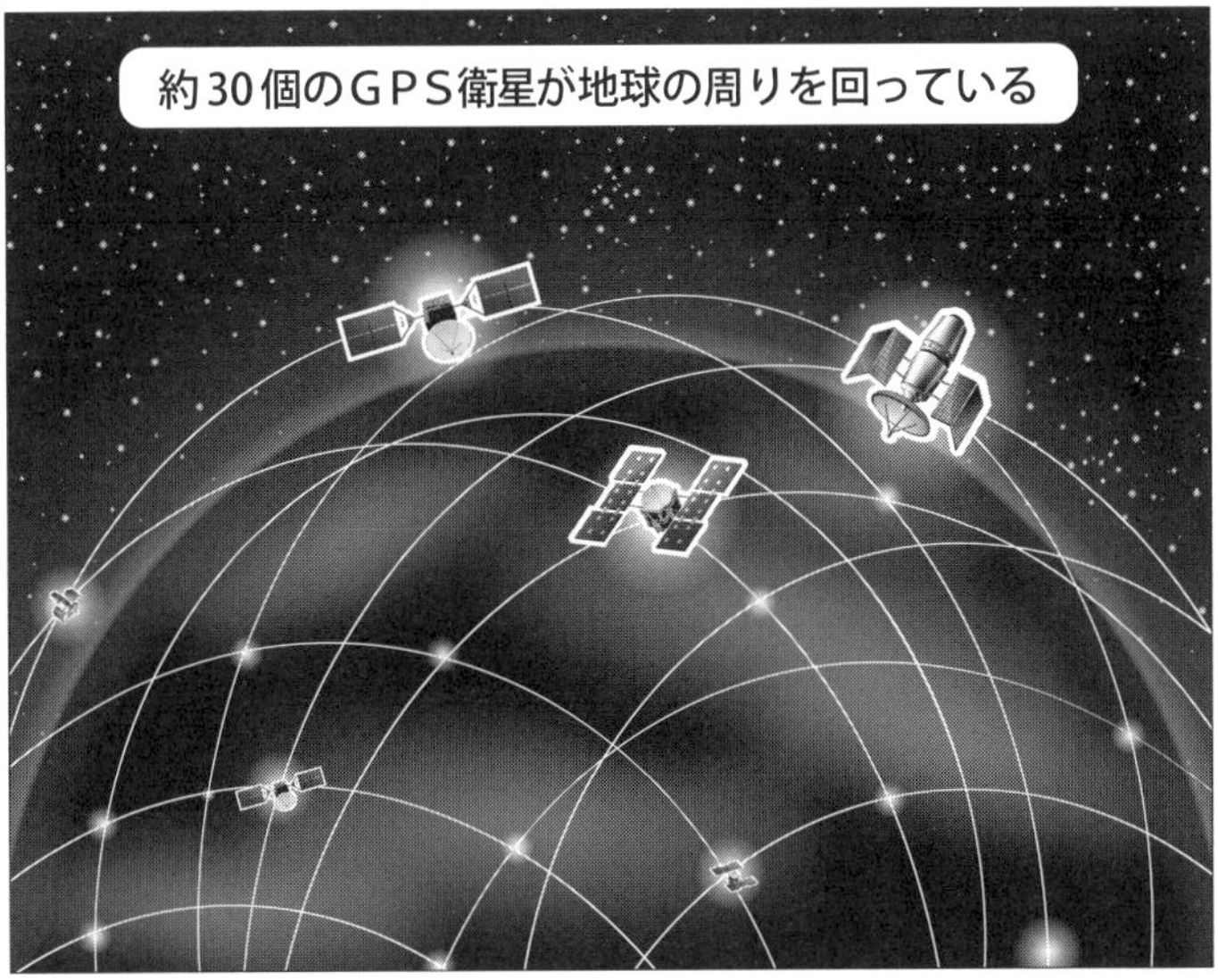
約30個のＧＰＳ衛星が地球の周りを回っている

ことで現在地を知ることができるのです。

それぞれの衛星には、**原子時計**という非常に正確な時計が載せられています。この原子時計は、10万年に１秒以下しか狂わないという正確さです。

そして、衛星は原子時計の示す正確な時刻と、衛星がいる正確な位置という２つの情報を電波として発信します。この電波を地上で受け取ることで、衛星からの距離を知ることができます。

具体的な方法としては、電波に記された時刻（衛星から電波が発信された時刻）と、受信機で電波を受信した時刻の差から、電波が進んだ時間を求めます。

そして、電波は一定の速さ（秒速約30万キロメートル）で進むので、速さと時間をかけ

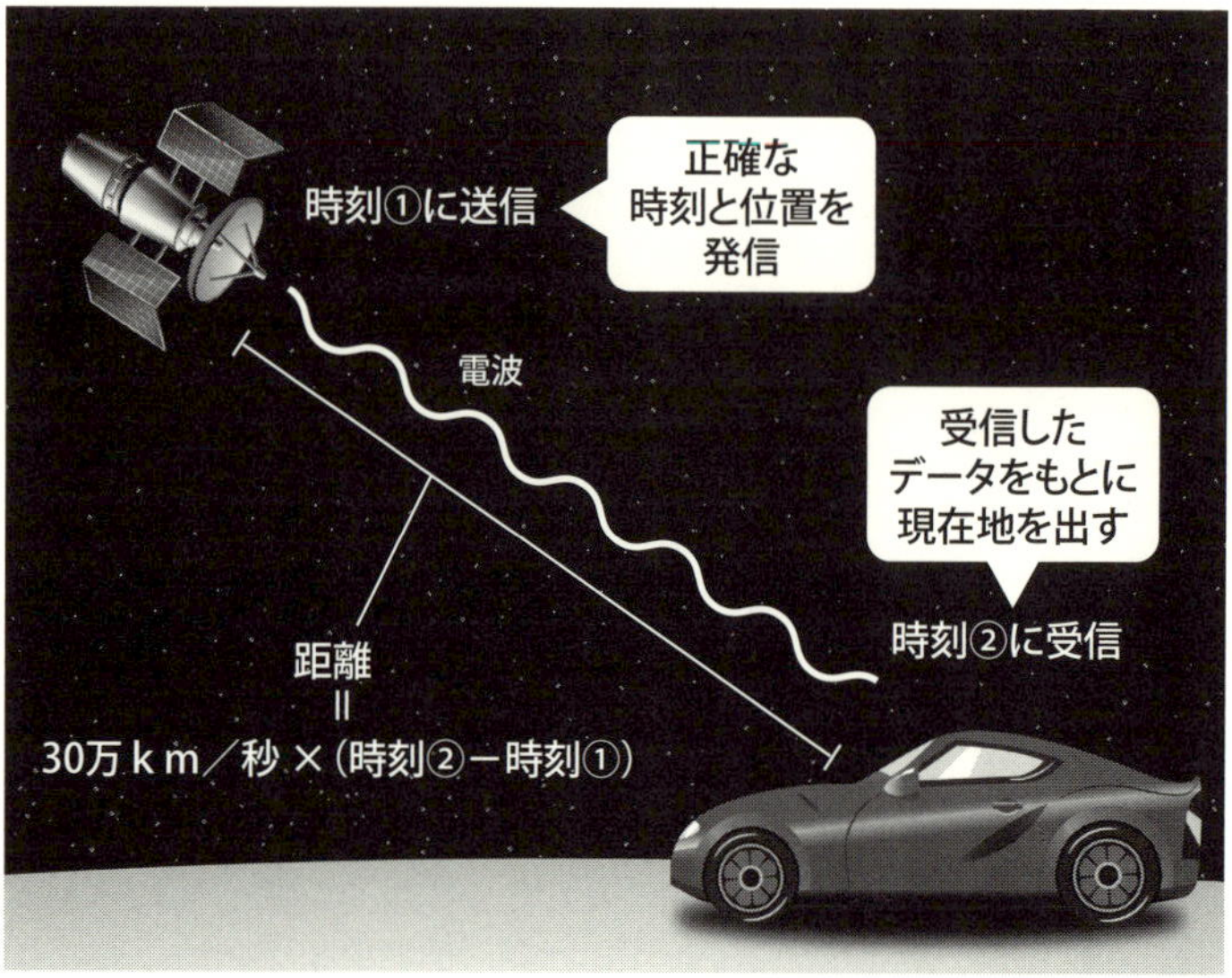
時刻①に送信
正確な
時刻と位置を
発信
電波
受信した
データをもとに
現在地を出す
時刻②に受信
距離
＝
30万ｋｍ／秒 ×（時刻②ー時刻①）

ることで電波が進んだ距離が分かり、これが衛星から受信機までの距離を表すことになります。

このようにして衛星からの正確な距離を測定することで、正確な現在地を知ることができるのがＧＰＳという仕組みです。

私たちの暮らしを便利にしてくれるＧＰＳですが、実はある問題を抱えています。それが、相対性理論で説明されている**時間の遅れ**なのです。

ＧＰＳ衛星では時間は地球より遅れている

ＧＰＳ衛星は、高度約２万キロメートルの

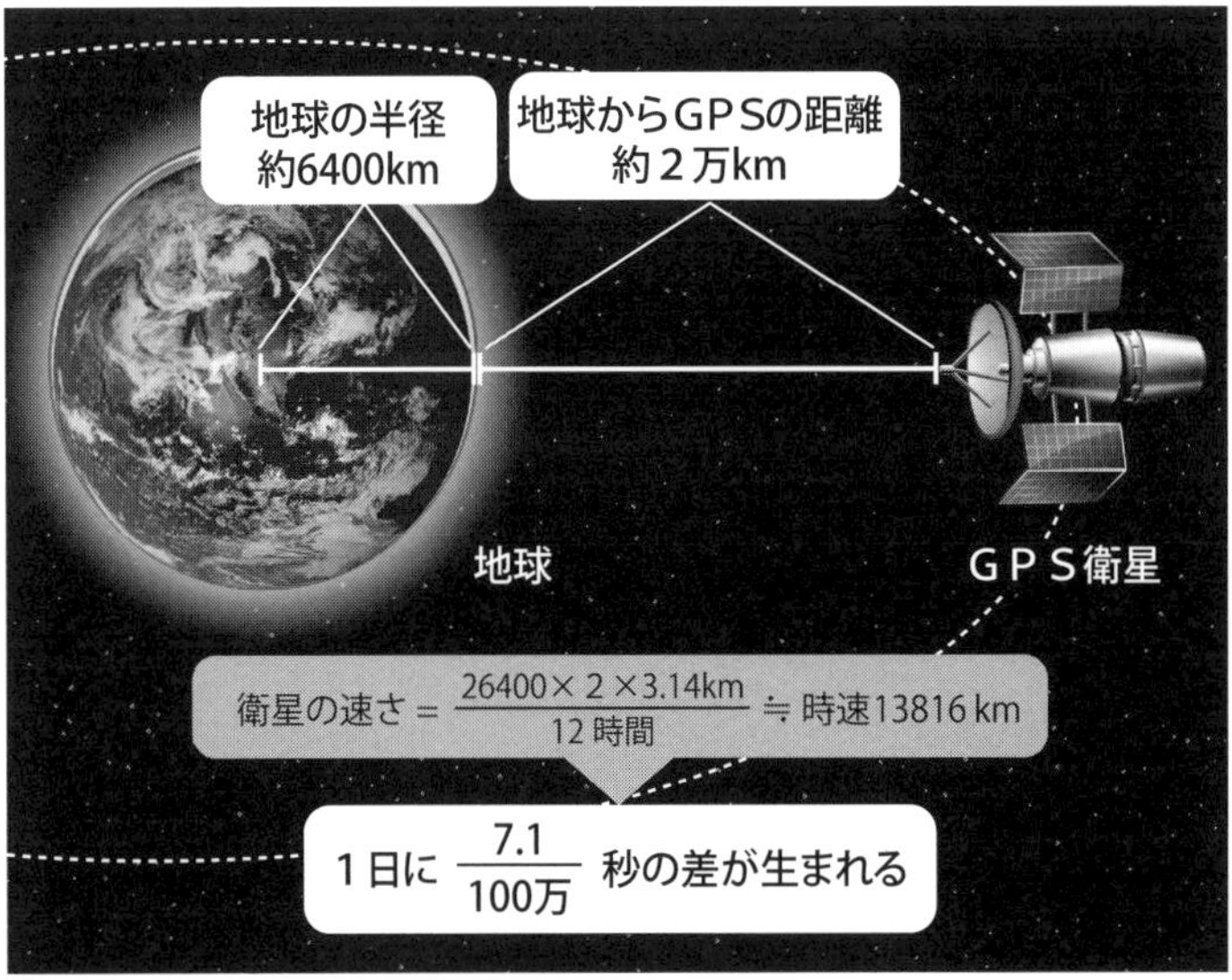

ところを12時間かけて1周しています。

非常に長い距離をわずか12時間で回ってしまう衛星の速さは、時速約1万４０００キロメートル（秒速約４キロメートル）というすごいスピードです。

動いているものの中では、時間の進み方が遅れるのでした。

時速約1万４０００キロメートルで動くＧＰＳ衛星の中では、**地上よりも1日でおよそ１００万分の７・１秒だけ遅れています。**

「なんだ、たった１００万分の７・１秒か」と思うかもしれません。

たしかに、たったそれだけの遅れなので、感覚的に気づくことはまずありません。しかし、たった１００万分の７・１秒でも、ＧＰＳ衛星から発信された電波はけっこうな距離を進んでいきます。

テレビ、ラジオ、携帯電話、通信など多くの用途で利用されている電波は、光とまったく同じ速さ（つまり秒速約30万キロメートル）で進みます。ですので、「たった１００万分の７・１秒」でも２・１キロメートルも進んでしまうのです。

衛星からの距離を正確に測ることで現在位置を知るのが、ＧＰＳという仕組みでした。それなのに２・１キロメートルもずれてしまったら、距離を正確に測ることはとてもできません。だから、このずれを補正して運用しているのです。

ＧＰＳを運用する上で、相対性理論は欠かすことができない存在だということが分かりますね。

本当は時間が進む効果もある

ＧＰＳ衛星は動いているために時間が遅れて進むことを説明しました。でも、実はこれとはまったく逆のことも起こっているのです。

つまり、**ＧＰＳ衛星では地上よりも時間が速く進んでいる**のです。

先ほどまで時間が遅れると言っていたのに、今度は時間が速く進むと言われて何が何だか分からなくなりそうですが、時間の進み方が速くなる現象は**「一般相対性理論」**で説明されます。

一般相対性理論については後ほど（第３章で）説明しますが、ごく簡単にＧＰＳ衛星の

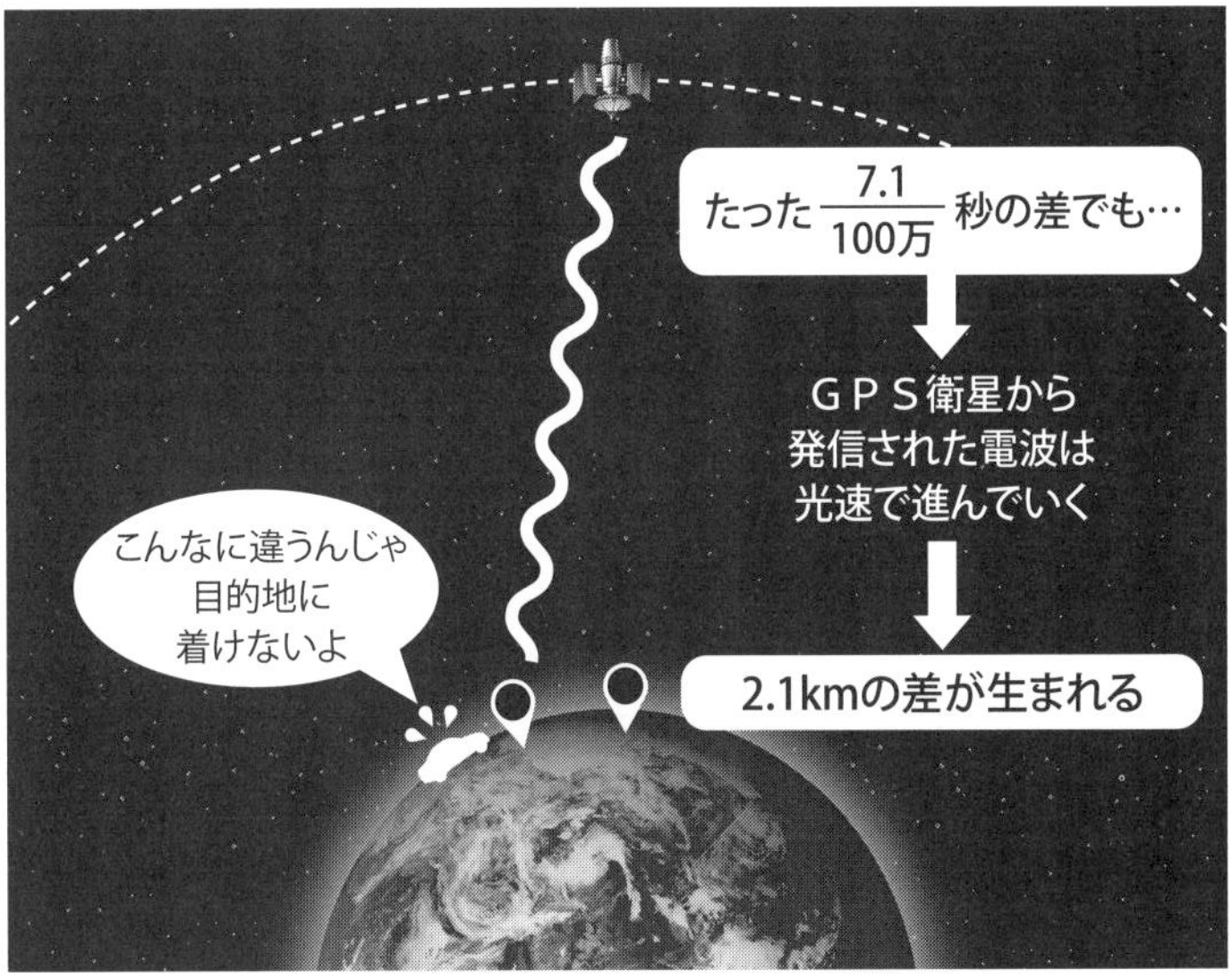

中で時間が速く進む理由を説明しておきます。

ＧＰＳ衛星は、地上約２万キロメートルの軌道を周回していました。

２万キロメートルと言われてもスケールが大きすぎてピンとこないかもしれませんが、地球の半径は６４００キロメートルほどですので、地球からだいぶ離れています。

そして、これほど地球から離れると地上とは重力の大きさも変わってきます。

地上にいる場合に比べて、**重力は17分の1ほどの小ささに**なるのです。

そして、**一般相対性理論では重力が小さくなると時間が速く進むことが明らかにされています**。

ですので、地上より重力が小さいＧＰＳ衛星内では地上より時間が速く進むのですね。

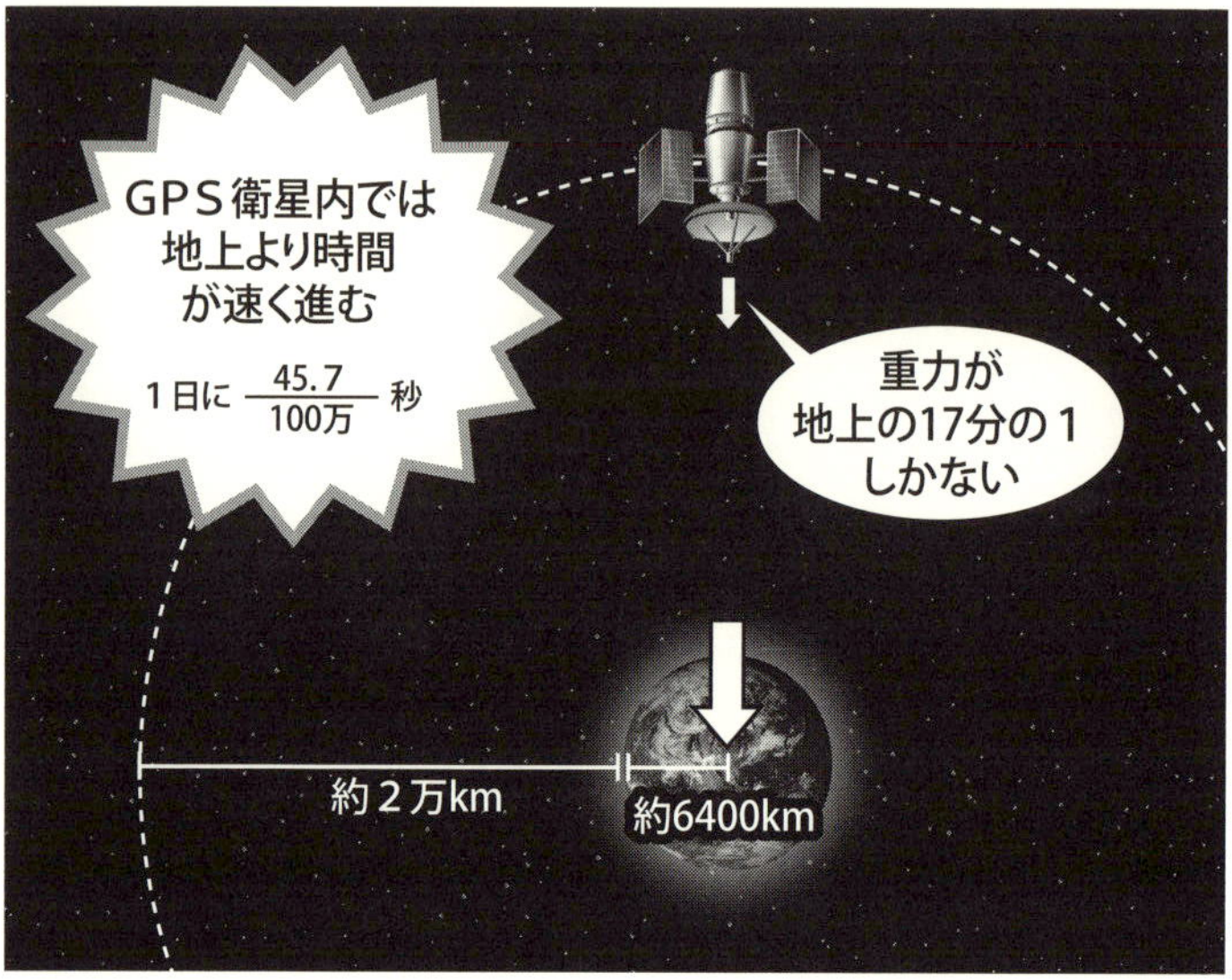
GPS衛星内では
地上より時間
が速く進む
１日に $\frac{45.7}{100万}$ 秒
重力が
地上の17分の１
しかない
約２万km
約6400km

具体的には、地上よりも1日に100万分の45・7秒ほど時間が速く進んでいます。

時間の遅れと進みの両方を考慮する必要がある

ここまで、地上約2万キロメートルのところを周回しているGPS衛星では、地上とは時間の進み方が違うことを説明してきました。

整理すると、高速で動いているために1日に100万分の7・1秒ずつ時間が遅れて進みますが、地上より重力が小さいために1日に100万分の45・7秒ずつ時間が速く進むということでした。

そして、**2つのことは同時に起こる**ので、

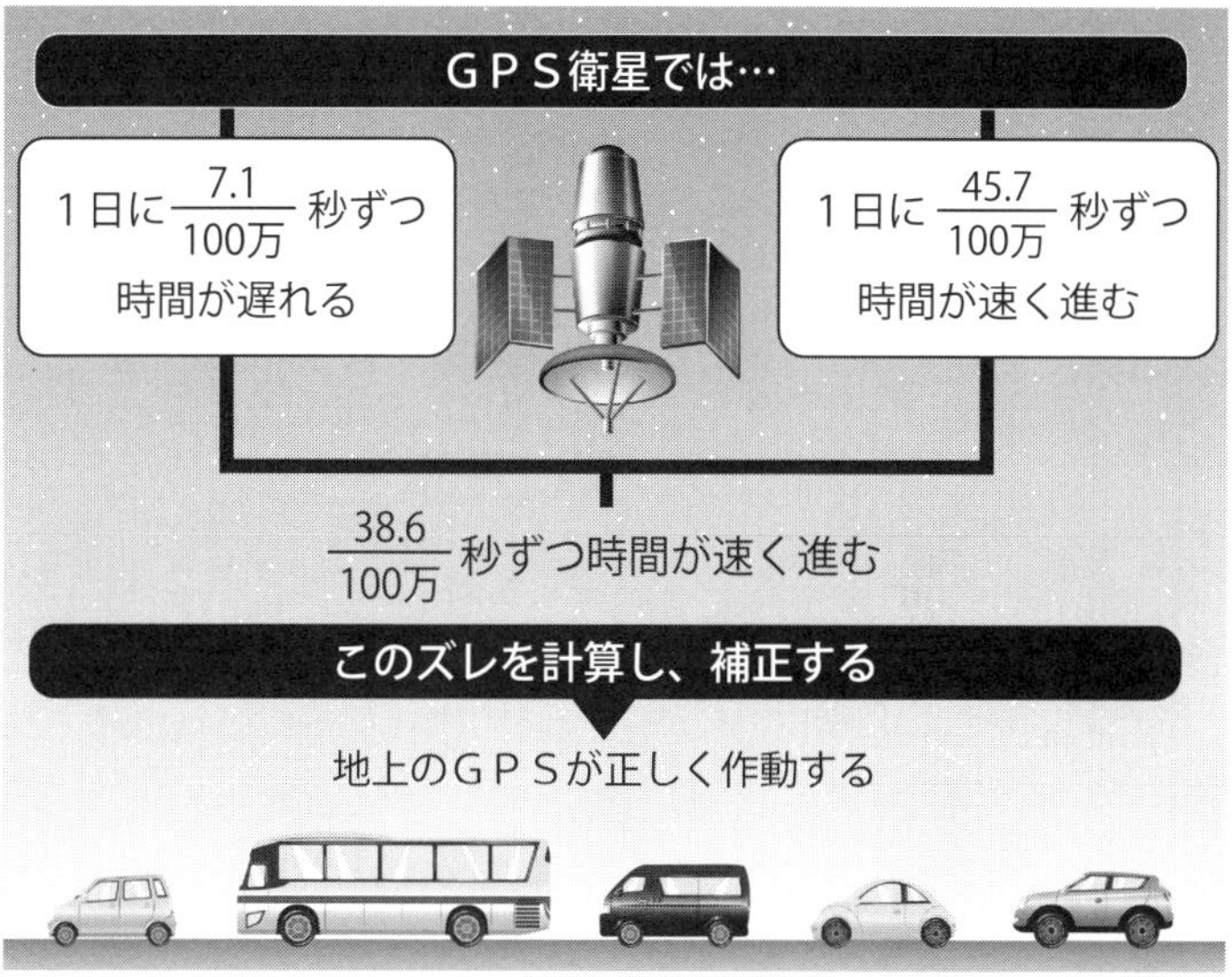
ＧＰＳ衛星では…
１日に$\frac{7.1}{100万}$秒ずつ時間が遅れる
１日に$\frac{45.7}{100万}$秒ずつ時間が速く進む
$\frac{38.6}{100万}$秒ずつ時間が速く進む
このズレを計算し、補正する
地上のＧＰＳが正しく作動する

上の図のように、結局1日に１００万分の38・6秒ずつ時間は速く進んでいくことになります。

この間に電波が進む距離は、11・6キロメートルにもなります。

わずかな時間のずれですが、放っておいたらこんなにもずれた位置で測定することになり、ＧＰＳは使いものにならなくなってしまうわけですね。

というわけで、地上との時間のずれをきちんと計算し、その分だけ補正することで、ＧＰＳが正しく機能し、地上での位置を正確に知ることができているのです。

私たちの生活をとても便利にしてくれるＧＰＳは、相対性理論によって支えられていることが分かりますね。

動くものの長さは縮む

「空間は相対的」とはどういうことか

ここまで、動くものの時間が遅れて進むことを説明してきました。時間は相対的なものなのですね。

さて、相対性理論では時間だけでなく**空間も相対的なものである**ことを明らかにしています。ここからは、空間が相対的だというのはどういうことかを説明していきます。

これは、一言で表せば「**動くものの長さは縮んで見える**」と説明することができます。これも時間の遅れと同様、日常生活の中で起こっています。

しかし、日常レベルではごくわずかな変化なので、私たちが気づくことはありません。

例えば、時速１００キロメートルで走って

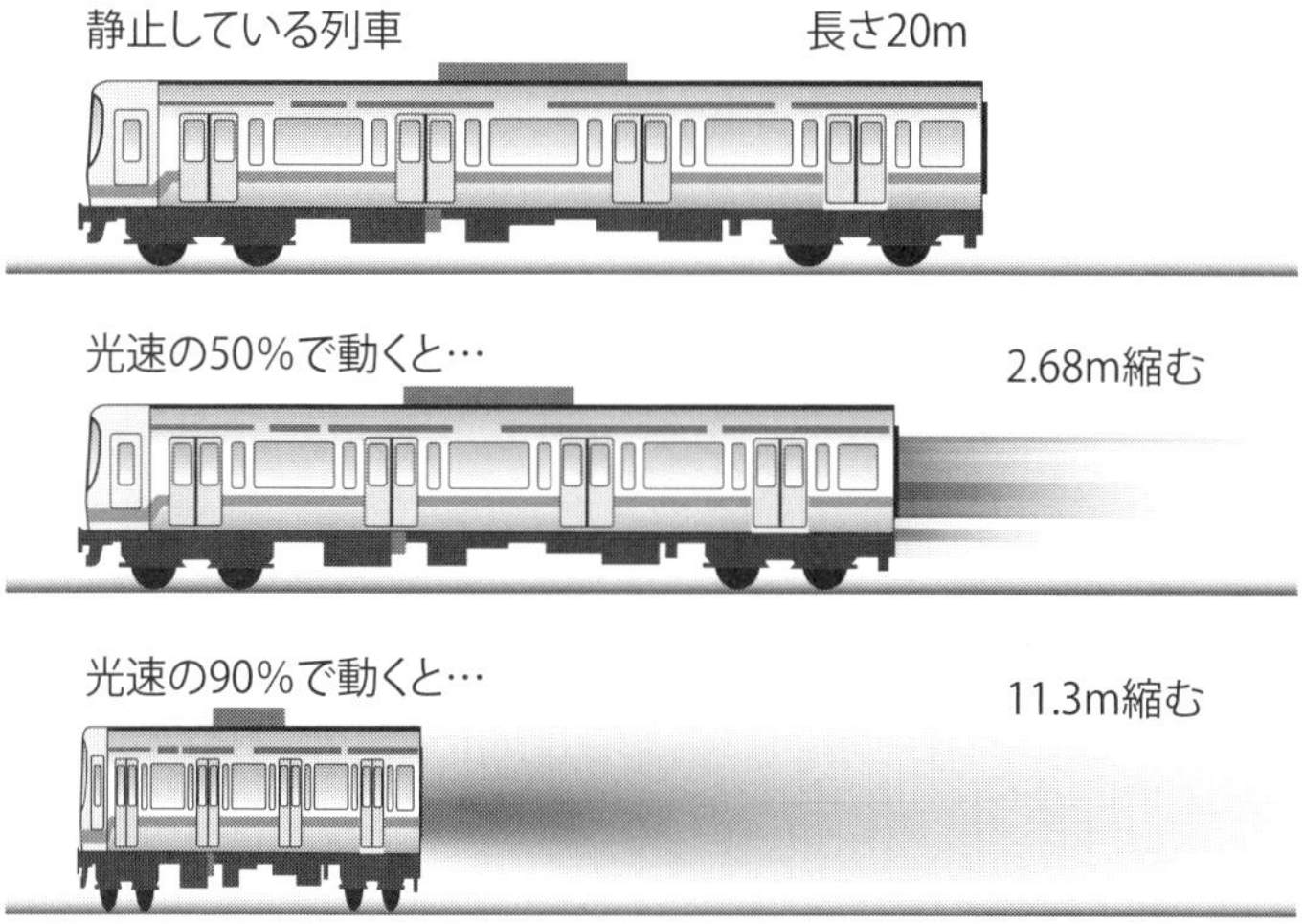

いる電車の場合、車両1両（長さ20メートルとします）の長さが1兆分の86ミリメートルだけ縮むという感じです。

この変化にはとても気づきませんが、もしも電車の速さが光速の半分（秒速15キロメートル）となったら、20メートルの車両の長さはおよそ2・68メートルも縮みます。

そして、光速の90％（秒速27万キロメートル）なら、11・3メートルほども（つまり半分以上も）縮んでしまう計算になるのです。

ということで、時間の場合と同じように、私たちが認識できるような長さの縮みは光速に近い速さで動いているものの場合に起こるのだと分かります。

なお、上の図で示したように、**長さの縮みは物体の進行方向でのみ起こります**。この列車は左向きに動いているので、左右方向の長さだけが縮み、上下方向の長さは縮みません。

それでは、動くものの長さが縮む仕組みについて相対性理論ではどのように明らかにしているのか、光速近くで動くものの例を通して説明したいと思います。

とてつもない速さでトンネルを通過する車

自動車がとてつもなく長いトンネルに入りました。トンネルの全長は40万キロメートルです。

これは地球を10周する長さになりますが、自動車も秒速24万キロメートル（光速の80％）

というとてつもない速さで走っているため、あっという間にトンネルを通過してしまいます。

それでは、この自動車がトンネルを通過するまでにかかる時間を考えましょう。

もちろん、単純に考えれば、「40万キロメートル÷秒速24万キロメートル」で、およそ1・67秒で通過するように思えます。

ところが、相対性理論をもとに考えるとこうはならないのですね。

動くものの時間は遅れて進むことを説明しました。この場合、自動車は光速の80％もの速さで動いているので時間の遅れが大きく、地上にいる人から見ると、地上で1秒進む間に自動車の中では0・6秒しか経過しません。

すると、トンネルの通過時間も変わってき

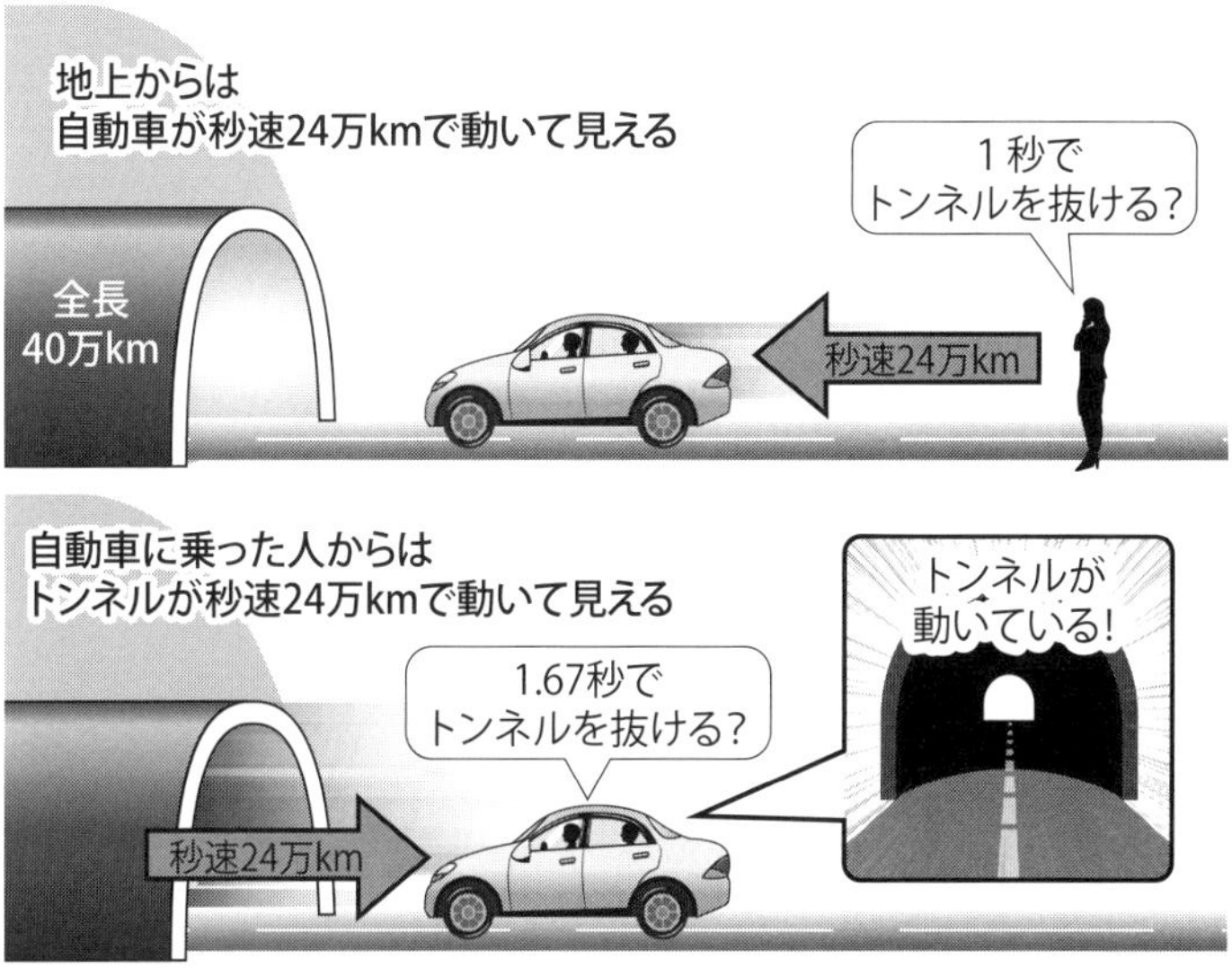
地上からは
自動車が秒速24万kmで動いて見える
１秒で
トンネルを抜ける?
全長
40万km
秒速24万km
自動車に乗った人からは
トンネルが秒速24万kmで動いて見える
トンネルが
動いている!
1.67秒で
トンネルを抜ける?
秒速24万km

ます。地上で「40万キロメートル÷秒速24万キロメートル」でおよそ1・67秒だけ経過するとき、自動車の中では「(40万キロメートル÷秒速24万キロメートル)×0・6」で、1秒しか経過しないように、地上にいる人からは見えるのです。つまり、地上の人から見ると自動車内でちょうど1秒たったときに自動車がトンネルを通過するというわけです。

それでは、自動車に乗っている人からはどのように見えるのでしょうか?

自動車に乗った人からはトンネルが縮んで見える

ここで気をつけなければいけないのが、〝地上の人から見ると〝動いている自動車の中の時間の進み方が遅れる〟ということです。

つまり、自動車に乗った人には自分が動いているのでなく地上にいる人の方が動いているように見えるので、自分の時間は遅れず地上にいる人の時間が遅れて見えるわけです。

というわけで、自動車に乗った人からは「40万キロメートル÷秒速24万キロメートル」で、およそ1・67秒でトンネルを通過するように見えることになります。

しかし、地上にいる人からは自動車内で1秒たったときに自動車はトンネルを通過して見えるのですから、自動車内から見ても同じことが起こるはずです。

ということで、自動車内から見ても時間の遅れとは別の何らかの変化が起きたはずなのです。それが**トンネルの長さの縮み**なのです。

物体は本当に縮んでいる

なぜ、自動車内から見るとトンネルの長さが縮むのでしょう?

それは、〝自動車の中の人から見ると〟トンネルは動いているからです。

トンネルは地上に静止していますが、自動車が秒速24万キロメートルで動いていれば、自動車内からはトンネルが秒速24万キロメートルで動いているように見えるわけです。

静止しているトンネルの長さは40万キロメートルなのですが、動くことで縮みます。

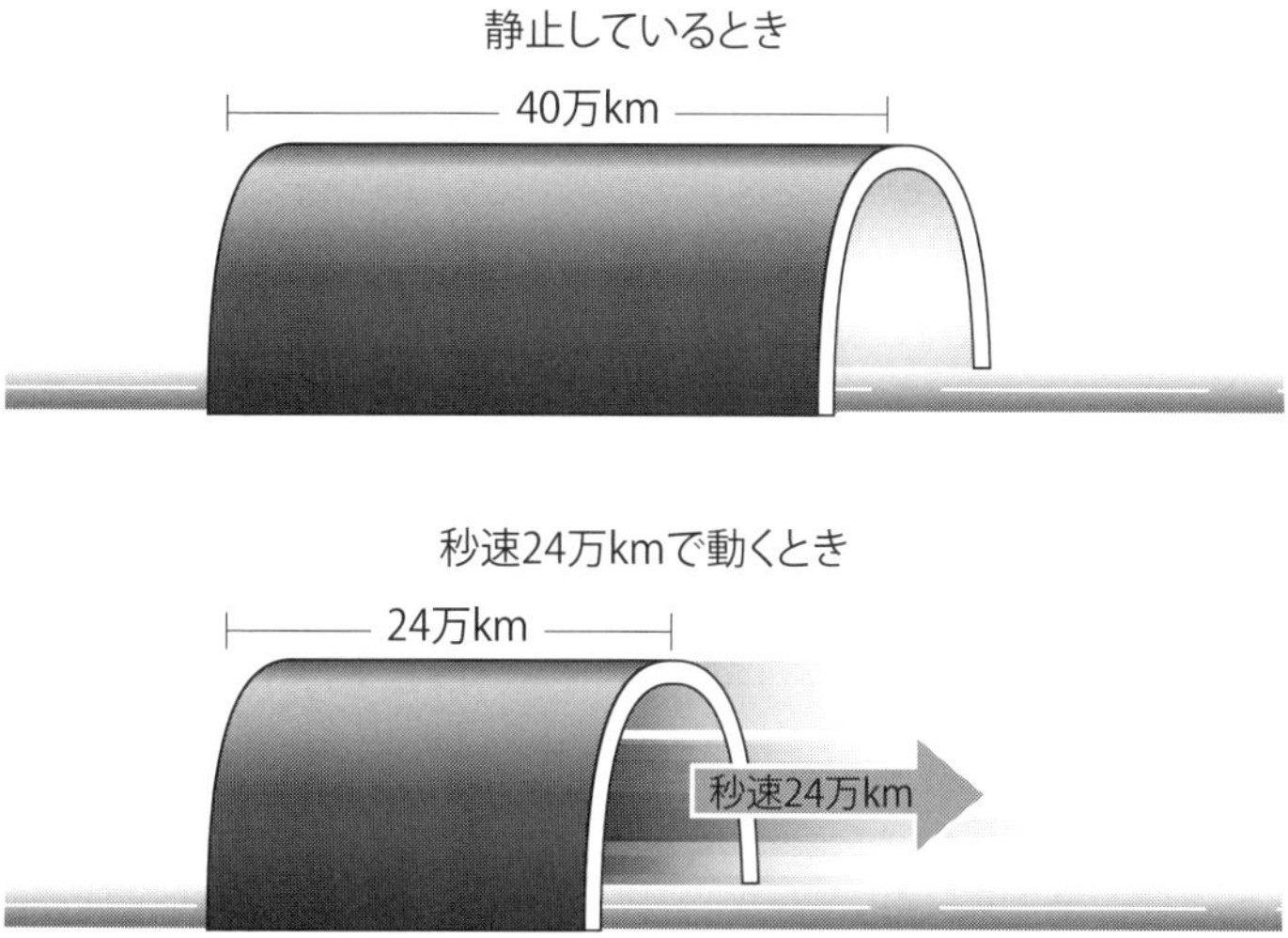

これも計算式は割愛しますが、相対性理論に従って計算すると秒速24万キロメートルで動くことで、トンネルの長さは24万キロメートルに縮むのです（40％分の16万キロメートルだけ縮む）。

すると、トンネルを通過するのにかかる時間は自動車内から見ても「24万キロメートル÷秒速24万キロメートル」で1秒となり、地上にいる人から見た場合と一致するのです。

このように、時間の遅れをもとに考えることで、空間の縮みについても理解することができるのです。

そしてまた、空間の縮みという現象は「そう考えれば辻褄《つじつま》が合う」というような頭の中だけでの話ではなく、実際に観測されている事実です。**物体の長さは、本当に縮むのです。**

地上に降り注ぐミューオンの謎

素粒子が教えてくれる空間の縮み

空間の縮みが実際に観測されている例を**ミューオン**という素粒子を通して紹介します。なお、この例は空間の縮みではなく時間の遅れで理解することもできるので、ここまでの話のまとめとして理解していただけるとよいかと思います。

「ミューオンなんて聞いたことがない」という方が多いかもしれませんが、こういう名前の素粒子が常に私たちのいる地上に降り注いでいます。目には見えませんが、その数は手のひらほどの面積に１秒に１個ほど降ってくるようです。

そして、このミューオンという素粒子を観測することで、相対性理論が正しいことが確

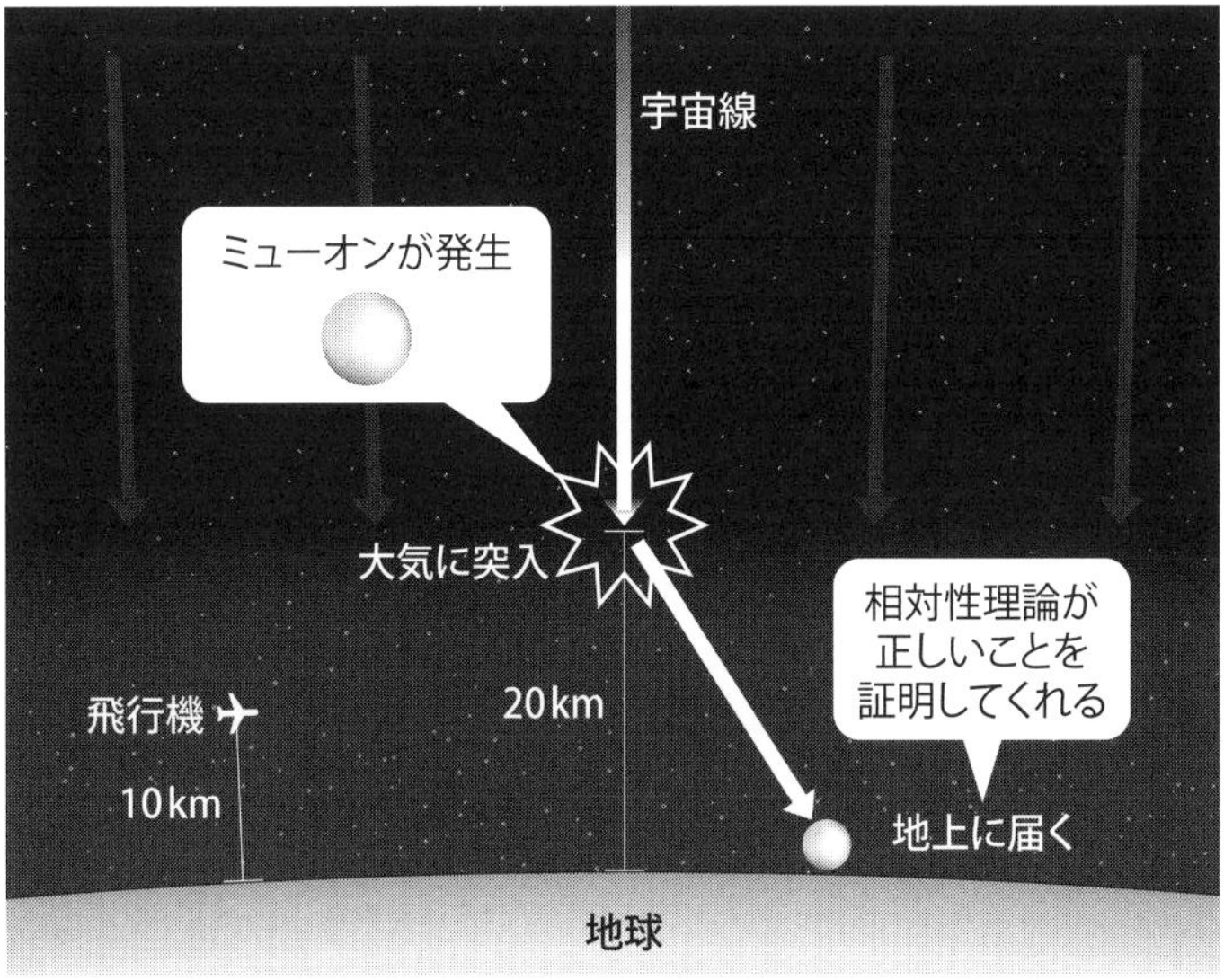

認されているのです。

というわけで、目に見えないけれども実は身近なところに存在するミューオンと相対性理論との関わりを紹介したいと思います。

ミューオンは本来地球にはたどり着けない

地球には、宇宙からたくさんの素粒子と呼ばれる目に見えない小さな粒子が降り注いでいます。宇宙からやってくるので**「宇宙線」**と呼ばれています。

宇宙線は、地上20キロメートルくらいのところに存在する大気に衝突し、そこで変化が起こります。飛行機が飛んでいるのがおよそ地上10キロメートルのところなので、その倍くらい高いところでの出来事ですね。

どのような変化が起こるかというと、宇宙線が大気にぶつかって、大気を作っている原子という小さな粒子を壊してしまうのです。大気の原子が壊れるといくつかのさらに小さな粒子に変わるのですが、そのうちの1つがミューオンという粒子なのです。

発生したミューオンは、光の速さに近いスピードで地上へ向かって突き進みます。光はたった1秒間に30万キロメートル（地球7周半）も進みますので、それに近いミューオンもものすごいスピードだと分かります。

これならあっという間に地上へたどり着きそうですが、1つ問題があります。それは、**ミューオンの寿命があまりにも短い**ということです。

ミューオンの寿命にはばらつきがあるのですが、平均で**100万分の2秒**という短さです。これほど短い時間で、別の素粒子に変わってしまうのです。

すると、ミューオンが進むことができる距離は、仮にミューオンが光と同じ速さで進んだとしても、「秒速30万キロメートル×100万分の2秒」で、600メートルだけということになってしまいます。

これでは、上空20キロメートルで発生したミューオンが地上へたどり着くことはできなくなってしまいますね。

ところが、実際には先ほど説明したようにたくさんのミューオンが地上で観測されています。

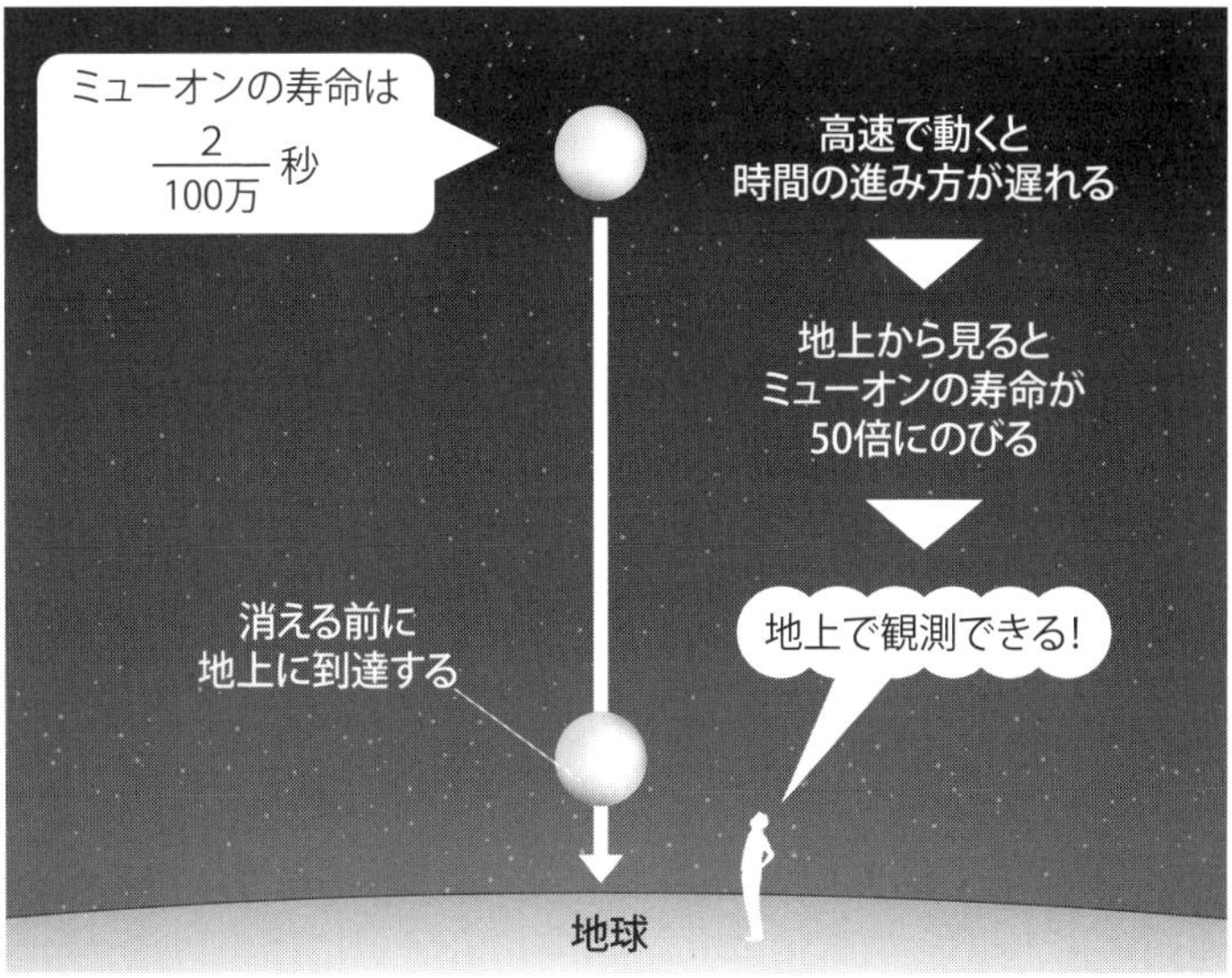

これはいったいどういうことでしょう?

光速で動くと ミューオンの寿命がのびる

ミューオンは、光速に近い速さで動いています。これほど高速で動くと、**時間の進み方がかなり遅れる**のです。

本来のミューオンの寿命は平均100万分の2秒です。しかし、実際には光速近くで動くミューオンの寿命は地上から見るとこの50倍ほどにのびているのです。これなら、ミューオンは「秒速30万キロメートル×100万分の2秒×50」で、30キロメートルほど進むことができるようになり、上空20キロメートルの位置から地上までたどり着けるわけです。

このように、地上で観測されないはずのミューオンが観測されているのはなぜかという謎を、相対性理論が解き明かしてくれるのですね。

さらに、この謎解きは空間の長さの変化によって理解することも可能です。

地上にいる私たちの視点では「ミューオンが高速で動いて」見えますが、ミューオンの視点からは「地上（地球）が高速で近づいてくる」ように見えるのです。ですので、ミューオンの視点から見ると地上の長さは縮んでいます。

つまり、地上にいる私たちには上空20キロメートルでミューオンが誕生したと見えるのですが、誕生したミューオンから見ると地上は20キロメートルも離れておらず、もっと近くにあるのです。

具体的には、地上までの距離が６００メートルよりも短くなるので、１００万分の2秒という短時間の間に地上へたどり着くことができるのです。

このように、ミューオンが地上で観測されている理由を理解するには、どうしても相対性理論が必要となるのです。というより、**地上でミューオンが観測されているという事実が、相対性理論が正しいことの証拠となっています**。

アインシュタインが明らかにした相対性理論は決して空想などではなく、この世の現象を明確に説明する確かな理論なのだと分かりますね。

第2章

質量の話

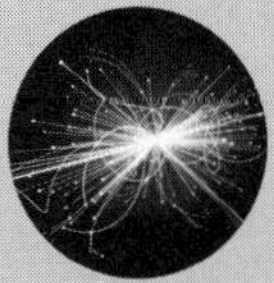

ものの速度には限界がある

この世で一番速いのは光

第1章では、動くものの時間の進み方や空間の長さが変化することを説明しました。

何だか奇妙に思えますが、「光速度一定」を大前提とするとこれらの結論を得られるのでした。

相対性理論のベースは、**光の速さは秒速約30万キロメートルで一定**だということです。

これは、光がどのように動く物体から発せられても、またその光をどのように動く観測者が見ても変わりません。

普通に考えたら、光を発する物体の動きや観測者の動きによって変わりそうですが、そうはならないことが観測によって確認されているのでした（24～31ページ参照）。

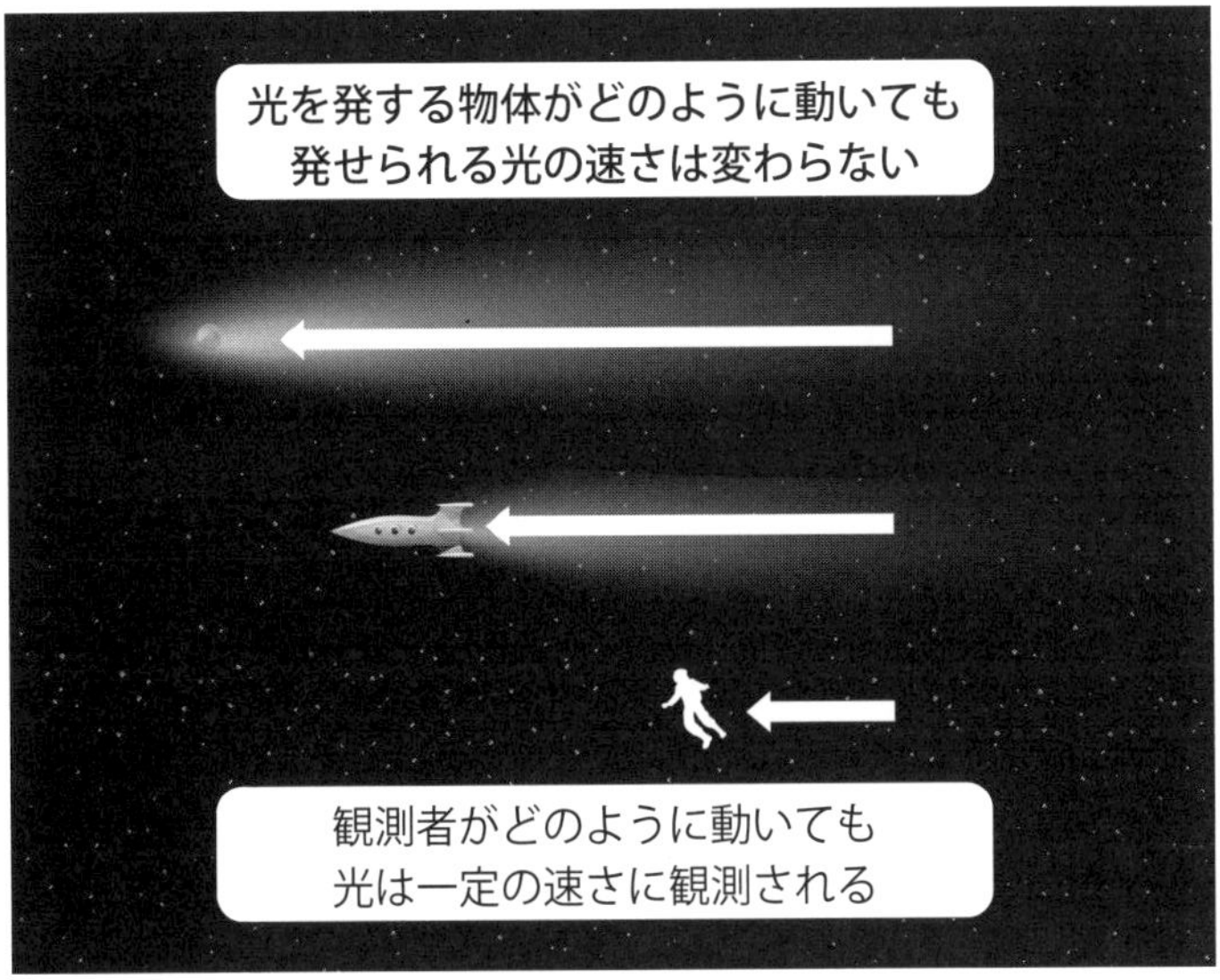
光を発する物体がどのように動いても
発せられる光の速さは変わらない
観測者がどのように動いても
光は一定の速さに観測される

もしも、光を発する物体が秒速約30万キロメートルで動いてその前方に光を発したとしても、発せられた光の速さもやはり秒速約30万キロメートルなのです。

どんな方法を使ったとしても、決して光がこの速さを超えることはありません。

光でさえも秒速約30万キロメートルという速さを超えることはないのです。だから、他のものがこの速さを超えるということはあり得ません。

つまり、**「この世で光は最速」**なのです。このこともまた、相対性理論の大原則となっている事実です。

でも、これはよく考えてみるとおかしな話なのです。いったい何がおかしいというのでしょう？

ものは無限に速くなる？

　私たちの周りにあるものの速さは一定ではありませんね。速さを変えながら動いたり、止まったりしています。地面に静かに置かれているボールも、力を込めて投げれば速度を得て飛んでいきます。

　ものの速さは、力を加えられることで変わります。押されたり引っ張られたりすれば、ものはどんどん速くなっていくのです。

　それなら、速さに限界など存在しないはずです。力を加えさえすれば、ものは無限に加速されるはずだからです。

　それなのにどうして相対性理論では、「この世で最速なのは光であり、光速より速くものは存在しない」などと言い切れるのでしょう？

　実は、同じように力を加えても、どんなものでも同じように加速するわけではありません。

　荷台に空の段ボール箱が積まれていたら、ちょっと力を加えるだけでどんどん速くなってしまいますが、中身がぎっしり詰まった重い段ボール箱が積まれていたらそう簡単には加速しませんね。

　このように、**軽いものは加速しやすく、重いものは加速しにくい**のです。

　正確に表現すると、ものの「重さ」ではなく**「質量」**によって、ものの加速しやすさ（しにくさ）が変わります。そして、このことがものの速さに限界が存在することと深く関係しているのです。

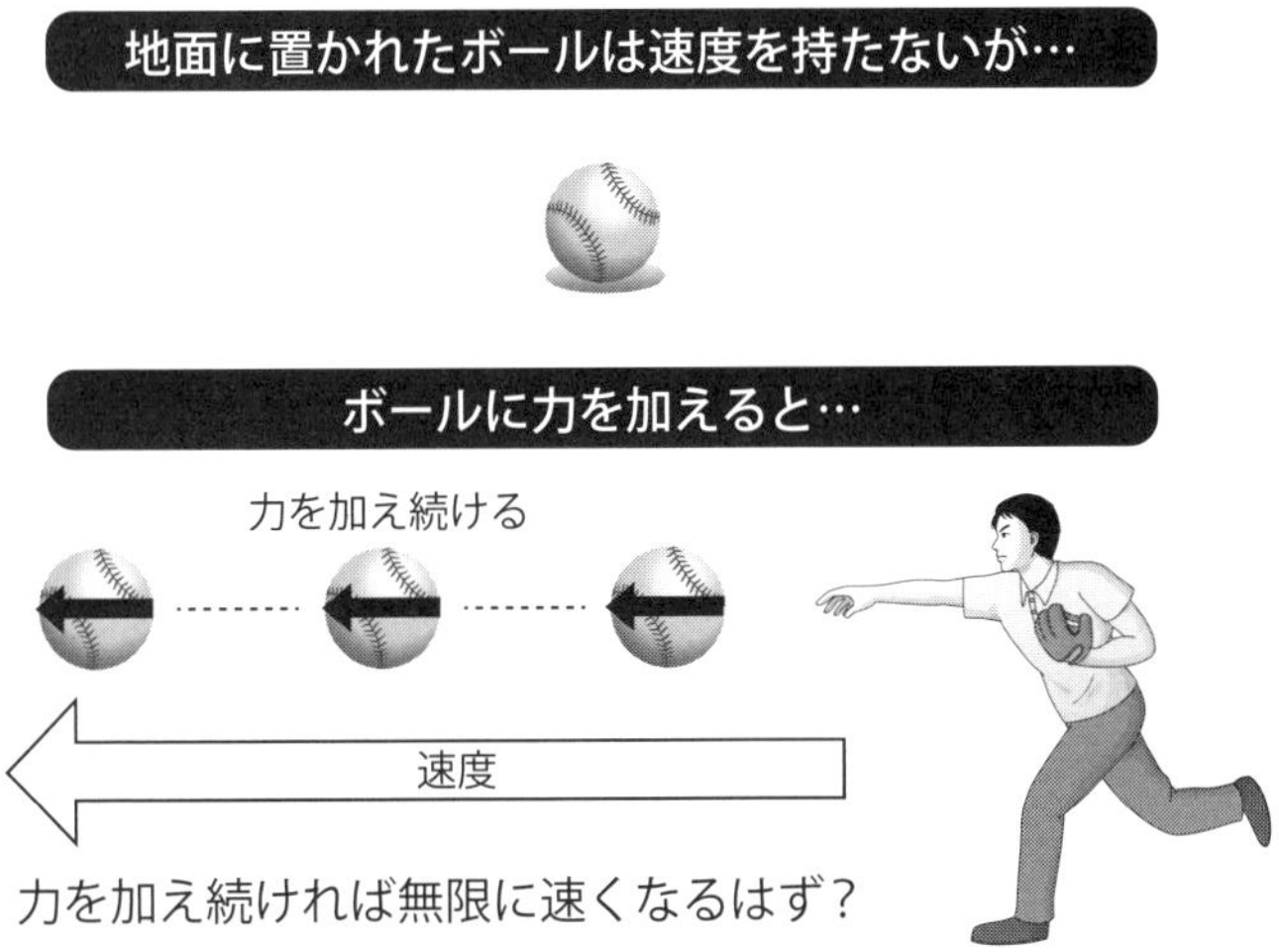
地面に置かれたボールは速度を持たないが…
ボールに力を加えると…
力を加え続ける
速度
力を加え続ければ無限に速くなるはず？

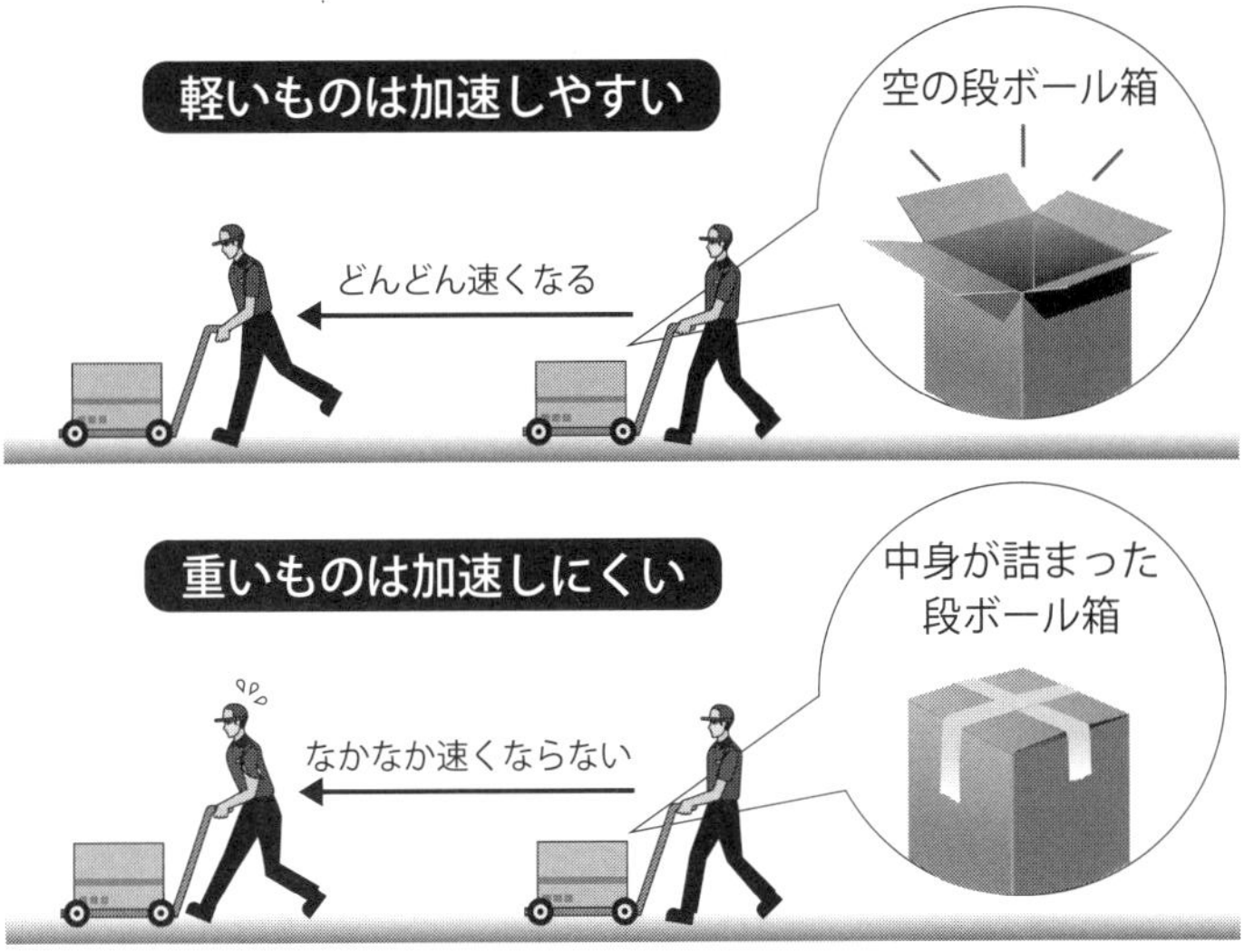
軽いものは加速しやすい
空の段ボール箱
どんどん速くなる
重いものは加速しにくい
中身が詰まった
段ボール箱
なかなか速くならない

動くものの質量は大きくなる

速くなるほど質量は増える

さあ、ここからが第2章の本題です。

なぜものの速さには限界があるのか、その答えはズバリ**「物体が動くと、その質量が大きくなる」**からなのです。

これは、例えば飛び立つ前のロケットは

100トンだけれども、発射されると質量が100トン以上になるということなのです。

「またおかしな話が出てきた。そんなことあるはずないじゃないか」という声が聞こえてきそうです。

たしかに、私たちの常識的な感覚では受け入れられないですよね。でも、これもやはり相対性理論が明らかにした事実なのです。

ただし、日常的なレベルで質量の増加を実

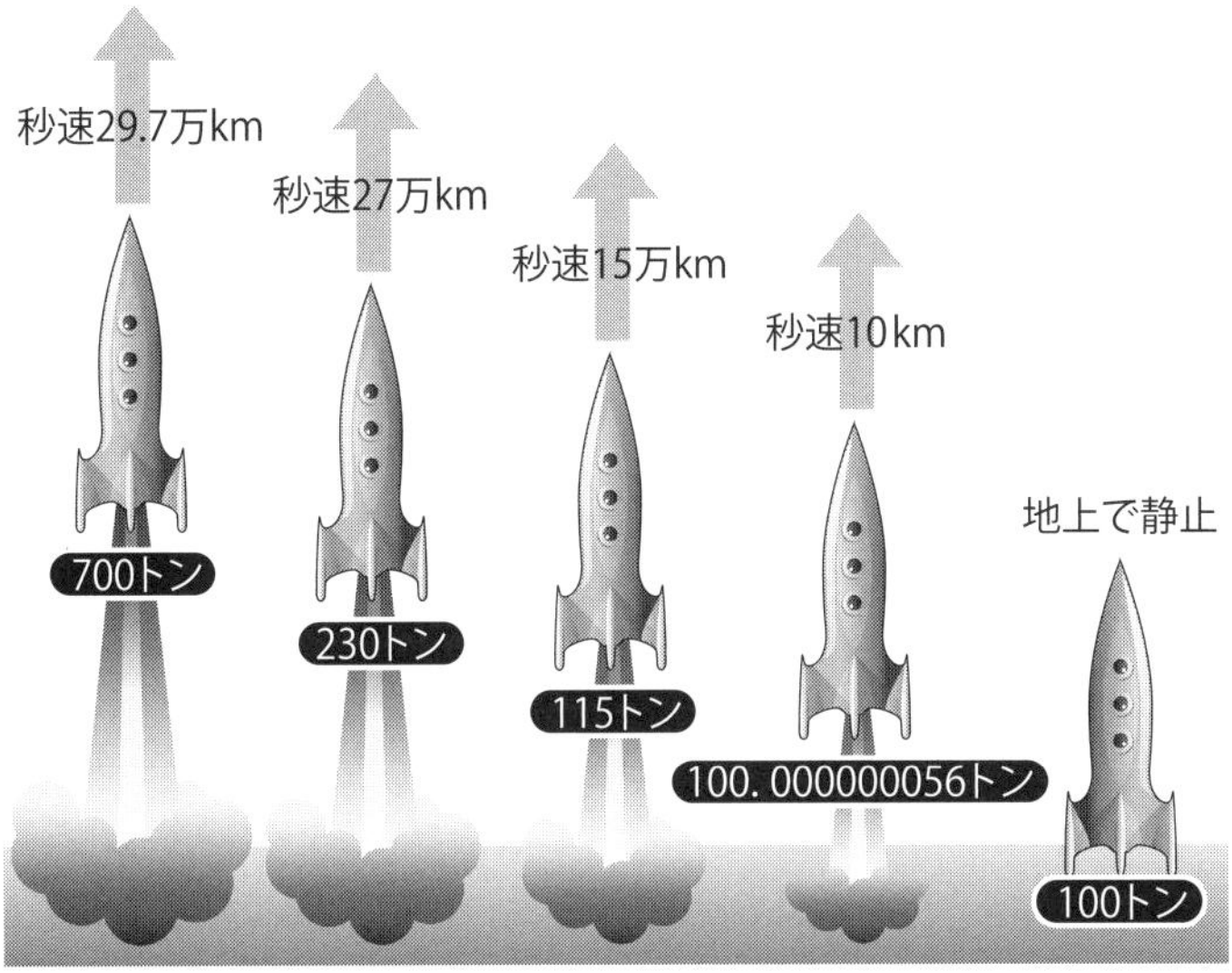

感することはありません。

　100トンのロケットが飛び立つことでどのくらい質量が変わるかというと、秒速10キロメートルまで加速されたとしても質量は0・056グラム増えるだけです（ここでも計算式は割愛して、結論だけを示しています）。問題になるレベルではないことが分かりますね。

　しかし、これが**光速に近づいていくと話は別**です。

　もしもロケットが秒速15万キロメートル（光速の半分）になったとしたら、質量は約15トンも増えます。秒速27万キロメートル（光速の90％）になれば約130トンも増えますし、秒速29・7万キロメートル（光速の99％）になれば約600トンも増えるのです。

　日常的なレベルではごくわずかな質量の増

加も、このように光速に近づくことで劇的な変化となるのです。

光速を超えられない理由

ここまでの話を整理すると、この世のどんなものも光速を超えて動くことができない理由が分かります。

まず、物体に対して力を加えると加速します。どんどん速く動くようになるのですね。

すると、物体の質量が増加します。そして、質量が大きいものほど力を加えても加速しにくくなります。

つまり、**物体は速くなるにつれて、加速されにくくなる**のですね。同じように力を加えても、あまり速度が増えなくなるのです。

物体がゆっくり動いている間は質量の増加は微々たるものですが、光速に近づくと大きく質量が増加します。つまり、**光速に近づくにつれて物体はグッと加速されにくくなる**のです。

このようにして、力を加え続けたとしても物体はなかなか光速に達しないわけです。それでも力を加え続けさえすればいつかは光速に達しそうですが、物体の速さが光速に近づくにつれてその質量は無限大へと近づいていきます。

このように、どんなに物体に力を加え続けたとしても決して光速を超えて動くようにはならないのです。

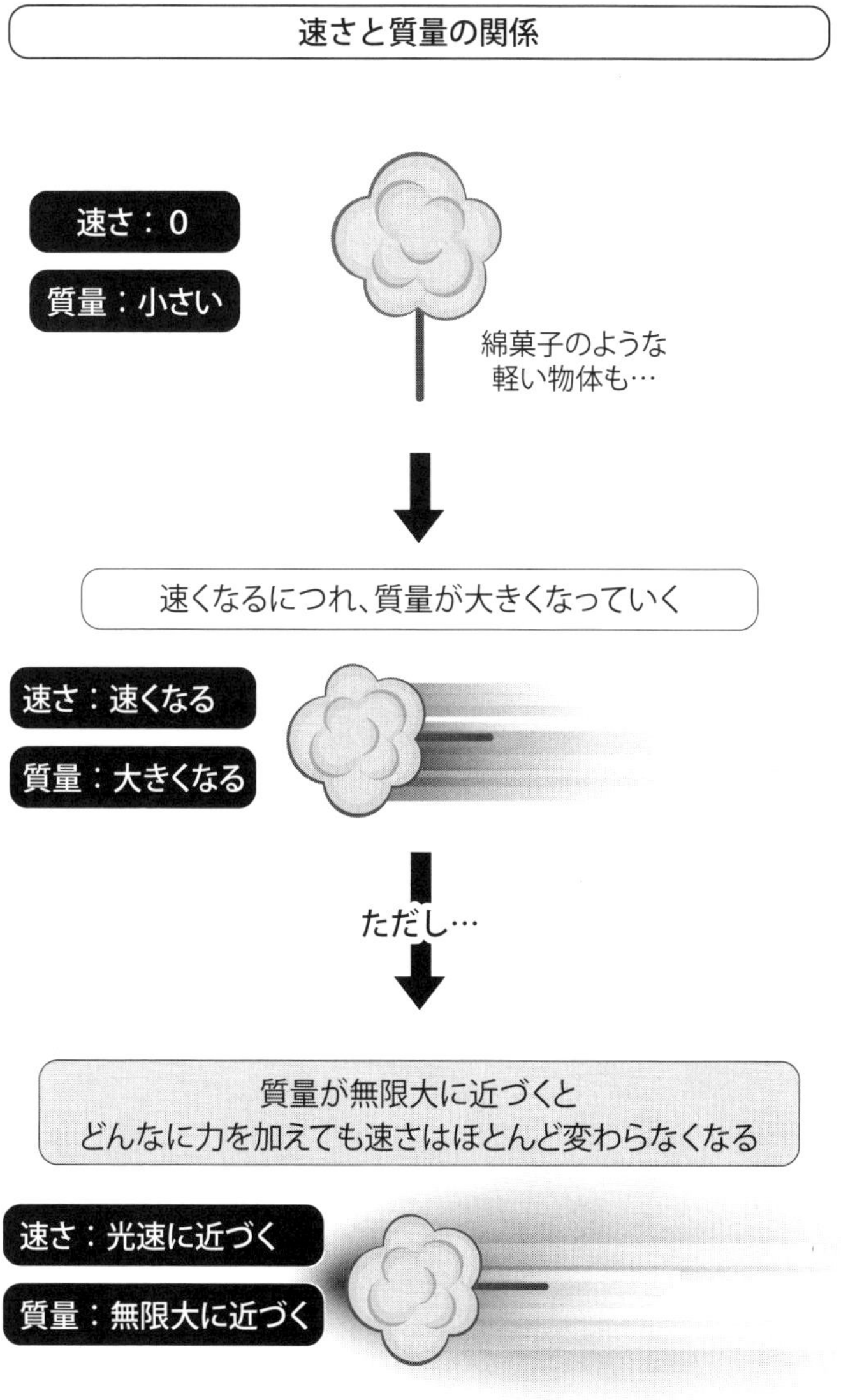
速さと質量の関係
速さ：0
質量：小さい
綿菓子のような
軽い物体も…
速くなるにつれ、質量が大きくなっていく
速さ：速くなる
質量：大きくなる
ただし…
質量が無限大に近づくと
どんなに力を加えても速さはほとんど変わらなくなる
速さ：光速に近づく
質量：無限大に近づく

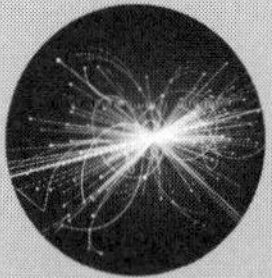

加速器の中では何が起こっているか

加速器の中で行われている実験

ものの速さが光速に近づくと質量が増加すると言われても、日常の中で光速（秒速約30万キロメートル）近くまで加速されるものはほとんどないでしょう。

ですので、日常生活で質量の増加を実感することはありません。

しかし、質量の増加（それも数千倍の増加！）が実際に起こっている場所が、この地球上にあります。

それは、**加速器**と呼ばれるものです。

加速器というのは、目に見えない小さな粒子に力を加えて加速させ、加速した粒子同士を高速で衝突させる実験を行う装置です。

日本にも加速器がある研究施設がいくつも

１周約27kmの加速器ＬＨＣ（©Maximilien Brice (CERN) and licensed for reuse under Creative Commons Licence）

ありますし、世界中に加速器はたくさんあります。

世界最大の加速器は、ＣＥＲＮ（欧州原子核研究機構）が建設した**ＬＨＣ**（大型ハドロン衝突型加速器）と呼ばれるものです。スイスのジュネーブの地下約１００メートルのところにフランスとの国境をまたいで設置され、２００８年から稼動しています。

ここでは、**陽子**というプラスの電気を持つ非常に小さな粒子を加速させています。プラスの電気を持っているため、電気の力を加えることで加速することができます。

加速された陽子は85ページの図のような、円形につながった空洞の中を通っていきます。ＬＨＣの場合、１周約27キロメートルもの長さがあります。

陽子を高速にするためにこれだけ巨大な装置が必要なのですが、この中では非常にたくさんの陽子が加速されて飛んでいきます。そして、**逆向きに加速された陽子同士を衝突させる実験**を行っているのです。

陽子の衝突で生まれるもの

ＬＨＣの中では高速に加速された陽子同士を衝突させる実験を行っています。

なぜそんなことをするのでしょう?

実は、粒子同士を衝突させると、そこから新たにいろいろな粒子が発生して飛び出してきます。

新たな粒子が生まれるというのは非常に不思議ですが、超高速の粒子同士の衝突では莫《ばく》大《だい》なエネルギーが生み出されます。

そのエネルギーによって粒子が誕生するのです。

そして、その中にはこの世のすべての物質が質量を持つ原因とされる**「ヒッグス粒子」**も含まれています。

ＬＨＣでの陽子同士の衝突により、ヒッグス粒子が誕生するのです。

ＬＨＣでは何年もの間実験を行い、ヒッグス粒子の誕生を確認したことを２０１２年７月に宣言しました。

この発見は、ヒッグス粒子の存在を予言していたヒッグス氏らのノーベル物理学賞受賞につながりました。

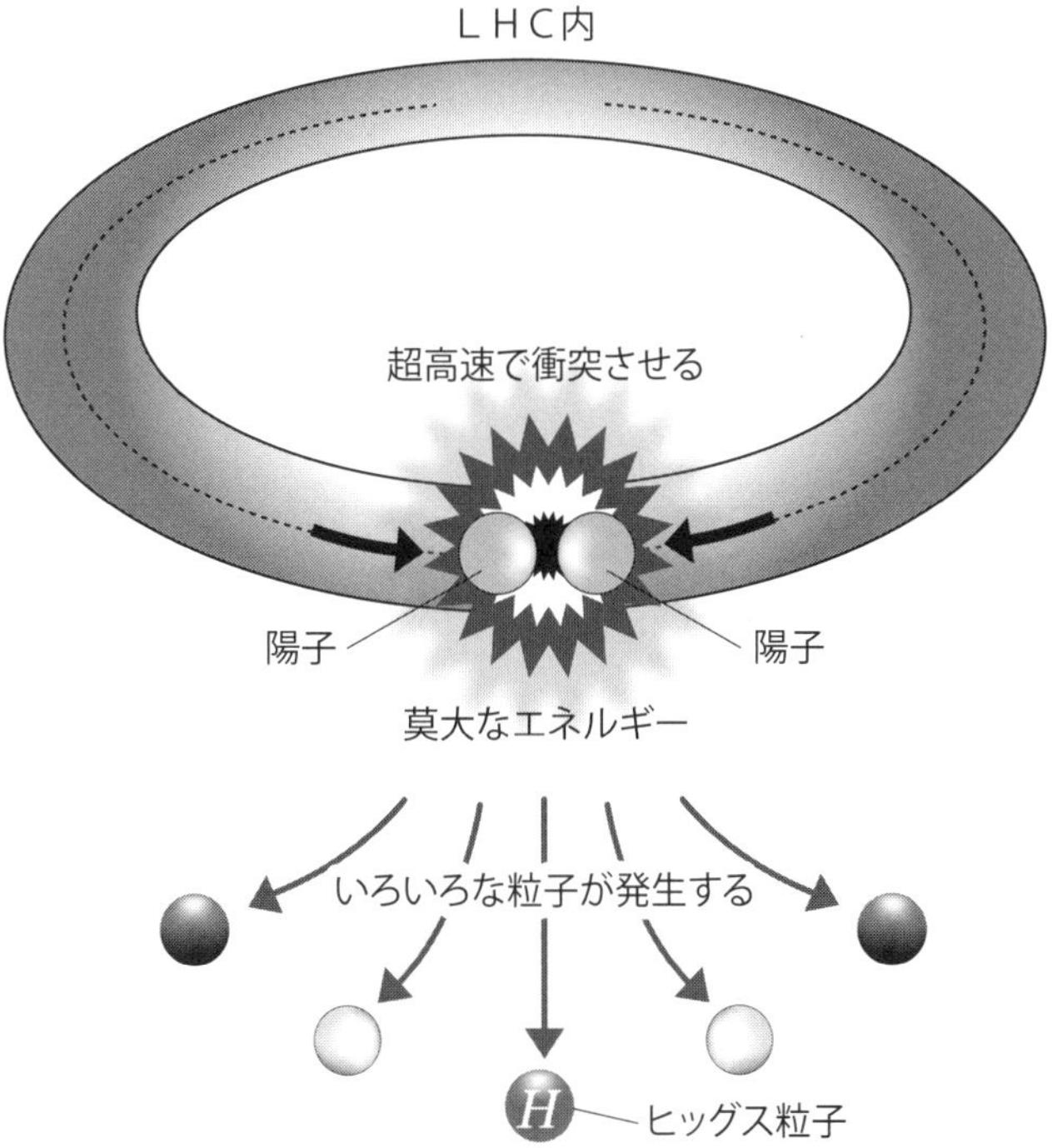

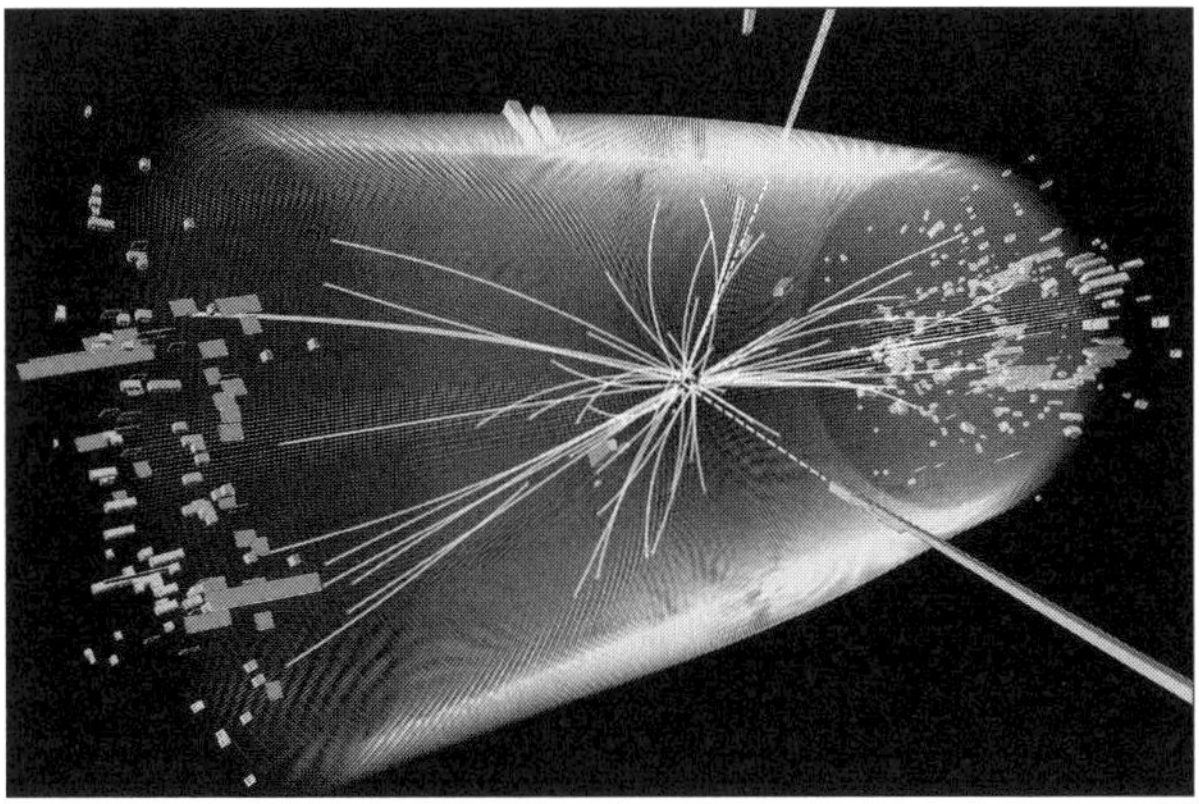

陽子衝突の痕跡を示すＣＥＲＮのデータ（画像：AFP ＝時事　AFP PHOTO / CERN）

加速器が巨大な理由

ところで、陽子という目に見えない小さな粒子を加速するのに、どうして1周27キロメートルという巨大な加速器が必要なのでしょう？　もっと小さくてもよさそうですが。

その理由は、陽子同士を衝突させるには**陽子を光速近くまで加速する必要がある**からです。そのくらい速くないと、陽子のプラスの電気同士の反発力のために衝突できないのです。

ＬＨＣでは、陽子をなんと**光速の99・99999％**という速さまで加速することができます。これほどの速さまで加速するために、巨大な装置を利用しているのですね。

そして、ここからが相対性理論が関係するところなのですが、**陽子は加速されるにつれて質量が増加する**のです。

光速の99・99999％にまで加速されたときには、陽子の質量は実に約７０００倍にもなるのです！

質量が大きいほど、加速するのにより大きな力が必要なのでした。陽子は最初は簡単に加速されますが、加速されて質量が増すにつれてどんどん加速するのが大変になっていくのです。このことも、巨大な加速器が必要とされる理由です。

「動くものの質量は大きくなる」という相対性理論を抜きにして、加速器を作ることはできないのですね。

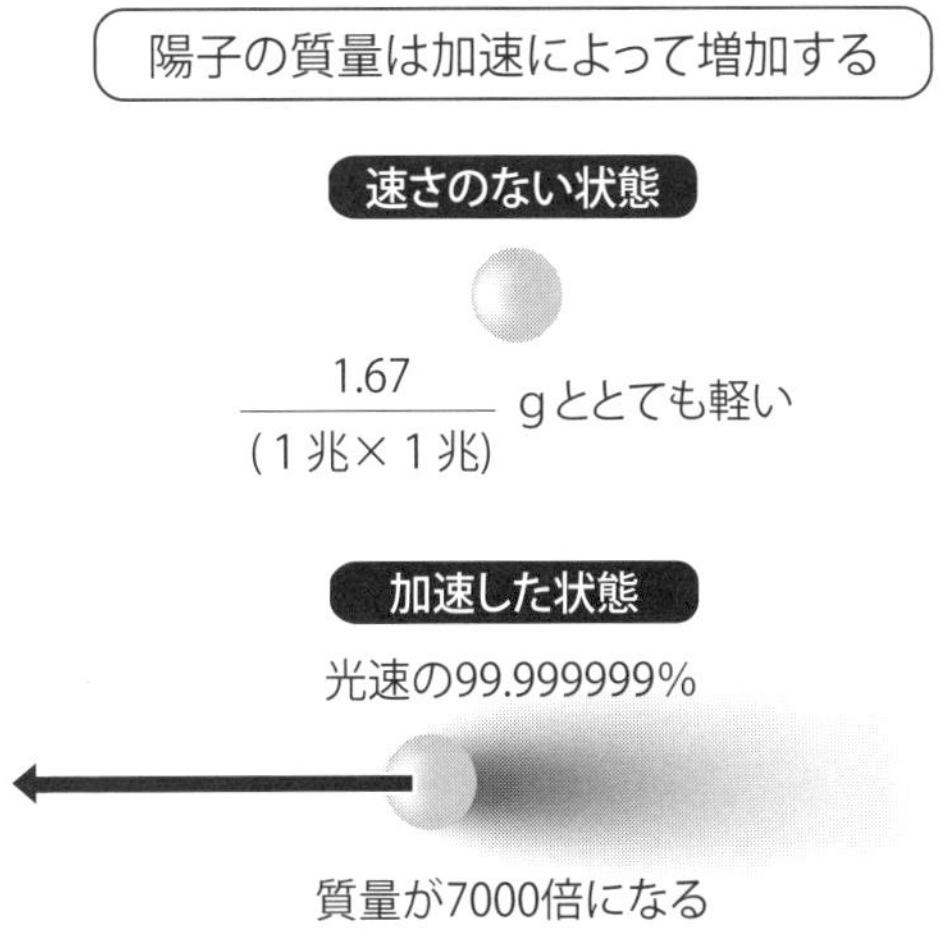
陽子の質量は加速によって増加する
速さのない状態
1.67 / (1兆×1兆) gととても軽い
加速した状態
光速の99.999999%
質量が7000倍になる

側に立つ人間と比較すると、加速器がどれほど巨大なのかがわかる。（画像：AFP＝時事）

質量に秘められた巨大なエネルギー

エネルギーはどこに行くのか?

ここまで、物体が速く動くようになるにつれて、その物体の質量が大きくなることを説明してきました。そして、質量が大きくなるため、それまでと同じように力を加えても加速しにくくなるのでした。

ところで、物体が速く動くようになるということは、物体のエネルギーが増すということです。**速く動くものほど大きな「運動エネルギー」を持つ**からです。

この「運動エネルギー」は、物体を加速させるための力によって生み出されたものです。力を加えるのにもエネルギーが必要ですから、そのエネルギーが物体の運動エネルギーに変わっていくわけです。

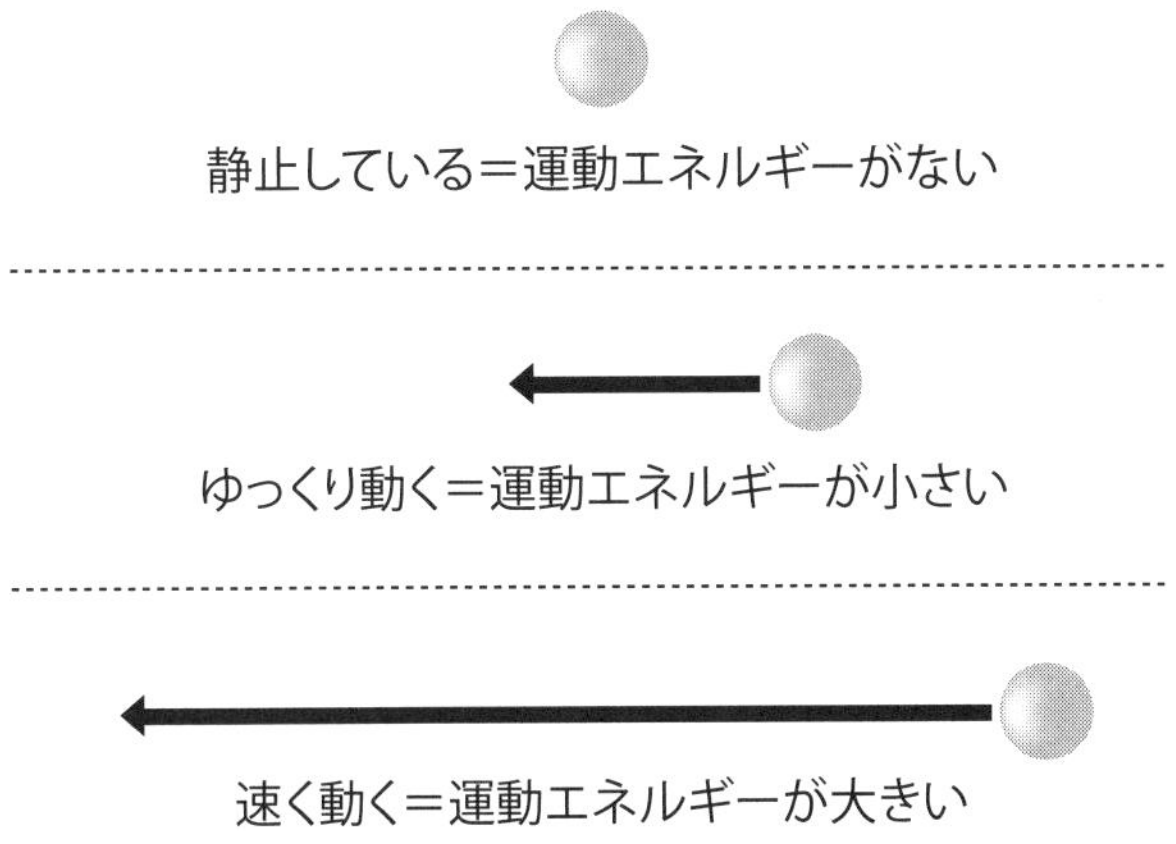
静止している＝運動エネルギーがない
ゆっくり動く＝運動エネルギーが小さい
速く動く＝運動エネルギーが大きい

速く動くものほど大きな「運動エネルギー」を持つ

ところが、物体がどんどん速くなると、同じように力を加えてもなかなか加速しなくなるのでした。加速しなくなるということは、運動エネルギーが増えないということです。

しかし、これはおかしなことです。物体に力を加えているのですから、その分だけ物体のエネルギーが増えるはずです。

力を加えるためのエネルギーはいったいどこへ行ってしまったのでしょう？

質量はエネルギーの1種

ここで、**物体が速くなるとほとんど加速されなくなる代わりに、質量がどんどん増加し**

ていくことに注意しなければなりません。

光速の99・99999%にまで加速された物体は、質量が7000倍にもなるのでした。実は、力を加えているのに物体の速度がほとんど増えないときには、力を加えるためのエネルギーは物体の**「質量」という形のエネルギー**に変化しているのです。

このような書き方をすると、違和感を覚える方が多いと思います。それは、「質量」と「エネルギー」というのは全然別のものだろう、という感覚があるからですね。

相対性理論が発表されるまで、我々人類は「質量」と「エネルギー」とは別のものだと考えてきました。

しかし、この2つは別のものではなく、「質量」というのは「エネルギーの1つの種類」なのだと明らかにしたのが相対性理論なのです。ここでも、相対性理論はそれまでの常識をひっくり返してしまったのです。

つまり、物体が速くなっていくときには加えた力のエネルギーが「運動エネルギー」に変化していくのですが、**物体があまり速くならなくなったときには加えた力のエネルギーは「質量」へと変化していく**、というわけです。

質量が持つ巨大なエネルギー

アインシュタインは相対性理論で、「質量とエネルギーとは別のものではなく、**質量はエネルギーの1つの種類なのだ**」と明らかにしました。

驚天動地な発表だったわけですが、それでは質量はどのくらいの大きさのエネルギーなのでしょう。

そのことも、アインシュタインは簡潔な数式で説明しています。有名な次の式です。

$$E = mc^2$$

式中のmが質量（キログラム）を表し、cは光速（秒速約30万キロメートル）を表します。「m」に物体の質量の値を入れて「mc^2」を計算すると、それがその物体の持つエネルギー「E」（ジュール）を表すのだというわけです。

具体的な数字で計算してみましょう。

1円玉の質量は1グラム（0・001キログラム）ですが、これをエネルギー（ジュール）に換算すると、90兆ジュールとなります。たった1グラムの質量が、90兆ジュールものエネルギーに相当するのです。

90兆ジュールと言われてもピンとこないかも知れませんが、これはおよそ2・1億リットルの水を0℃から100℃にして沸騰させられるほどのエネルギーです。

2・1億リットルの水は、50メートルプール約140杯分の水に相当します。1円玉1枚でも、いかにすごいエネルギーを持っているかが分かると思います。

質量には、これほど巨大なエネルギーが秘められているのですね。

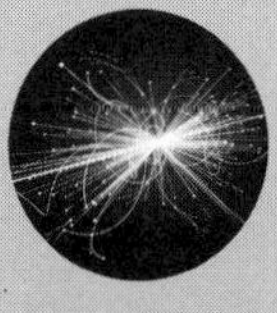

核分裂と核分裂で生み出されるエネルギー

核分裂の発見

質量はエネルギーの1つの種類であり、わずかな質量が膨大《ぼうだい》なエネルギーに相当することが相対性理論によって明らかにされました。

ところで、私たち人類は膨大なエネルギーを利用して生活しています。エネルギーの源の多くを化石燃料に頼っていますが、いつまで利用できるか分かりません。そこで、最近は太陽光発電など再生可能エネルギーの普及が進んでいますが、それですべてをまかなえるかは疑問です。

それでは、**質量をエネルギー源として利用すればよいのではないでしょうか**？

前項でも見たように、たった1グラムの1円玉からでも膨大なエネルギーを取り出すこ

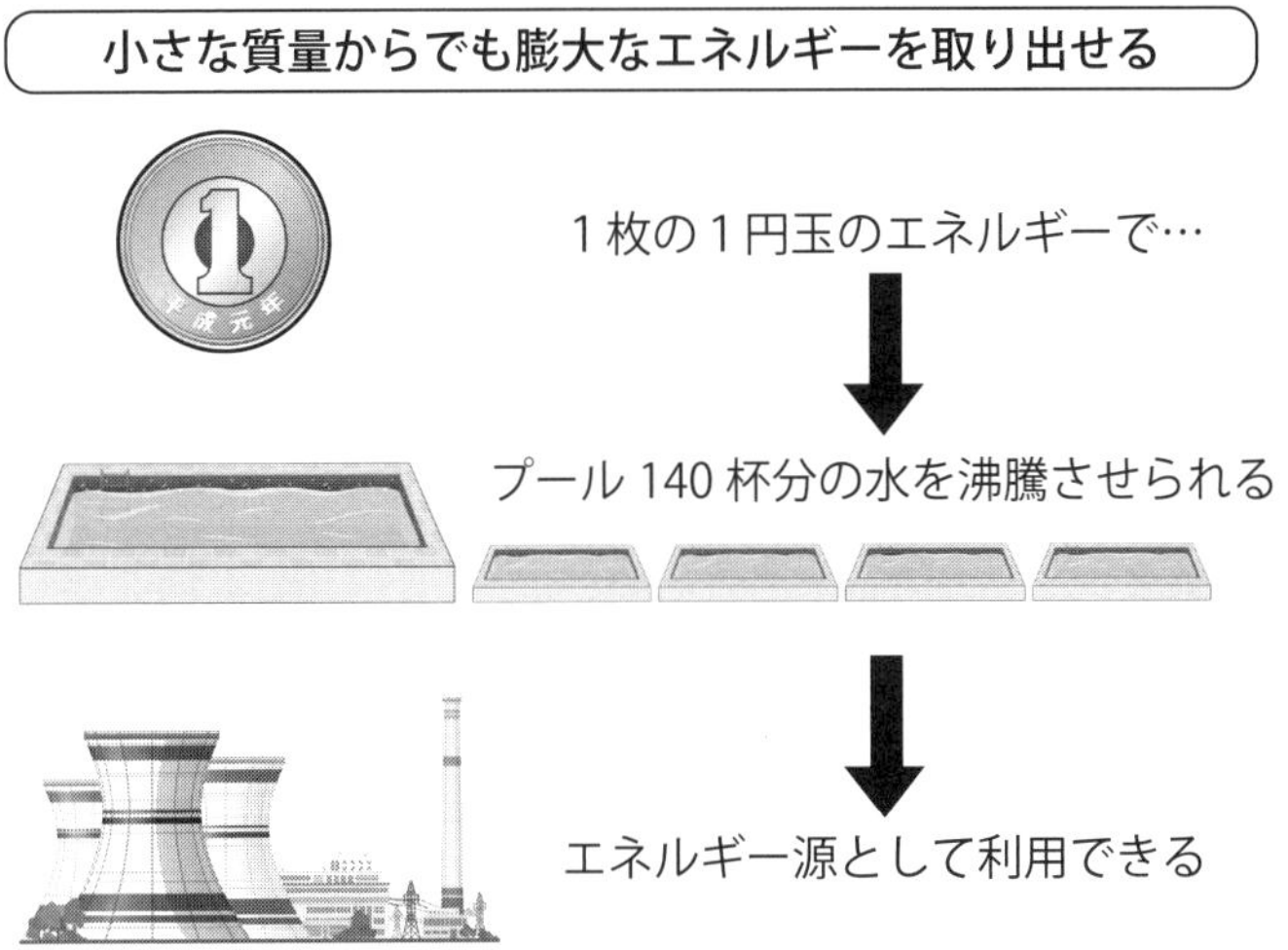
小さな質量からでも膨大なエネルギーを取り出せる
1枚の1円玉のエネルギーで…
プール140杯分の水を沸騰させられる
エネルギー源として利用できる

とができるのです。世の中に質量を持っているものは山ほどあるわけですから、それを少しずつ使っていくだけでエネルギー問題は解決してしまいそうです。

しかし、質量をエネルギーとして利用することはそう簡単ではありません。

実際、アインシュタインによって相対性理論が発表されて質量がエネルギーの1つの形だということは分かりましたが、どうすれば質量をエネルギー源として利用できるかということは分かっていませんでした。

そこで、質量をエネルギーとして利用できるよう、多くの研究が行われました。そして、1938年に**「核分裂」**という現象が発見されました。これが、質量をエネルギーとして利用する突破口となったのです。

核分裂の仕組み

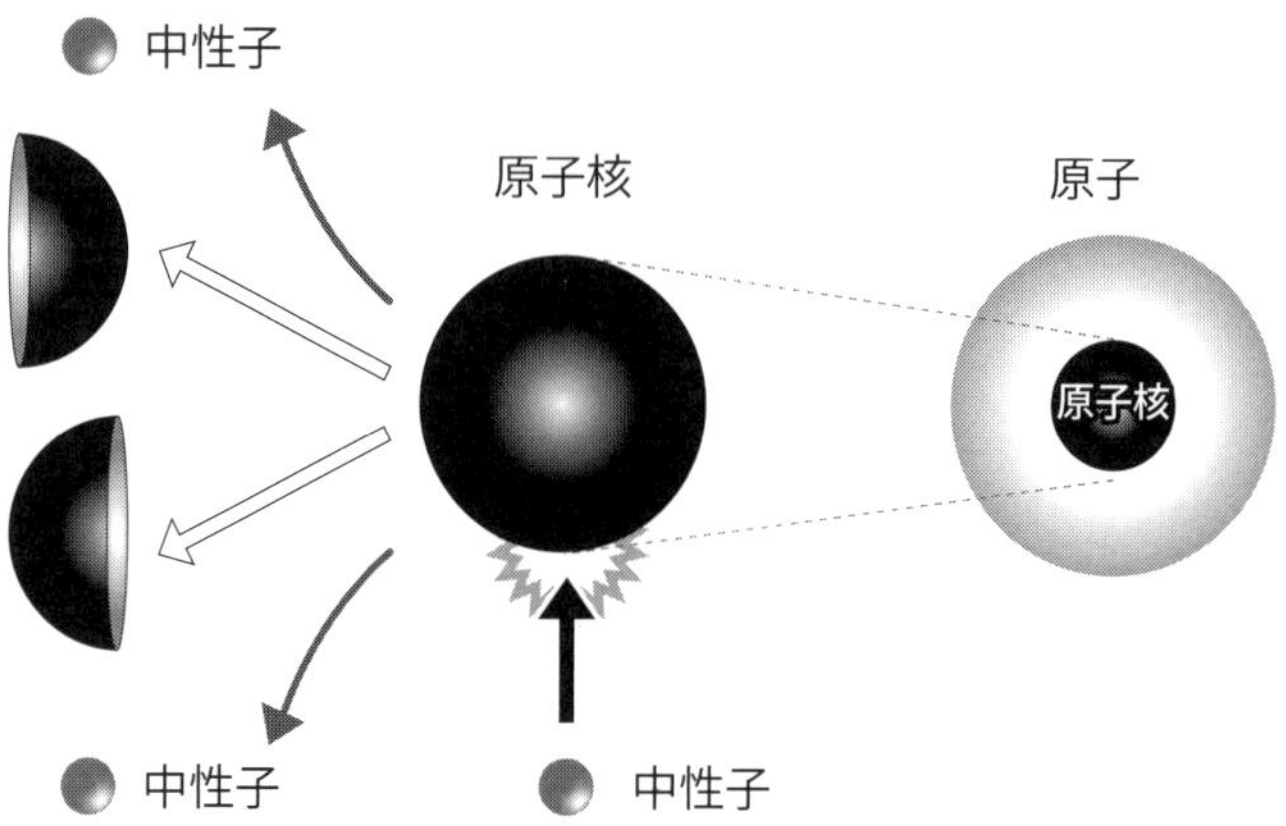

中性子がぶつかると原子核が分裂する

「核分裂」とは、一体どんな現象なのでしょう。世の中のすべてのものは、**原子**という目に見えない小さな粒子がたくさん集まってできています。

その原子の中心には、**原子核**というさらに小さなものがあります。

普通、原子核は安定していてこれが壊れてしまうことはありません。しかし、ここに**中性子**というさらに小さな粒子がぶつかると、原子核が分裂してしまうことがあるのです。

1つだった原子核が2つに分かれてしまうのですね。

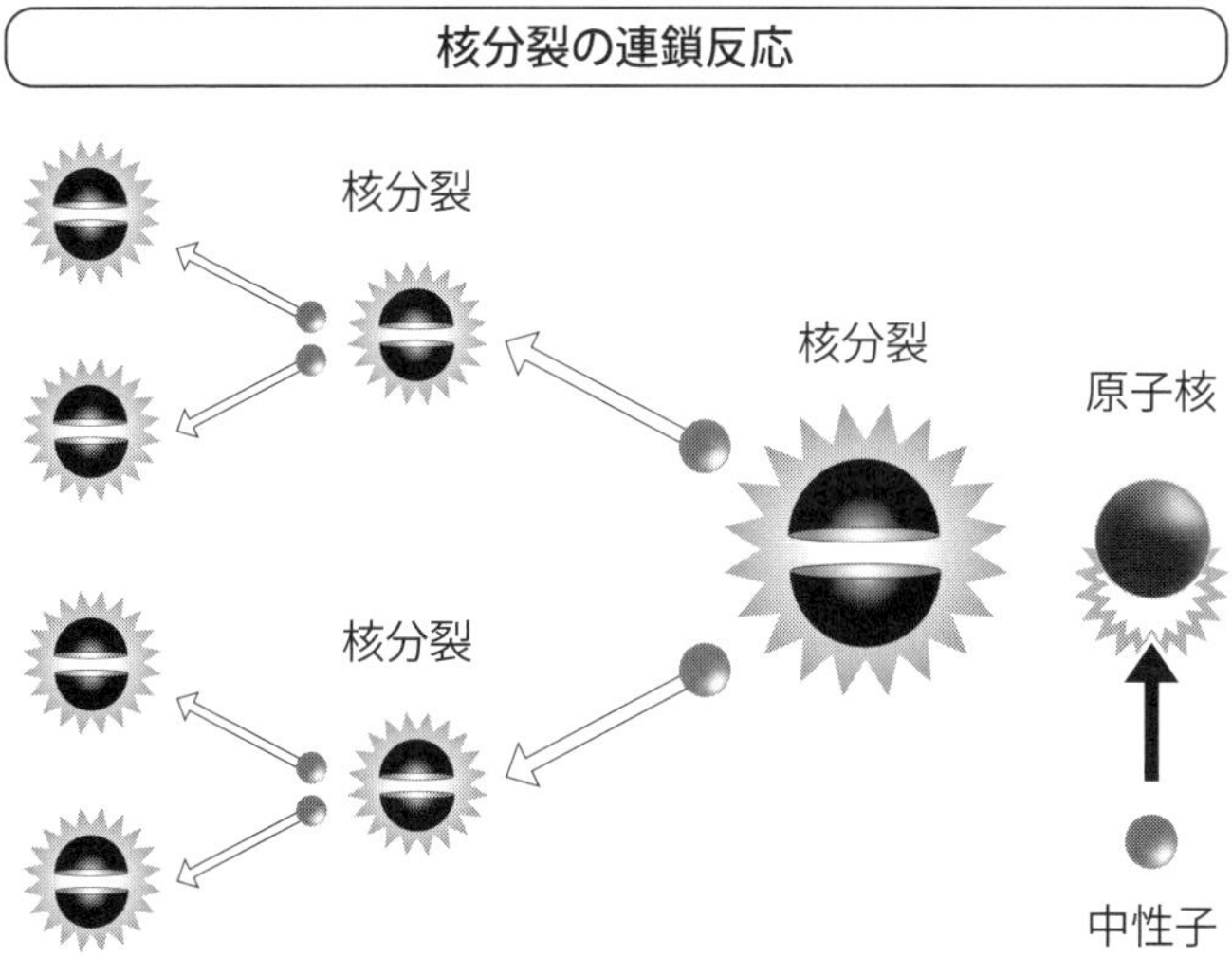

そして、このとき原子核が分裂するのと同時にいくつかの中性子が飛び出してきます。もともと原子核の中にはいくつもの中性子が含まれていて、分裂するときに余った中性子が飛び出してくるのです。

飛び出してきた中性子は、別の原子核にぶつかります。すると、その原子核も分裂し、そのときにまた中性子が飛び出します。

それがさらに次の分裂を引き起こし、さらにまた……という感じで核分裂が連鎖的に続いていきます。これを**核分裂の連鎖反応**といいます。

核分裂は、特定の種類の原子核だけで起こる現象です。

代表的なのは**ウラン**の原子核です。1938年に最初に核分裂が発見されたのも、ウラン

核分裂の前と後で質量が変わる

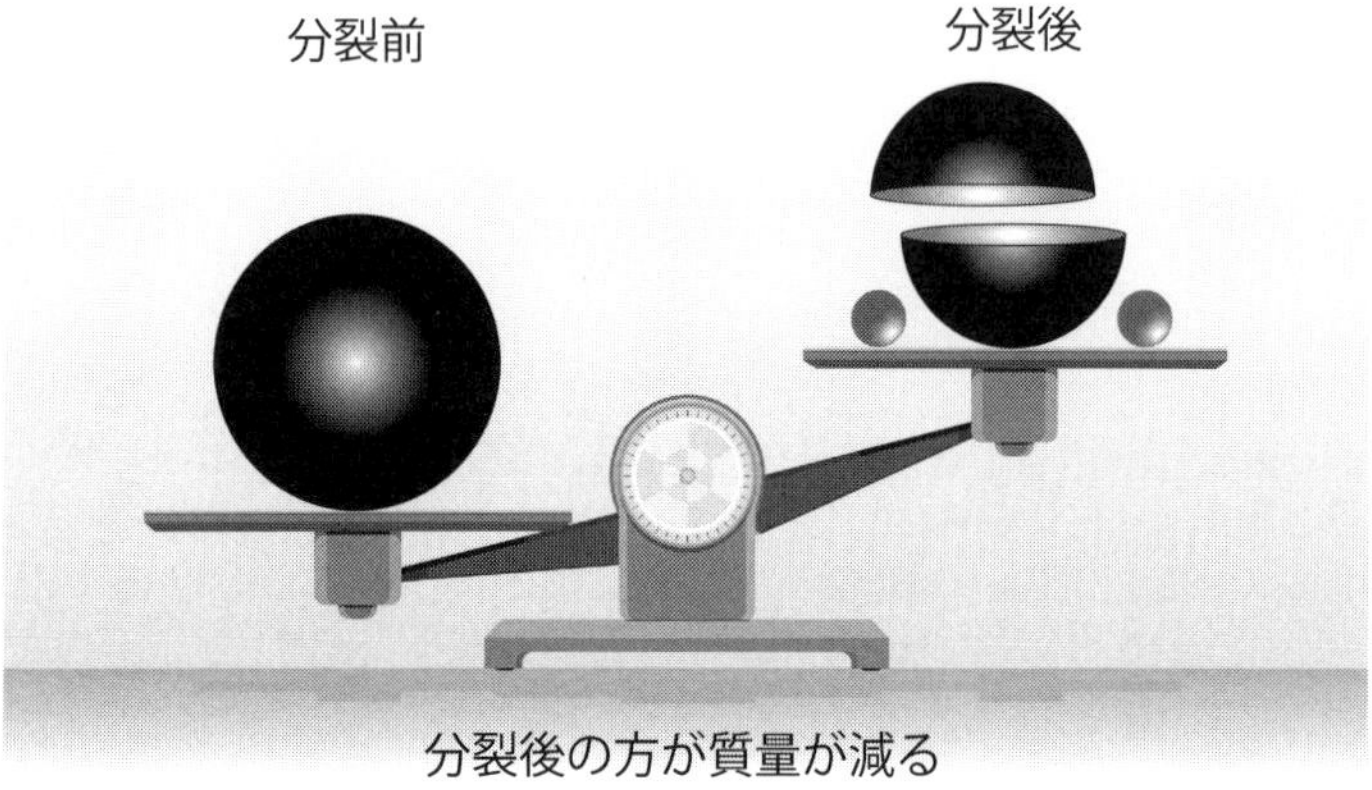

の原子核でした。

核分裂すると分裂前より質量が小さくなる？

このような現象を**核分裂**というのですが、このときとても面白いことが起こります。それは、分裂した後の質量の合計が、**分裂前の原子核の質量より小さくなってしまう**ということです。

ここが、核分裂の最大のポイントです。単に原子核が分裂するだけでなく、質量が減ってしまうのですね。

非常に不思議に思えますが、では減った分の質量はどこへ行ってしまったのでしょう？

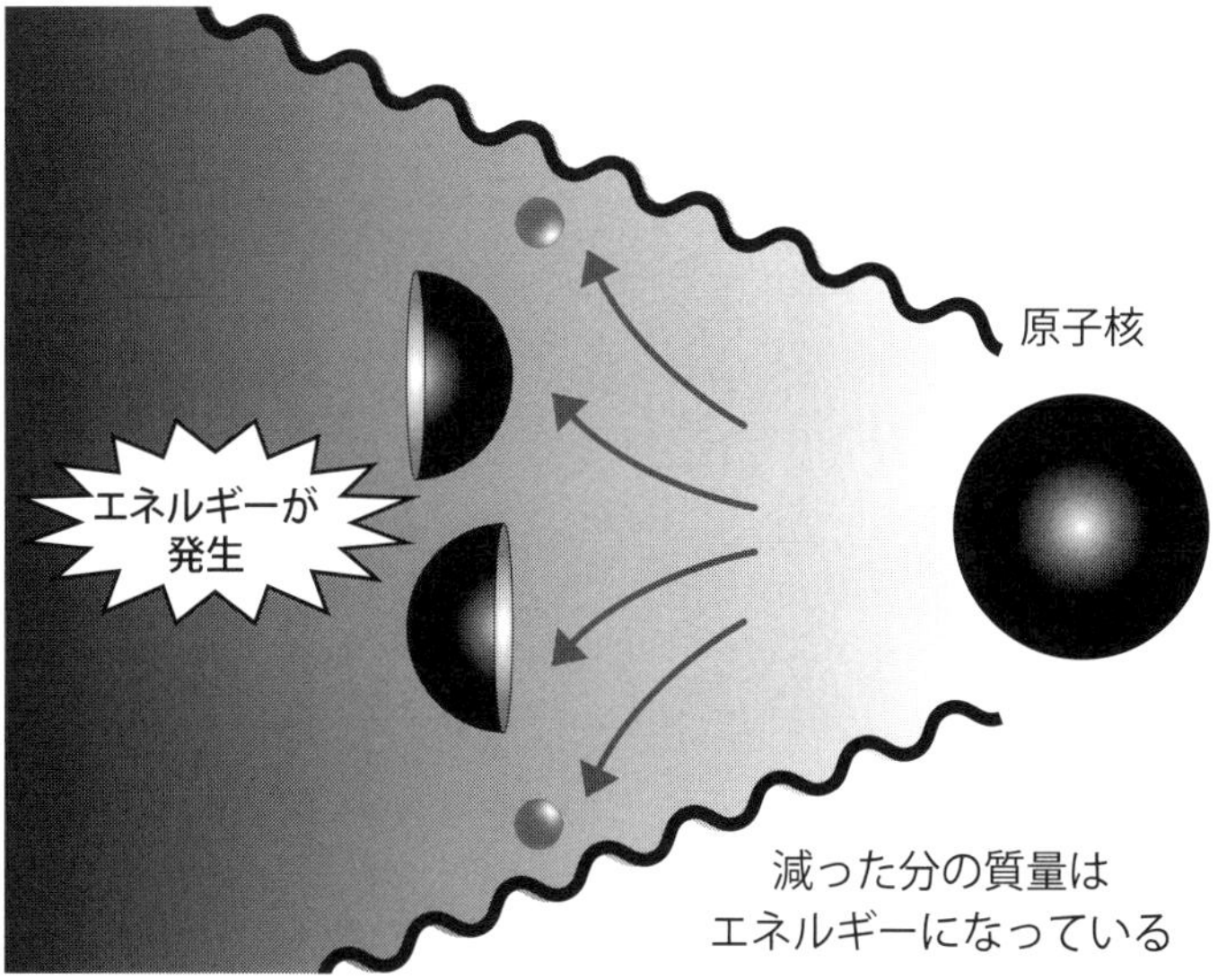
原子核
エネルギーが
発生
減った分の質量は
エネルギーになっている

実は、このとき**質量はエネルギーとなって放出されている**のです。まさに、質量をエネルギーとして取り出しているのですね。

ということで、核分裂を利用することで質量をエネルギーとして取り出すことができることが分かりました。

この方法を利用することで、人類は質量をエネルギー源として利用できるようになったのです。つまり、**相対性理論を実用化する方法**を得たということですね。

質量のエネルギーを利用した原子力発電

それでは、質量をエネルギー源にできる核

分裂はどのようなところで利用されているでしょう。

それは、**原子力発電**です。

原子力発電所の中では、ウランの核分裂が起こっています。そのときに発生する大量のエネルギーを使って発電をしているのですね。つまり、原子力発電所の中では**質量のエネルギーへの変換**が行われているわけです。

化石燃料などを使わずにエネルギーを取り出すことができる、人類にとってはまさに画期的な発電方法なのです。

ただし、東日本大震災での原発事故からも分かるように、安全面には課題があります。その問題をクリアできなければ、この方法で質量をエネルギーとして利用し続けることは困難かもしれません。

質量のエネルギーを利用した武器

人類が質量を大量のエネルギーとして取り出した別の例としては、**原子爆弾**があります。残念ながら、これは実験だけでなく実際の戦争に利用されてしまったことはご存知の通りです。

原子爆弾の仕組みは、基本的には原子力発電と変わりません。やはり、核分裂を起こして質量をエネルギーとして取り出しているのです。

ただし、原子力発電と違うのは核分裂を起こす**原子の濃さ**です。

実は、ウランには核分裂するウランとしな

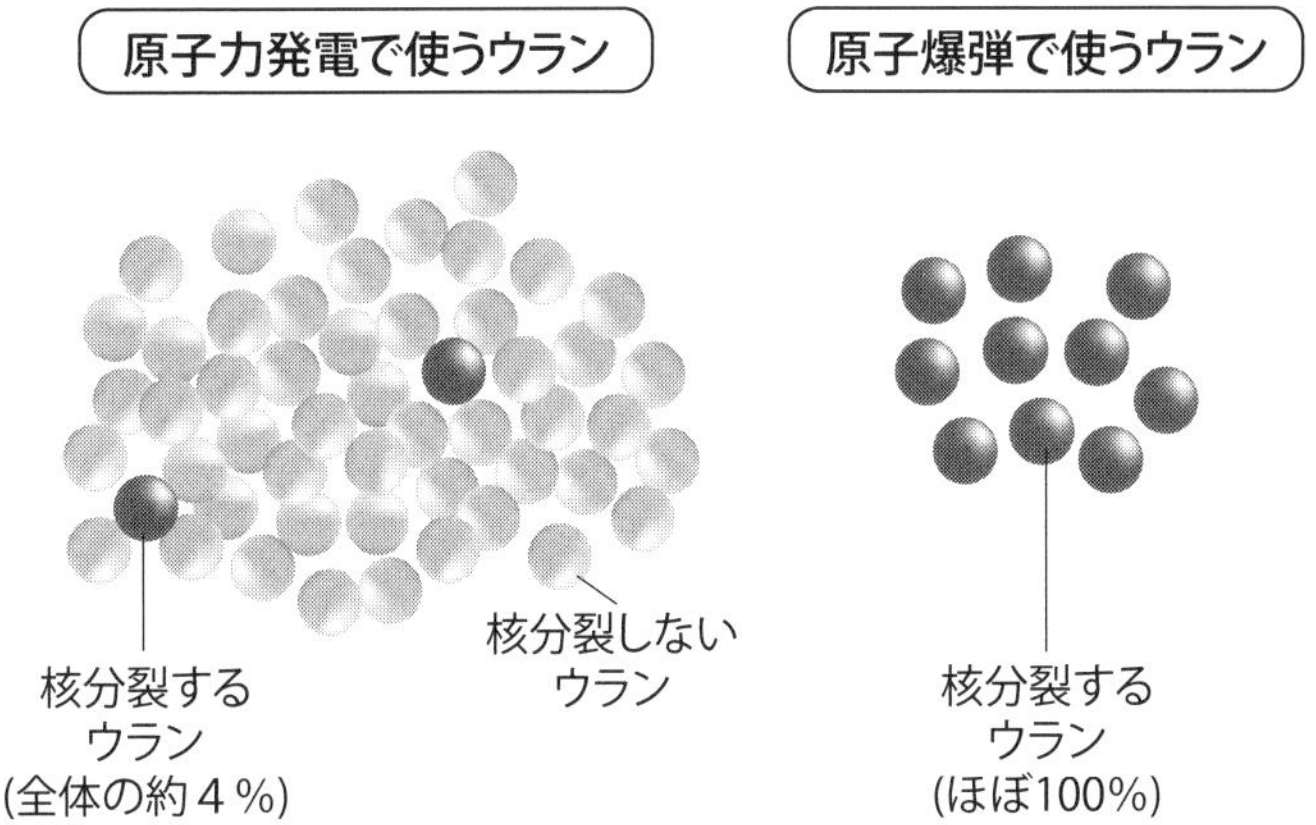

いウランとがあるのです。ウランといっても
その中に種類があるのですね。
　原子力発電の場合は、ウラン全体のうち４％
ほどを核分裂するウランにしておきます。つ
まり、残り96％は核分裂しないウランという
わけです。このようにすることで、一定の速
さで核分裂が起こるように制御しているので
す。
　しかし、原子爆弾の場合はほぼ１００％を
核分裂するウランにします。すると、核分裂
が一気に爆発的に起こるのです。そして、一
気に大量のエネルギーが放出され、甚大《じんだい》な被
害を引き起こしてしまうのですね。
「質量はエネルギーである」というアインシュ
タインの発見をどう活かすかは、私たちの知
恵にかかっているのかもしれませんね。

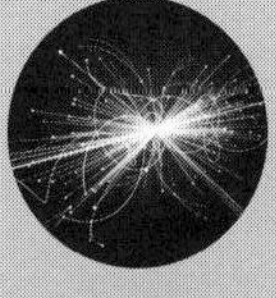

核融合もエネルギーを生み出す

核融合も質量をエネルギーに変換する

質量をエネルギーとして取り出す方法として、核分裂があることを紹介しましたが、実は他にも方法はあります。**「核融合」**です。

核分裂というのは、原子の中の原子核が2つに〝分裂〟する現象でしたが、核融合はその反対です。つまり、2つの原子核が〝融合〟して1つになるのです。

またまた不思議な現象が登場しましたが、これから説明するように実際にそのようなことが起こります。

そして、このときのポイントはやはり**質量の変化**です。融合して1つの原子核になったときの質量は、**融合する前の2つの原子核の質量の合計より小さくなっている**のです。

核融合の仕組み

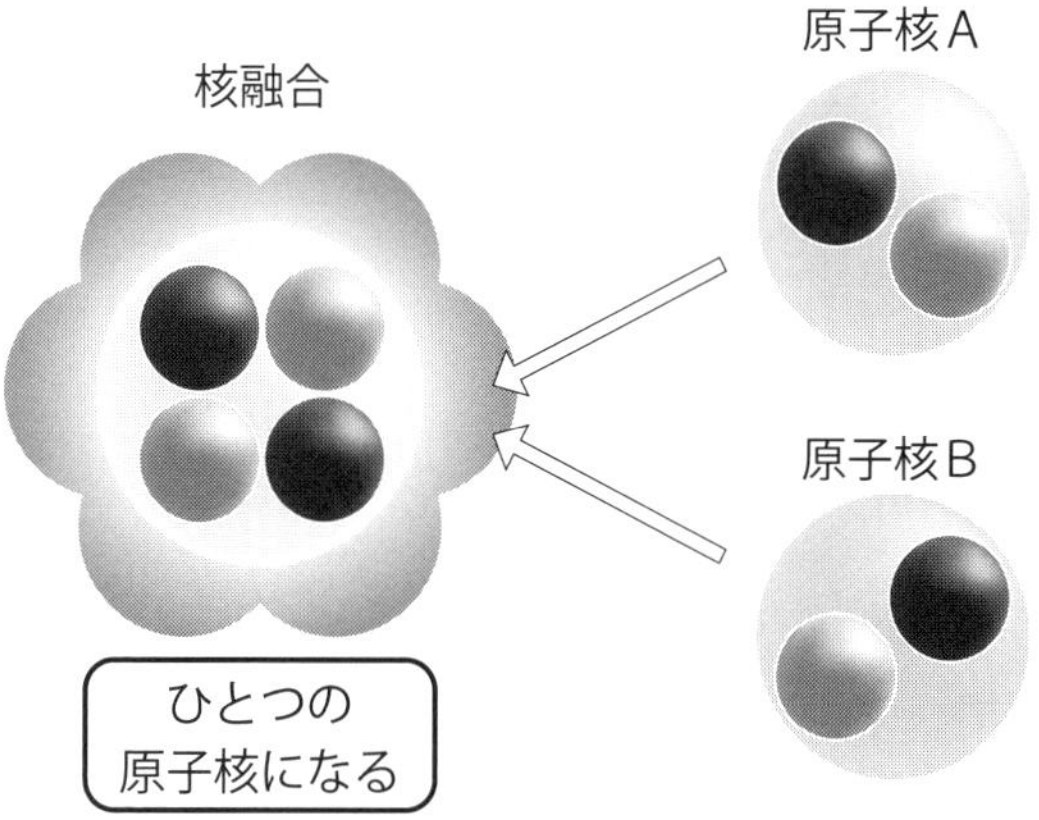

核融合の前と後で質量が変わる

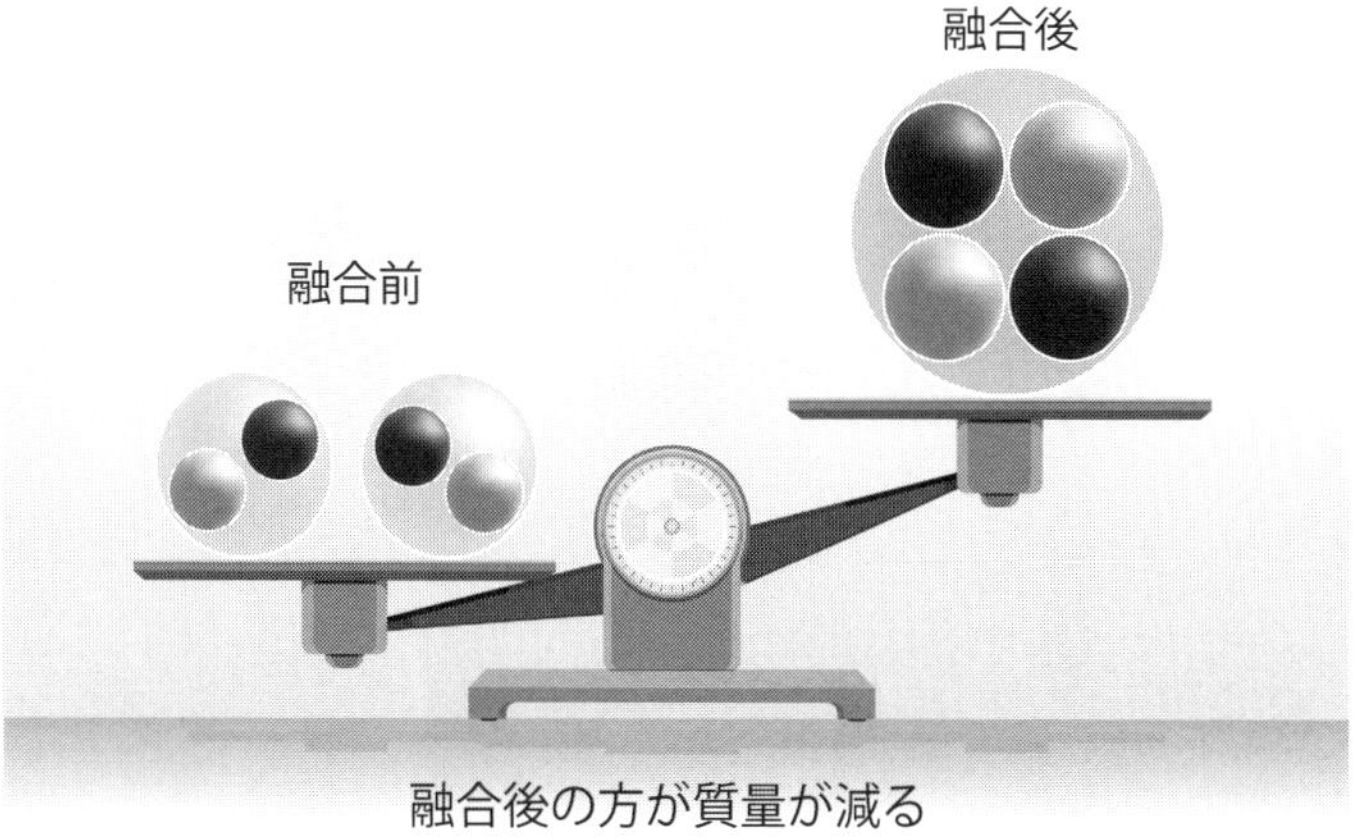

原子核が融合するときに、**質量の一部がエネルギーに変換されている**のです。そのため、質量が小さくなり、代わりにエネルギーが生み出されるということです。

このようにして、質量がエネルギーに変換されるのが核融合という現象です。

核分裂と同じくとても不思議な現象ですが、本当にこんなことが起こるのでしょうか。

自然界の中で起こっている核融合

実は、核融合は自然界の中でも起こっています。しかも、私たちが生きていられるのはその核融合のおかげでもあるのです。

私たちが地球上で暮らしていられるのは、太陽から熱や光が届いているからです。

しかし、いったい太陽はどうやってそのようなエネルギーを生み出しているのでしょう。まさにその答えが「核融合」なのです。

太陽は、水素やヘリウムなどのガスが集まってできた星です。そして、中心部は1500万℃もの高温になっています。

それほど高温なので、水素やヘリウムなどの太陽の構成成分は気体の状態から「**プラズマ**」という状態に変化しています。

プラズマというのは、左上の図のように**原子の中の原子核が裸になった状態**をいいます。太陽の中では、原子核が裸の状態で、しかも高温のため猛スピードで動き回っているのです。

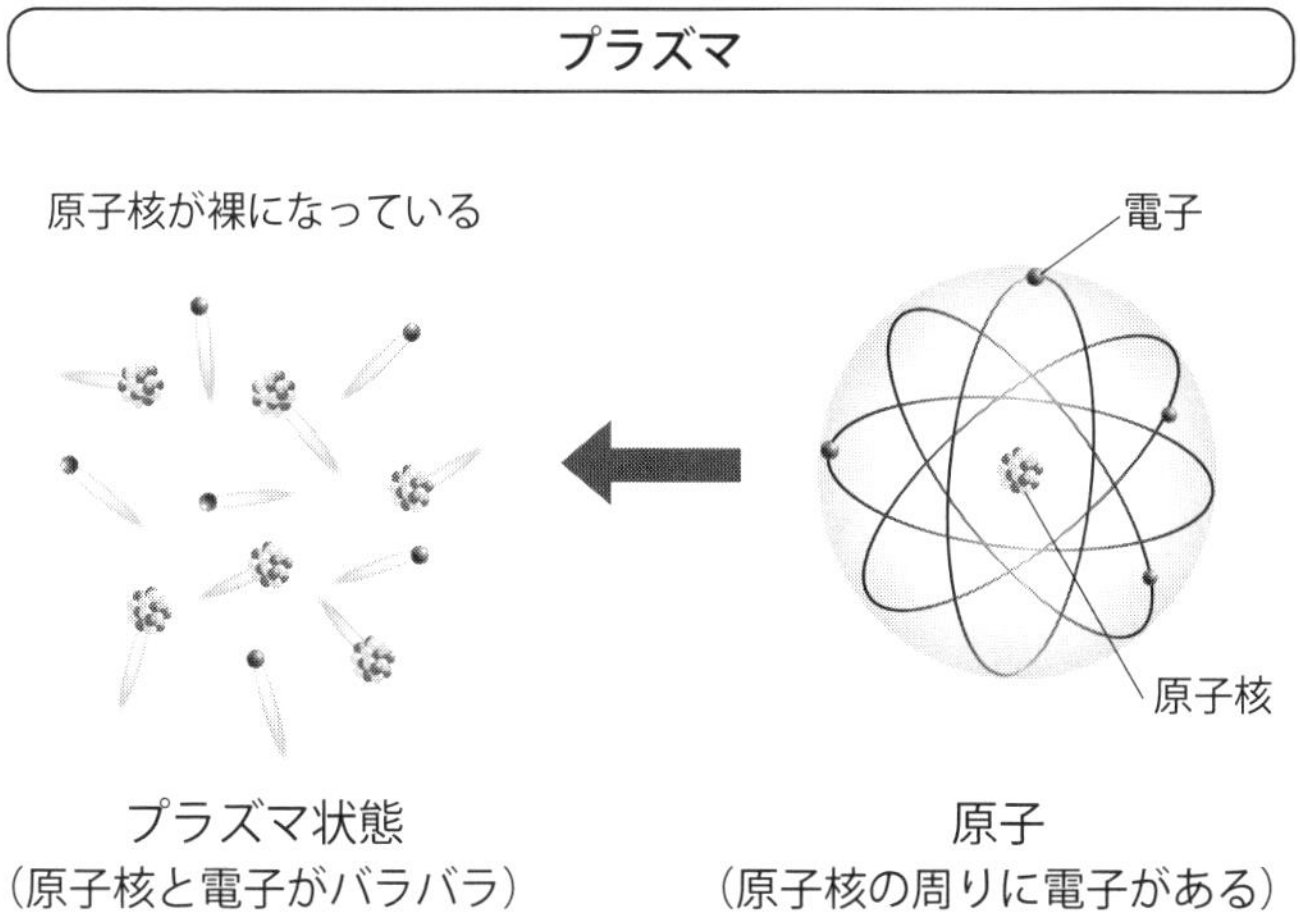
プラズマ
原子核が裸になっている
電子
原子核
プラズマ状態
（原子核と電子がバラバラ）
原子
（原子核の周りに電子がある）

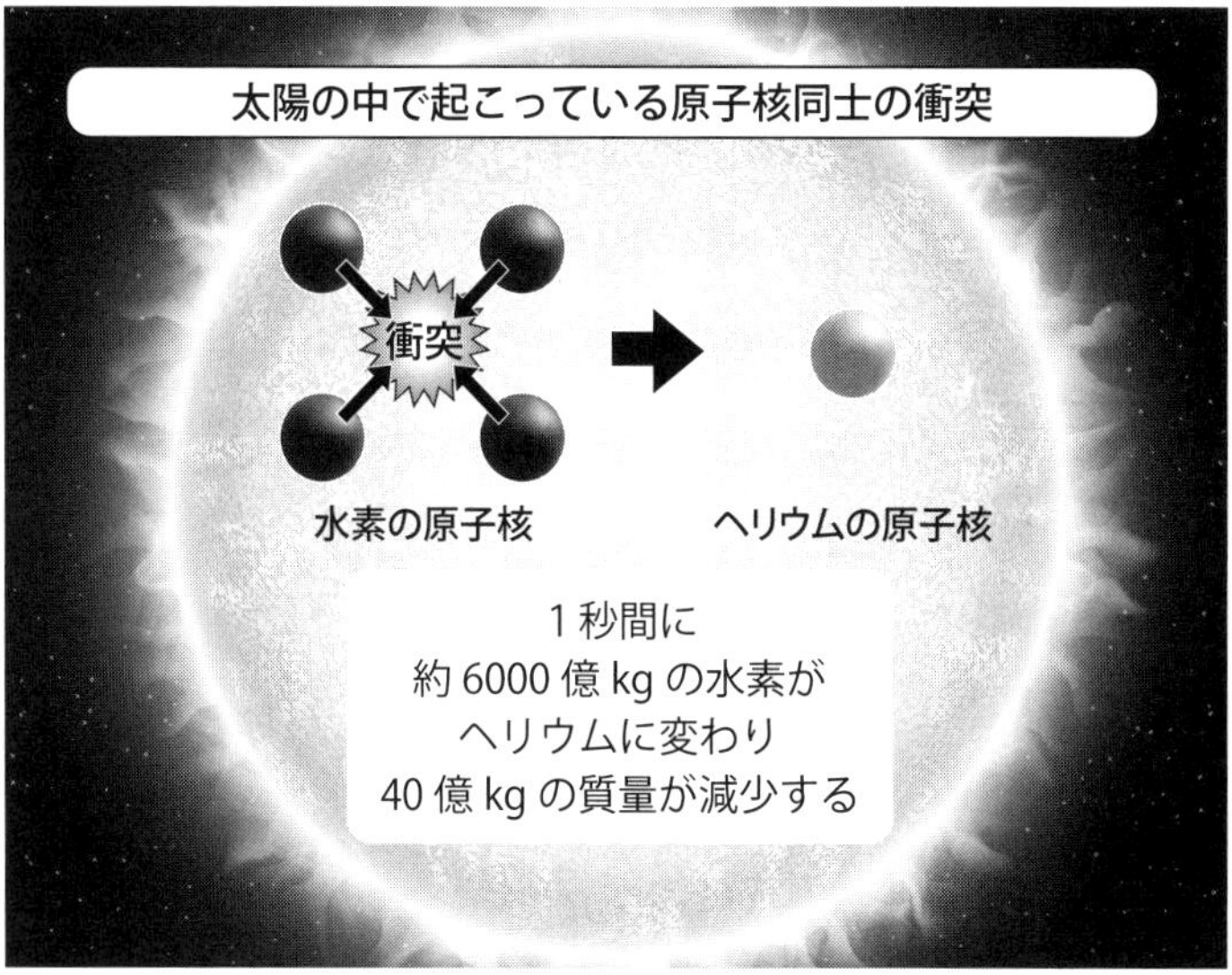
太陽の中で起こっている原子核同士の衝突
衝突
水素の原子核
ヘリウムの原子核
1 秒間に
約 6000 億 kg の水素が
ヘリウムに変わり
40 億 kg の質量が減少する

原子核はプラスの電気を持っているので、本来は原子核同士が近づくことはありません。しかし、猛スピードのため、**太陽の中では原子核同士の衝突が頻繁に起こっています**。

そして、水素の原子核同士が衝突してヘリウムの原子核に変わるということが起こっています（実際には何段階かの変化が起こっていますが、ここでは結果的に起こる反応だけを記しています）。

このときも、やはり質量が減っています。質量のエネルギーへの変換が起こっているのです。

太陽の中では、たった1秒間におよそ6000億キログラムもの水素がヘリウムに変わっています。そして、そのときにおよそ40億キログラムもの質量が減少しています。

それがエネルギーへと変わり、私たちの地球へもその一部が届いているのです。

巨大な核融合エネルギーへの期待

太陽の中で起こっているような核融合が地上で実現されたなら、私たちは一気に大量のエネルギーを手に入れられそうです。

実は、これは本気で目指されています。日本や他の国々で研究が進められていますし、ITER（イーター）という核融合の巨大実験炉の建設作業が、南仏のサン・ポール・レ・デュランスで進められています。

地上で核融合を起こすには、**重水素**や**三重**

水素というものを燃料とします。

これらは海水などから比較的容易に手に入れられるのですが、だからといって核融合を起こすのは容易ではありません。重水素や三重水素を核融合させるには、１億℃以上の超高温にしなければなりません。

もっと低い温度でもプラズマ状態にはなります。しかし、プラスの電気による原子核同士の反発力に逆らって衝突させるにはこのくらい高温にして高速で飛び回らせる必要があるのです（１億℃になると、秒速１０００キロメートル以上になります！）。

また、そのように超高温のプラズマを１立方センチメートルあたりにおよそ２００兆個という超高密度で閉じこめる必要もあります。

このように核融合には課題が多いため、研究者たちも実用化までには最低50年はかかると考えているようです。

しかし、もしも核融合による発電が実用化できたなら、たった１グラムの燃料で石油８トン分の発電をすることができます。しかも、燃料は海水などから得られるのでほぼ無尽蔵といえます。

また、核分裂による発電（原子力発電）では反応が暴走する危険がありますが、核融合発電では必要な分だけ燃料を供給していけばよいのでその危険が低くなります。

さらに、原子力発電のように高レベル放射性廃棄物が発生することもありません。

このように、私たちに多大な恩恵を与えてくれる可能性がある核融合発電の研究が、日夜進められているのです。

第3章
時空のゆがみの話

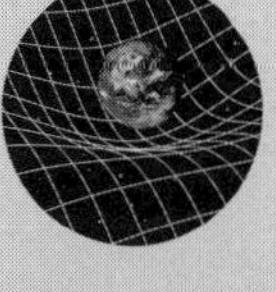

相対性理論は重力が働く仕組みを解き明かす

ニュートンも知らなかった重力の仕組み

この章のテーマは「重力」です。

もしも重力が存在しなかったら、私たちはフワフワと漂っているかもしれません。いや、それどころか地球から離れて宇宙のどこかへ行ってしまっているかもしれませんね。

これほど身近な重力ですが、**「なぜ重力が働くのか」**を考えたことがありますか?

実は、アインシュタインがこの謎を解き明かすまで、誰も理由を知らなかったのです。

重力の存在は昔から知られていましたし、その大きさを求める式もアインシュタインよりずっと昔に活躍したニュートンによって発見されていました。しかし、重力が働く仕組みはニュートンも分からなかったのです。

アインシュタイン
相対性理論を発見
!
重力の仕組みを
明らかにする
ニュートン
重力を発見
?
重力の仕組みまでは
分からなかった

この章では、アインシュタインが重力の仕組みをどのように明らかにしたか説明します。

なお、重力の仕組みを明らかにしたのは**「一般相対性理論」**で、前章までで登場した「特殊相対性理論」とは違います。

2つの相対性理論の違いはまえがきで説明していますが、観測者が等速度運動しているという限られた場合にのみ成り立つのが特殊相対性理論でした。

それに対して、**一般相対性理論は観測者がどのような動きをしている場合でも成り立つ普遍的なもの**です。この違いを確認した上で、この章を読み進めていただければと思います。

それでは、一般相対性理論がどのように重力が働く仕組みを明らかにしたのか、説明していきます。

空間のゆがみが重力を生む

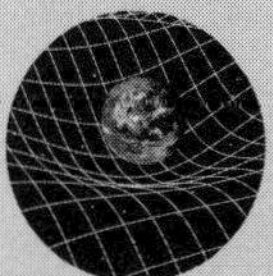

物体のまわりでは空間がゆがむ

もしもこの世に物体が何もなければ、重力は生まれません。私たちがいつも重力を感じているのも、地球という巨大な物体があるからです。**重力は、物体によって生み出されるのです。**

では、どのようにして物体は重力を生み出すのでしょう。

相対性理論では、「**物体があるとその周りの空間がゆがみ、重力が生まれる**」のだと説明しています。どういうことか、詳しく説明します。

左上の図のように、ゴムシートが平らになるように張られているとします。これは、物体が何もない空間を表しています。もともと

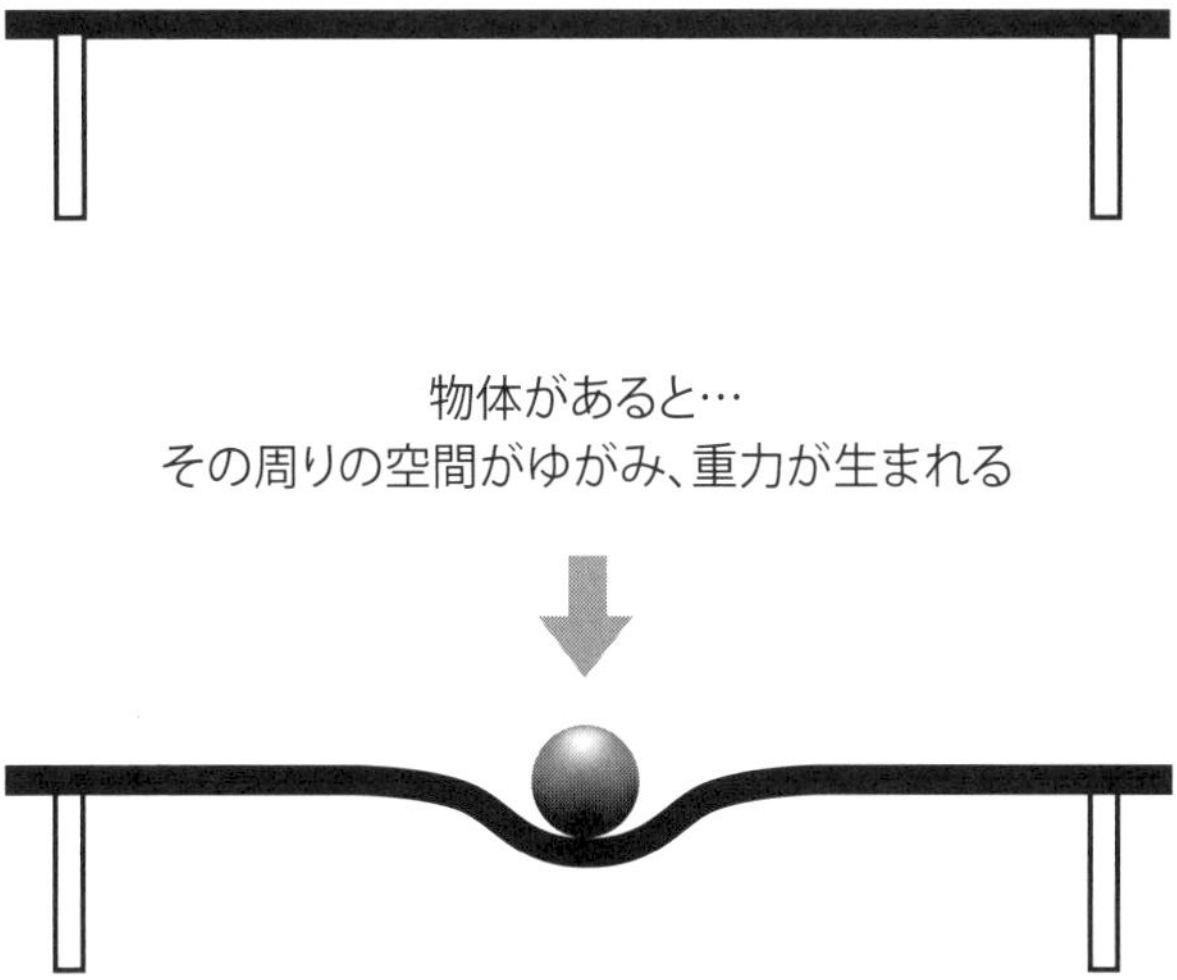

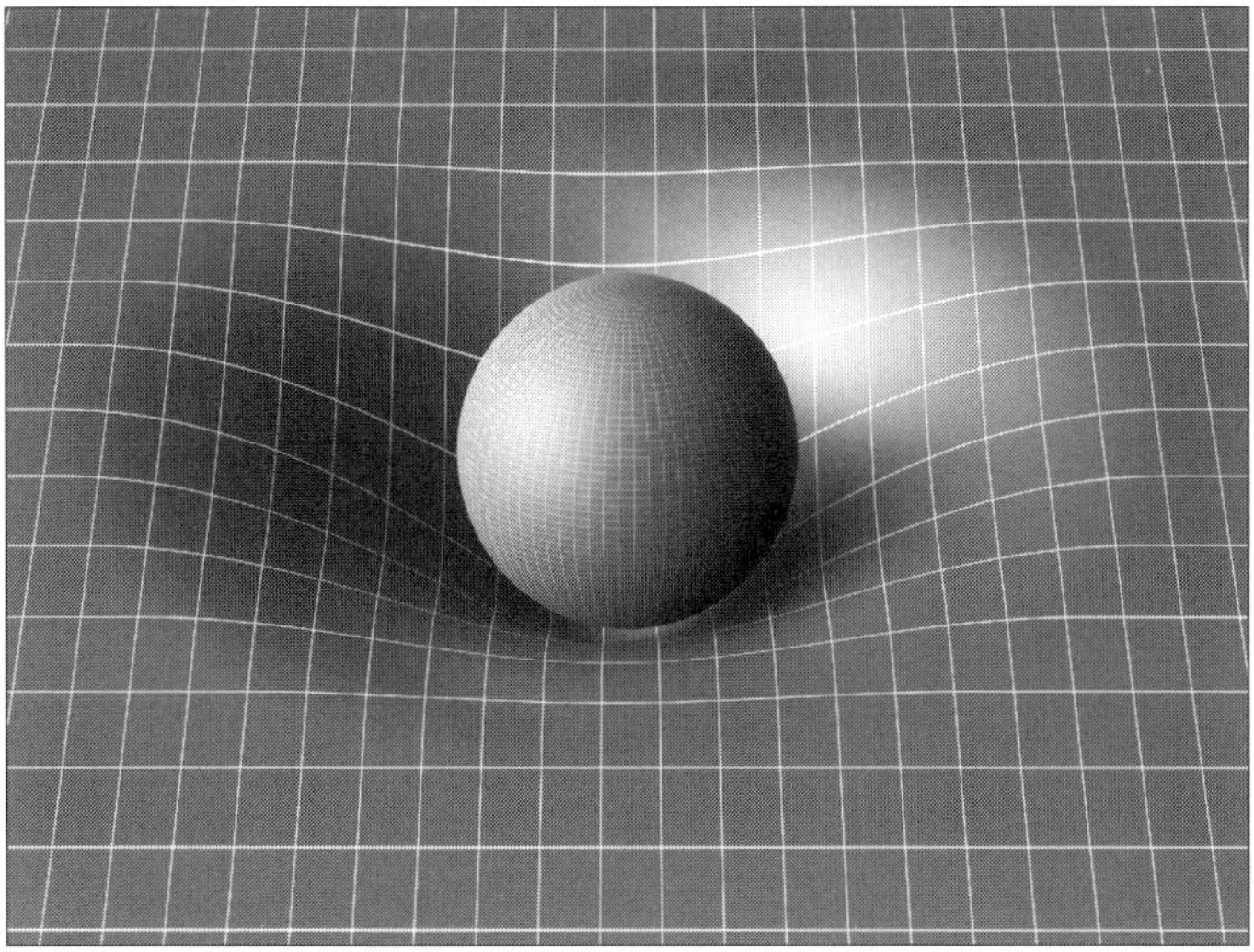

物体があるとその周りの空間はゆがむ。

の空間は平らなのですね。

では、ここに物体が登場するとどうなるでしょう。

図のように、物体を乗せたところのゴムシートは凹みますね。このように、もともと平らだったところに物体が存在するようになると、その周りが凹みます。これが、**「空間のゆがみ」**です。

そして、ここにさらにもう1つの物体が登場すると、左の図のように、2つの物体は近づいていき、そしてくっつきます。

これは、物体の間に重力（引力）が働き、物体同士が近づいていく様子を表しているわけです。

以上が、相対性理論による重力が働く仕組みの説明です。

つまり、物体があると周りの空間がゆがみ、そのために物体同士はお互いに近づいていく、というのが重力なのですね。

もちろん、実際の空間ではゆがんだ状態を目で見ることはできません。この説明は、目に見えない空間のゆがみをイメージしやすくしたものです。

空間のゆがみの証拠

物体が存在すると空間がゆがみ、それが重力を生み出すのだと言われても、空間のゆがみは目で見ることができないためなかなか信じられません。

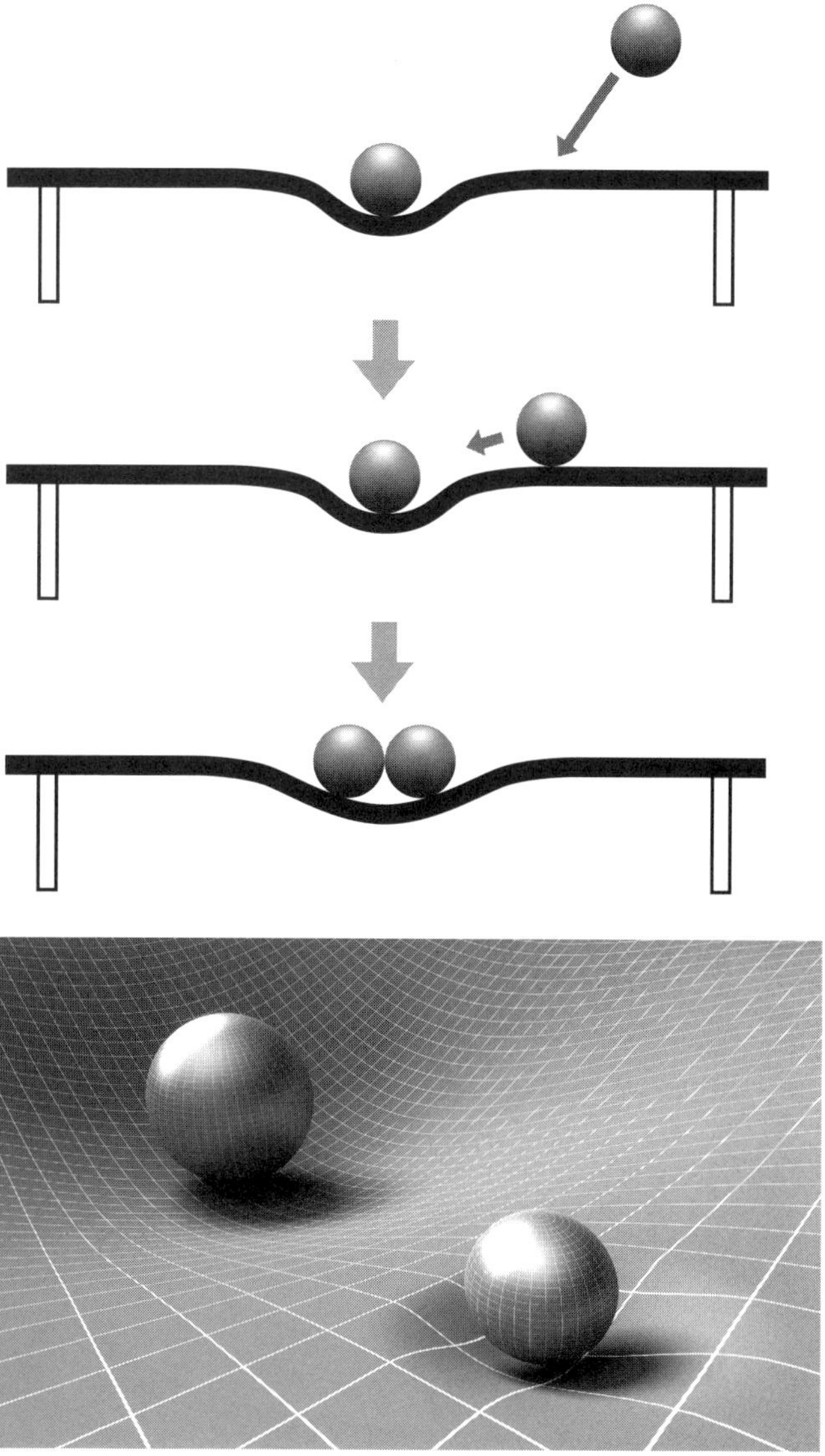

2つの物体があると、空間のゆがみによって物体はお互いに近づいていく。

空間がゆがんでしまうなどということが、本当に起こっているのでしょうか?

アインシュタインは１９１５年に発表した一般相対性理論の中で、空間のゆがみによる重力の仕組みを説明しました。

しかし、そのときには本当に空間がゆがむのだという証拠は示されていなかったのです。空間がゆがんでいることの証拠が発見されたのは、一般相対性理論が発表された少し後の１９１９年のことです。

１９１９年5月29日、南半球で皆既日食が起こりました。そして、それを観測しているときに太陽という非常に質量の大きな物体の周りで空間がゆがんでいることが確認されたのです。

どうしてそんなことが分かったのでしょう。

イギリスの天文学者エディントンたちの観測隊は、この日の皆既日食をアフリカのギニアで観測しました。

そして、そのときに太陽の近くに見える星の位置が、本来の位置から少しだけずれて観測されることを発見しました。左の図のように、**星が本来の位置より太陽から離れたところに見えた**のです。

普段は太陽の光が強すぎて、その近くの星を観測することはできません。しかし、皆既日食のときであれば太陽光に邪魔されることなく近くの星を観測できます。そのために、星の位置がずれて見えることに気づいたというわけです。

では、どうしてこれが空間がゆがんでいることの証拠になるのでしょう?

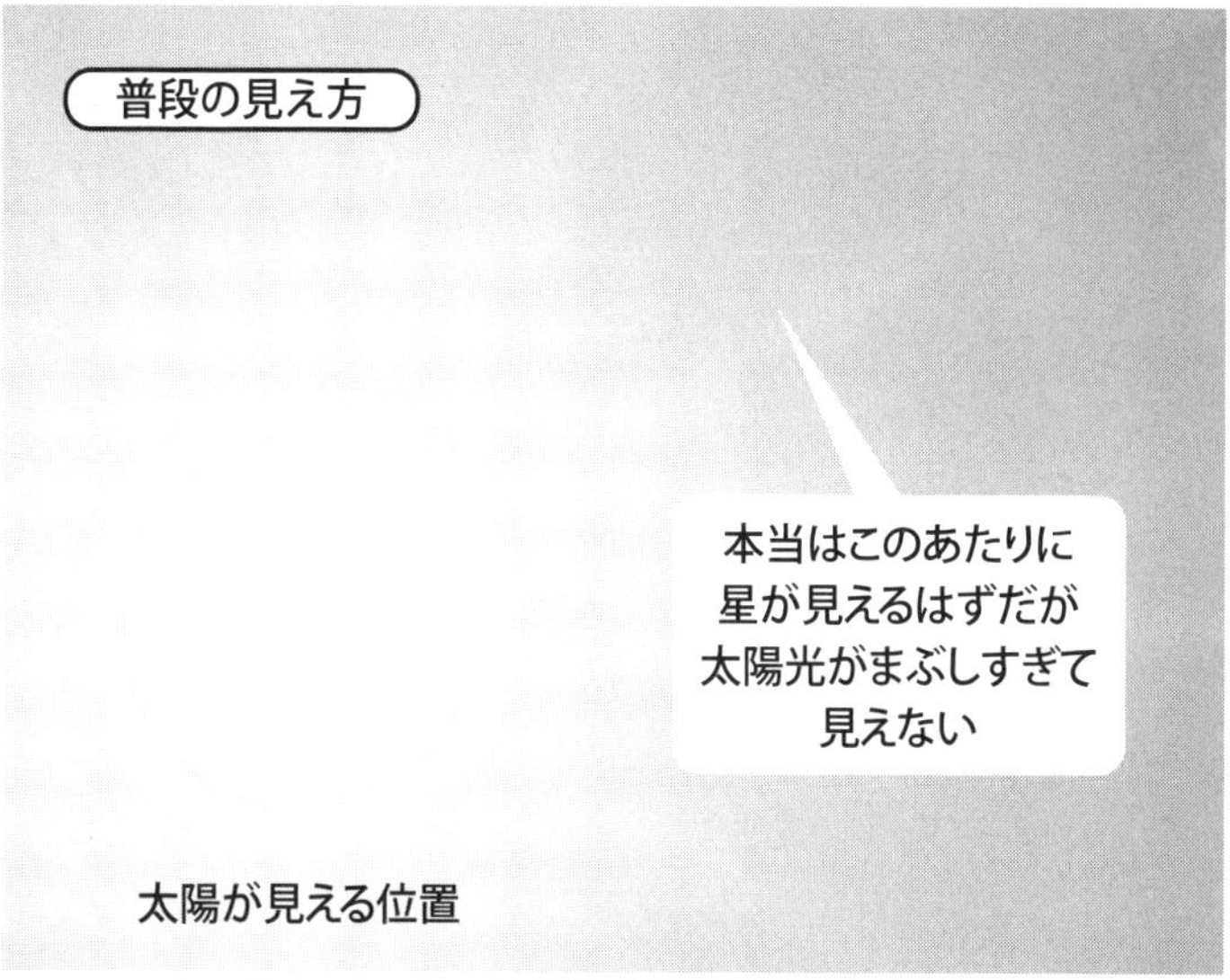

（図では、違いが分かるよう、位置を実際より大きくずらして描いています）

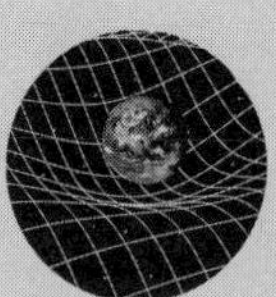

空間のゆがみが光の進み方や星の軌道を変える

空間のゆがみが光の進み方を変える

光はまっすぐ進んでいきます。遠くの星から地球へやってくる光も、宇宙空間を直進してくるはずです。

しかし、もしも光が進む空間がゆがんでいると、光はそのゆがみに沿って進むことになり、結果的に曲がって進んでいくことになるのです。そして、太陽の近くに見える星の位置がずれて観測されたことが、このように光が曲がって進んできたことを示しているのです。

太陽の質量は、地球の約33万倍と巨大です。実は、**物体の質量が大きければ大きいほど、その周りの空間のゆがみも大きくなります。**ですので、太陽の周りの空間は大きくゆがん

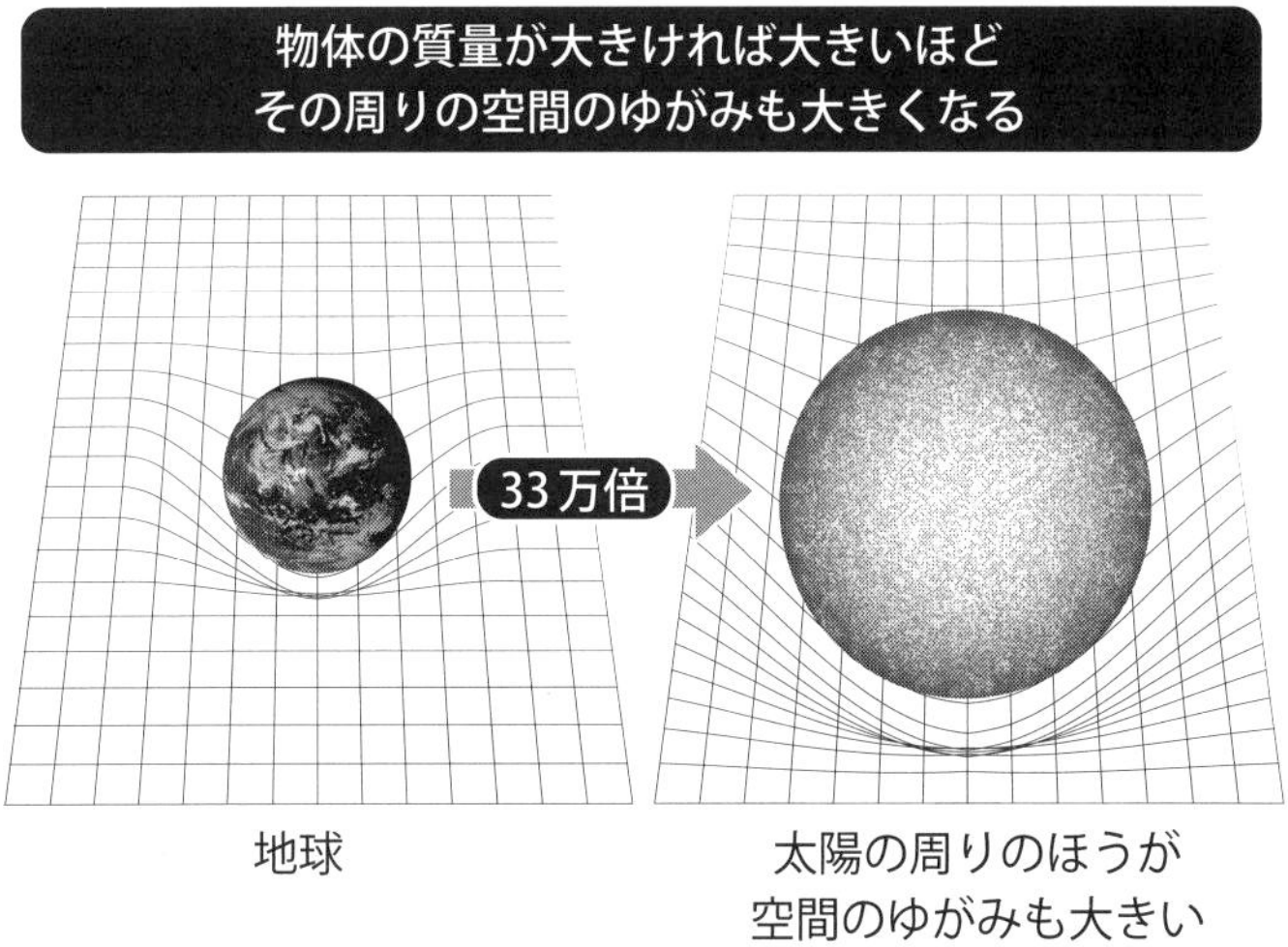
物体の質量が大きければ大きいほど
その周りの空間のゆがみも大きくなる
33万倍
地球
太陽の周りのほうが
空間のゆがみも大きい

でいるのです。

よって、太陽の近くを通る光は、空間のゆがみのために曲がって進むことになります（次ページの図参照）。

これが、太陽の近くに見える星の位置がずれて観測された理由です。

光は曲がってやってきていた

このことは、次のように理解できます。

地球上で天体観測している私たちは、星からやってくる光はまっすぐ進んできたものと認識します。

でも、**本当は曲がってやってきた**のですね。

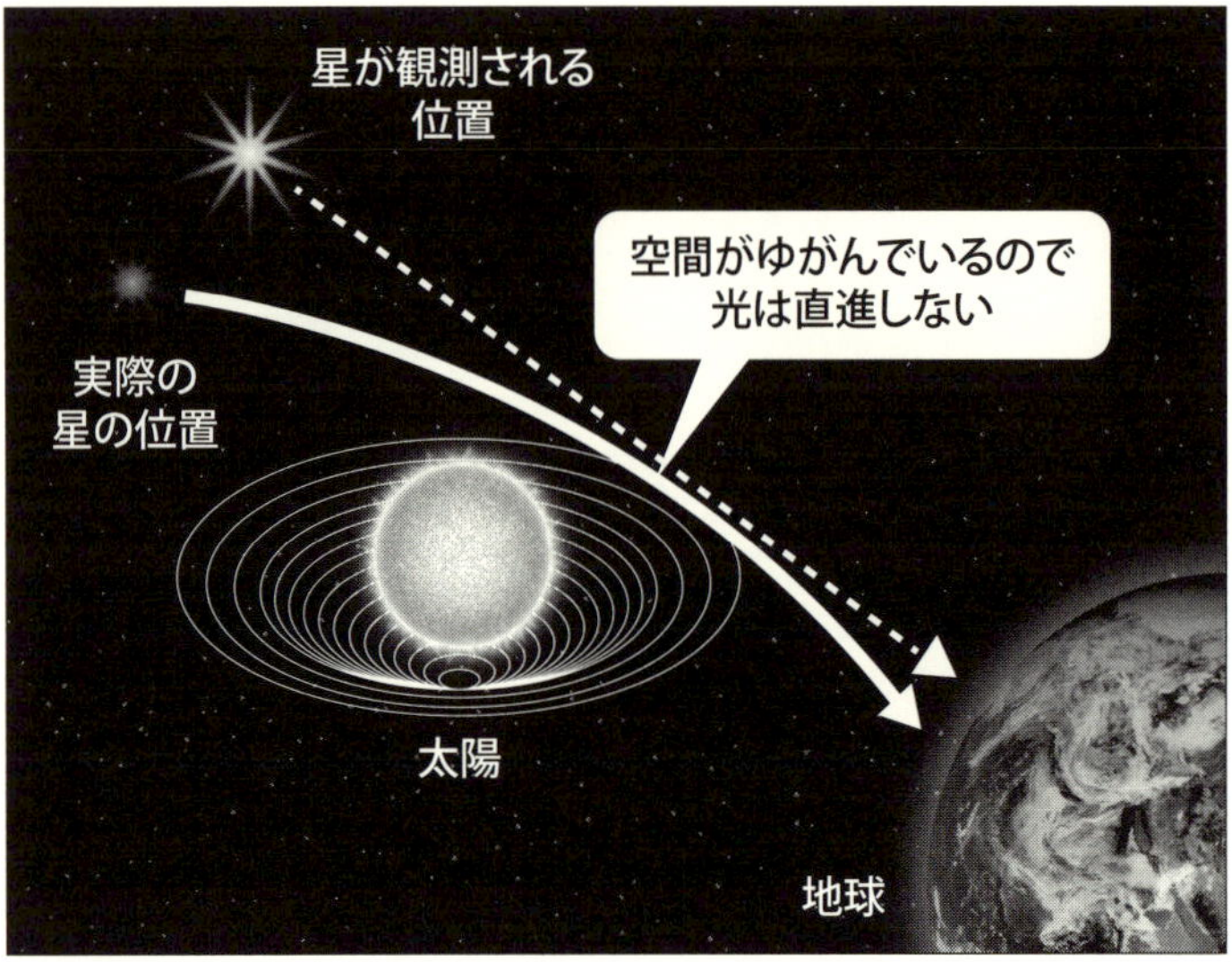

そのために、実際の位置と観測される位置とにずれが生じるというわけなのです。

このようにして、太陽の近くに見える星の位置のずれが、空間がゆがんでいることの証拠になったことが理解できます。

この観測で、空間のゆがみによって重力が生じると説明する相対性理論の正しさが裏づけられたのです。

空間のゆがみが星の軌道も変える

日食の観測を通して、空間のゆがみが重力を生み出すのだという相対性理論が正しいことが証明されました。

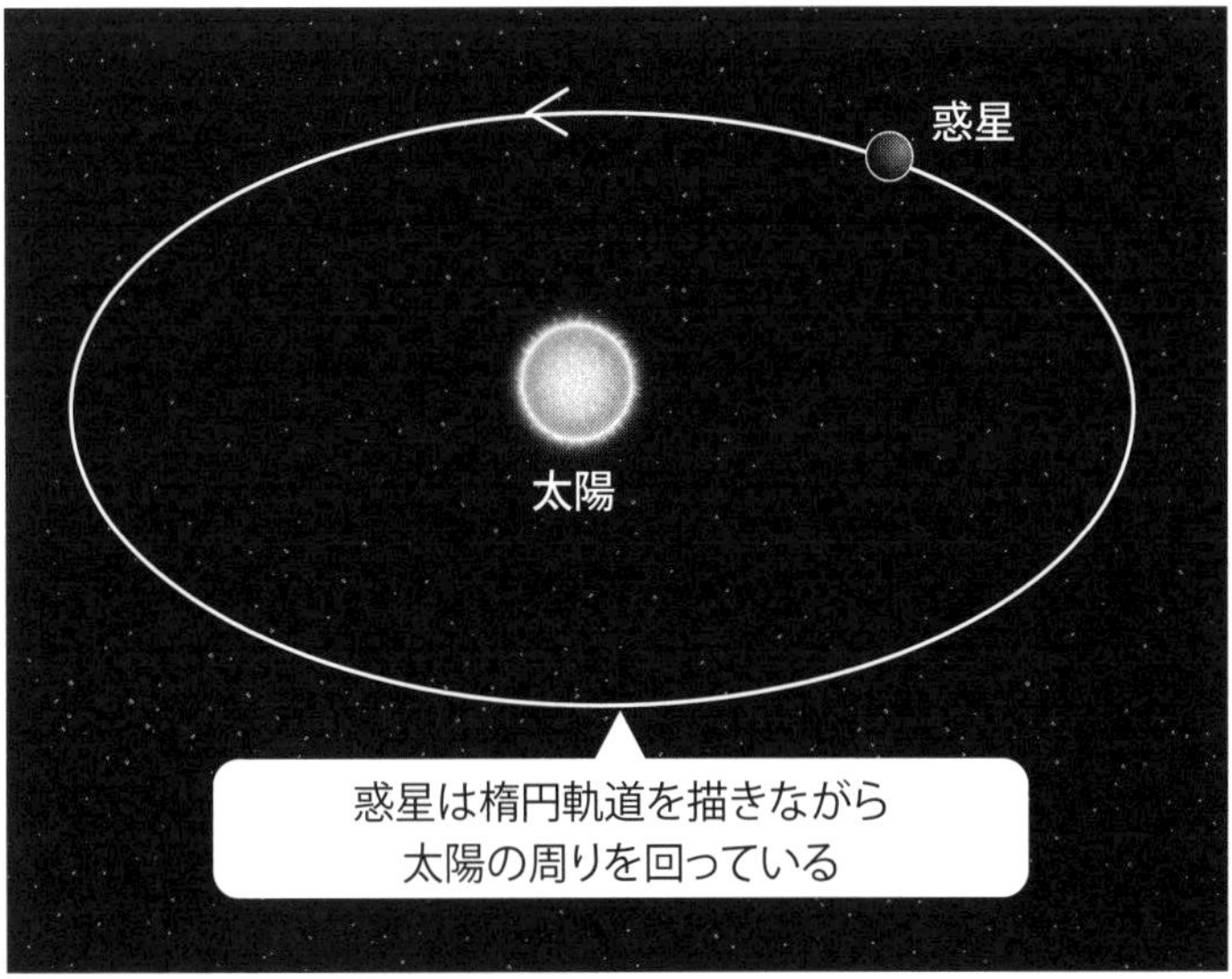
惑星
太陽
惑星は楕円軌道を描きながら
太陽の周りを回っている

　そして、これとは別の観測事実も相対性理論が正しいことを裏づけていることが分かりました。その観測事実とは、**「水星の近日点移動」**です。

　まずは、惑星の動き方について説明します。太陽系の惑星は、太陽のまわりを回っています。このとき、惑星は円を描きながら回っていると思っている方も多いかもしれませんが、実際には惑星は〝楕円《だえん》〟軌道を描いて回っています。

　円を描いていれば、惑星と太陽との距離は常に一定です。ところが実際には惑星は楕円を描いているので、動きながら太陽との距離が変化していきます。

　太陽に最も近づく位置を「近日点」といい、最も遠ざかる位置を「遠日点」といいます。

そして、惑星が何度も楕円軌道を回るにつれて、近日点や遠日点はほんの少しずつずれていきます。これは、太陽系にはいくつもの惑星があるためです。

つまり、もしも太陽のまわりを１つだけの惑星が回っていたとすると、ずっと同じ楕円軌道を回り続けます。

ところが、実際には太陽系にはいくつもの惑星があります。すると、太陽だけでなくそれらの惑星からも引力（重力）を受けながら運動するため、その影響で軌道が少しずつずれていくのです。

すると、近日点や遠日点もずれていくことになります。

ただし、そのずれはわずかで、１００年たつと約５７４秒ずれるという程度です。

ここでの「秒」は時間ではなく角度を表す単位として使っていて、１秒は３６００分の１度のことです。

つまり、１００年たっても３６００分の５７４度（１度の約６分の１）しかずれないという程度なわけです。

水星の軌道が想定以上にずれている

このように惑星の軌道のずれはわずかですが、きちんと観測することができます。そして、観測をした結果おかしなことが分かりました。

それは、**他の惑星からの重力の影響以上に、水星の軌道がずれている**という事実です。

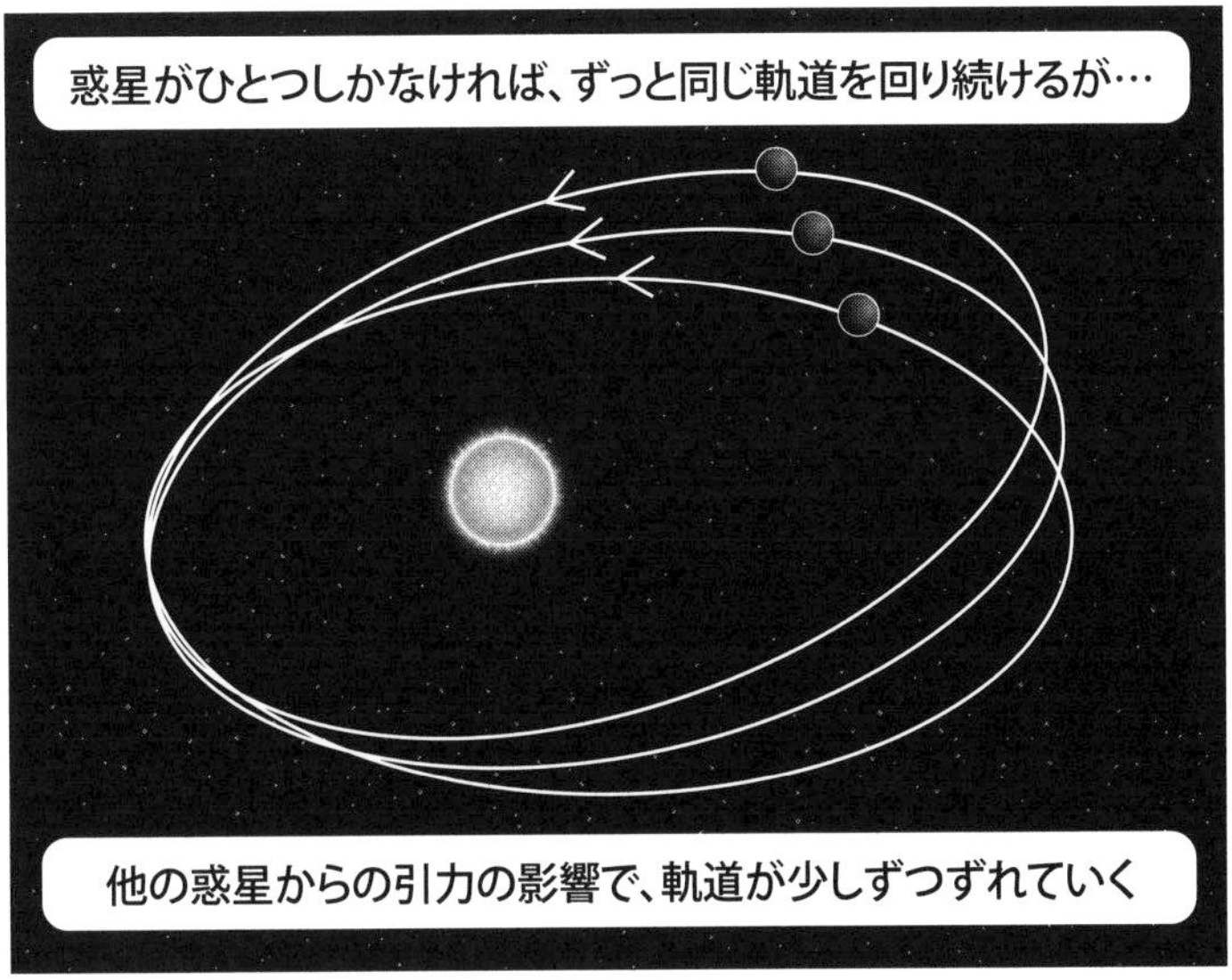
惑星がひとつしかなければ、ずっと同じ軌道を回り続けるが…
他の惑星からの引力の影響で、軌道が少しずつずれていく

重力の影響以上のずれは、太陽により近い近日点で確認されました。これを、「水星の近日点移動」と呼びます。

なぜ水星だけがずれるのか？

なぜ、水星の近日点は余分にずれていくのでしょう？

発見当時、水星より内側（太陽に近い方）には未知の惑星があり、その重力の影響でずれているのではないだろうかと考えられました。

このように考えられたのには、背景があります。

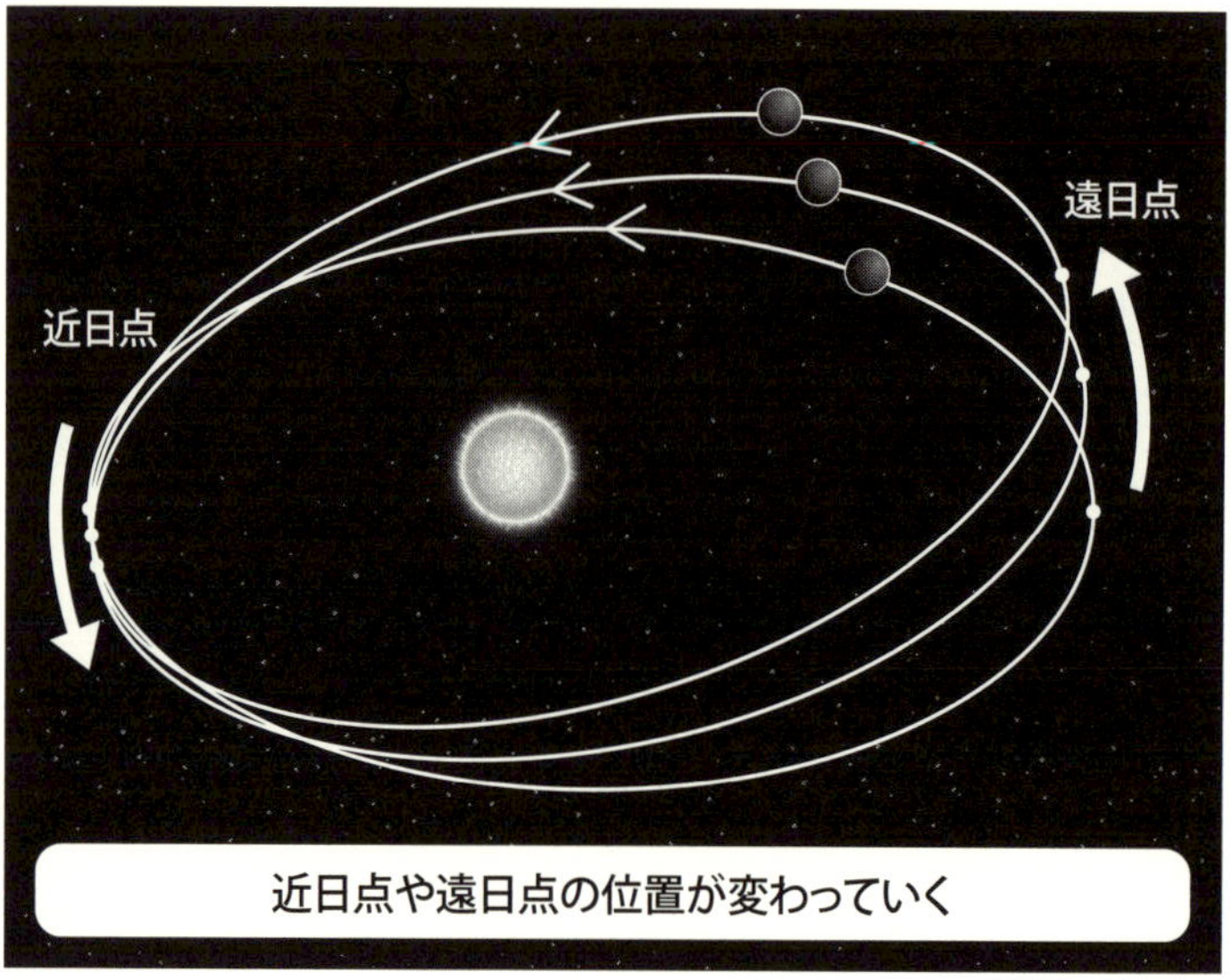
遠日点
近日点
近日点や遠日点の位置が変わっていく

１７８１年に、太陽系の７番目の惑星となる天王星が発見されました。天王星も太陽のまわりを楕円運動しているわけですが、やはり他の惑星からの重力によって楕円軌道がずれていきます。

そして、軌道のずれを観測すると、他の惑星からの重力の影響以上に軌道がずれていることが分かったのです。

そこで、当時の人たちは天王星よりさらに外側に、天王星の軌道に影響を与える未知の惑星があるのだろうと考えました。そして、観測を続けた結果、海王星を発見したのです。「天王星の軌道をずらすような惑星が、さらに外側にあるはずだ」という考えが、海王星の発見につながったのですね。

このようなことがあったため、水星の場合

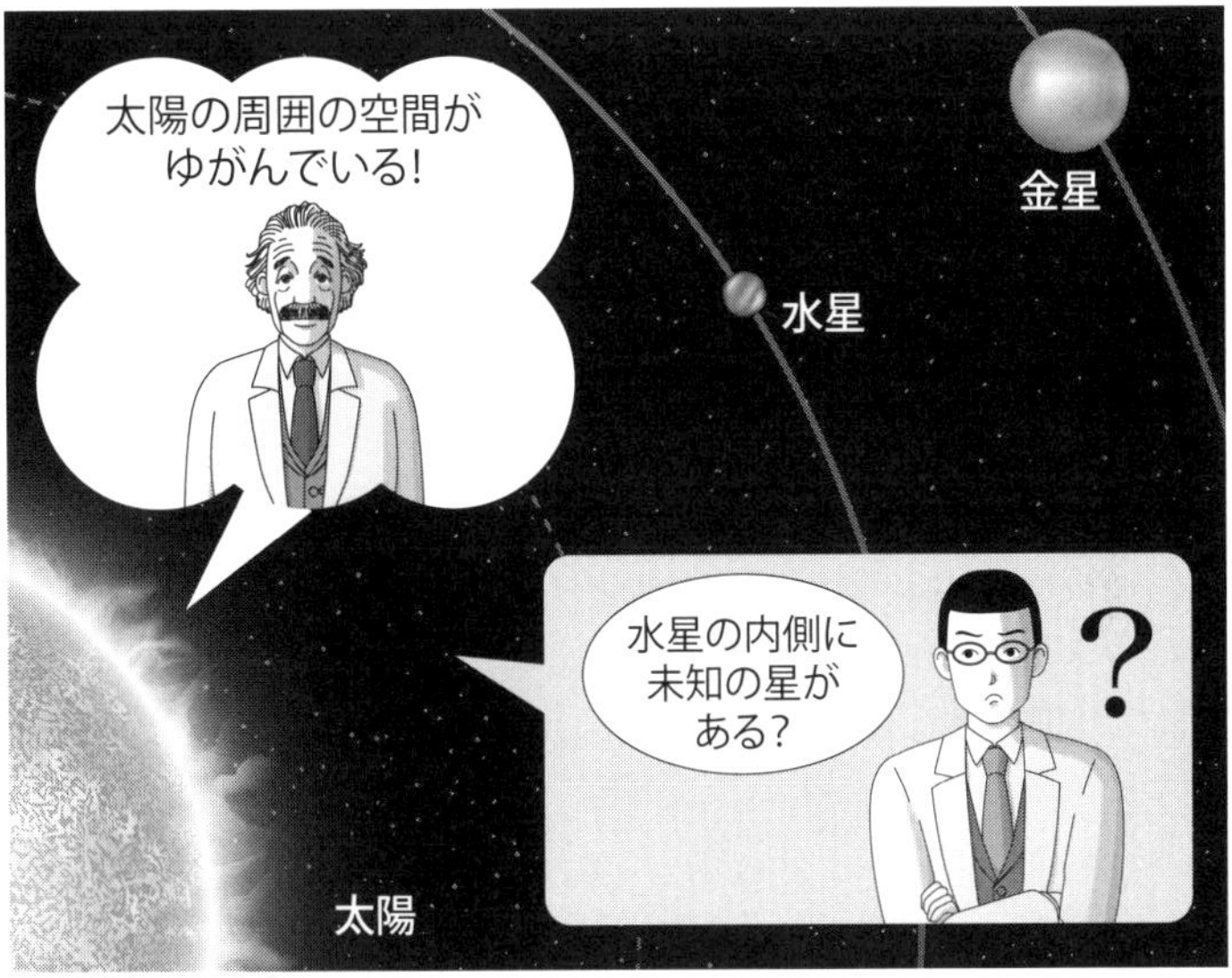

もさらに内側に未知の惑星があるのだろうと考えられたわけです。

しかし、観測を続けてもそれを発見することができませんでした。そんなときに登場したのが、アインシュタインの相対性理論です。

相対性理論によると、物体の周りの空間はゆがんでいるのでした。太陽のように巨大な質量を持つ天体の周りは、空間が大きくゆがんでいます。

アインシュタインは、空間のゆがみが水星の近日点を余分に移動させているのだと説明しました。そして、みずからの理論をもとに水星の近日点移動を計算し、それが観測結果と一致したのです。

このようにして、相対性理論の正しさが認められるようになっていきました。

空間だけでなく時間もゆがむ

時間と空間は密接につながっている

ここまで重力が生まれる仕組みを説明してきましたが、実はまだ重力のすべてを説明していません。

というのは、この章のテーマは「重力の正体は時空のゆがみ」ですが、時空のすべてがまだ登場していないのです。

「時空」というのは**「時間と空間を合わせたもの」**という意味です。

時間と空間は全然別のものなのにどうして一緒にするのだ、と思われるでしょう。しかし、実は時間と空間とは無関係なものではなく密接につながっているものなのだということも、相対性理論は明らかにしているのです。

相対性理論では、重力が生まれる仕組みを

「物体があるとその周りの空間がゆがみ、重力が生まれる」と説明していることを紹介しました。

これは、より正確に表現すると「物体があるとその周りの**時空**がゆがみ、重力が生まれる」ということなのです。

つまり、物体によってゆがめられるのは空間だけはないということです。**時間もゆがめられる**のです。

重力が時間に影響を及ぼす

では、時間がゆがむとはどういうことでしょう。

それは、**「時間の進み方が遅くなる」**ということなのです。つまり、物体が存在することによって周りの時間の進み方が遅くなるのです。

そして、このことは**「重力が働くと時間の進み方が遅くなる」**と表現することもできます。物体が生み出す重力が、時間の進み方を遅らせているのです。

さらに、**「重力が大きいほど時間はより遅れて進むようになる」**ということも相対性理論は明らかにしているのです。

この「時間の遅れ」を身近なところで実感できるのが、第1章で登場したＧＰＳ衛星です。第1章でも簡単に説明しましたが、ここであらためて、ＧＰＳ衛星での時間の進み方について説明したいと思います。

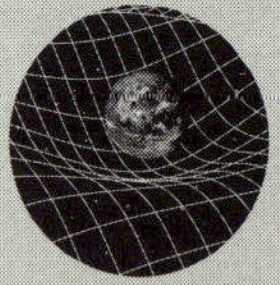

地上とずれるGPS衛星の時間の進み方

地上の方が時間の進み方が遅い

地上約2万キロメートルの軌道を周回するGPS衛星では、**地上に比べて重力が約17分の1**に小さくなります。

「重力が大きいほど時間はより遅れて進む」のですから、GPS衛星より地上の方が時間の進み方が遅くなります。逆に言えば、**GPS衛星では地上より時間が速く進む**のです。

重力の違いが原因の地上とGPS衛星での時間の進み方の差は、1日あたり100万分の45・7秒です。この差を補正しないと、GPSは正しく機能せず、正確な位置を知ることができないのでしたね。

このように、一般相対性理論は私たちの生活に大きな影響を与えているのです。

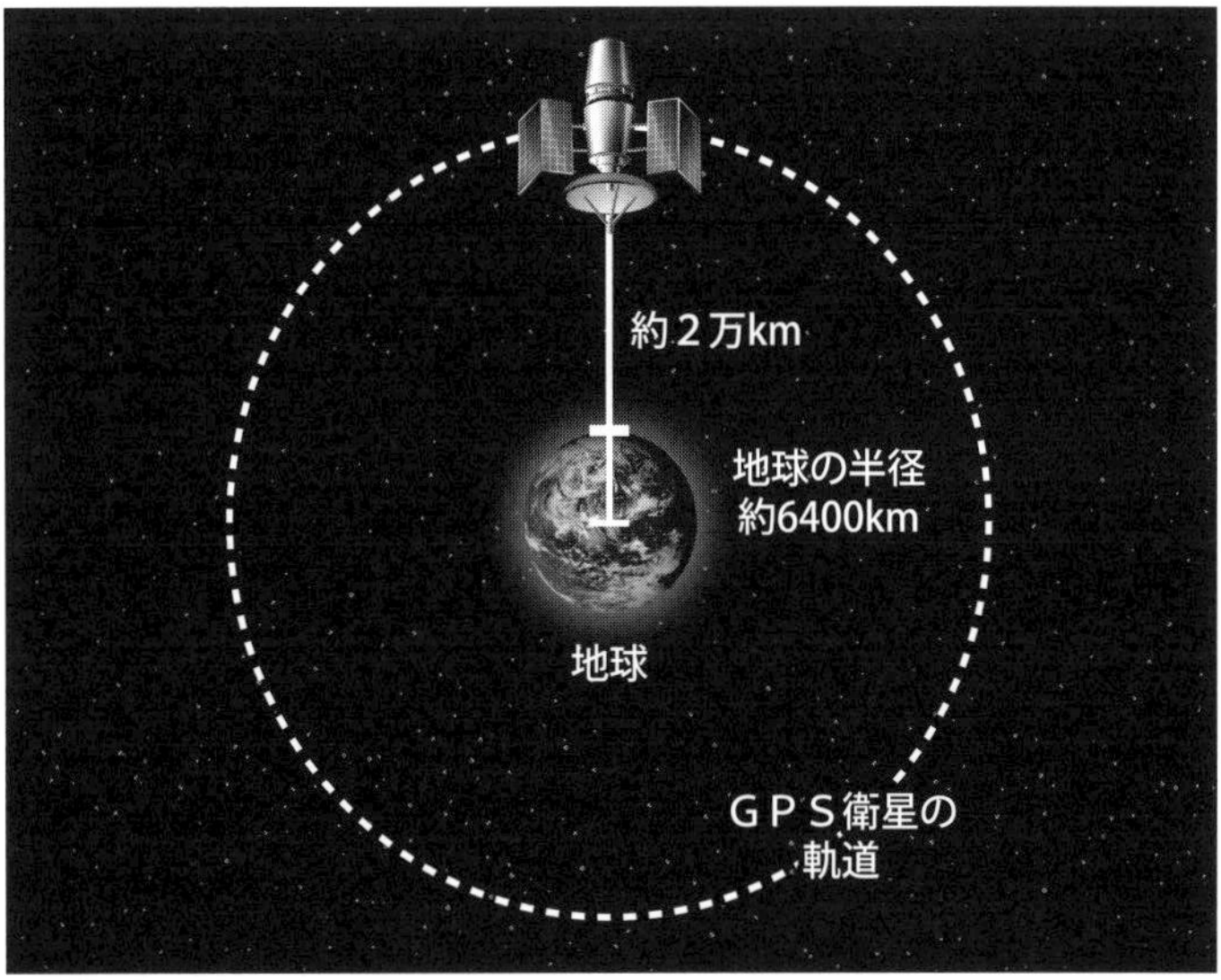
約２万km
地球の半径
約6400km
地球
ＧＰＳ衛星の
軌道

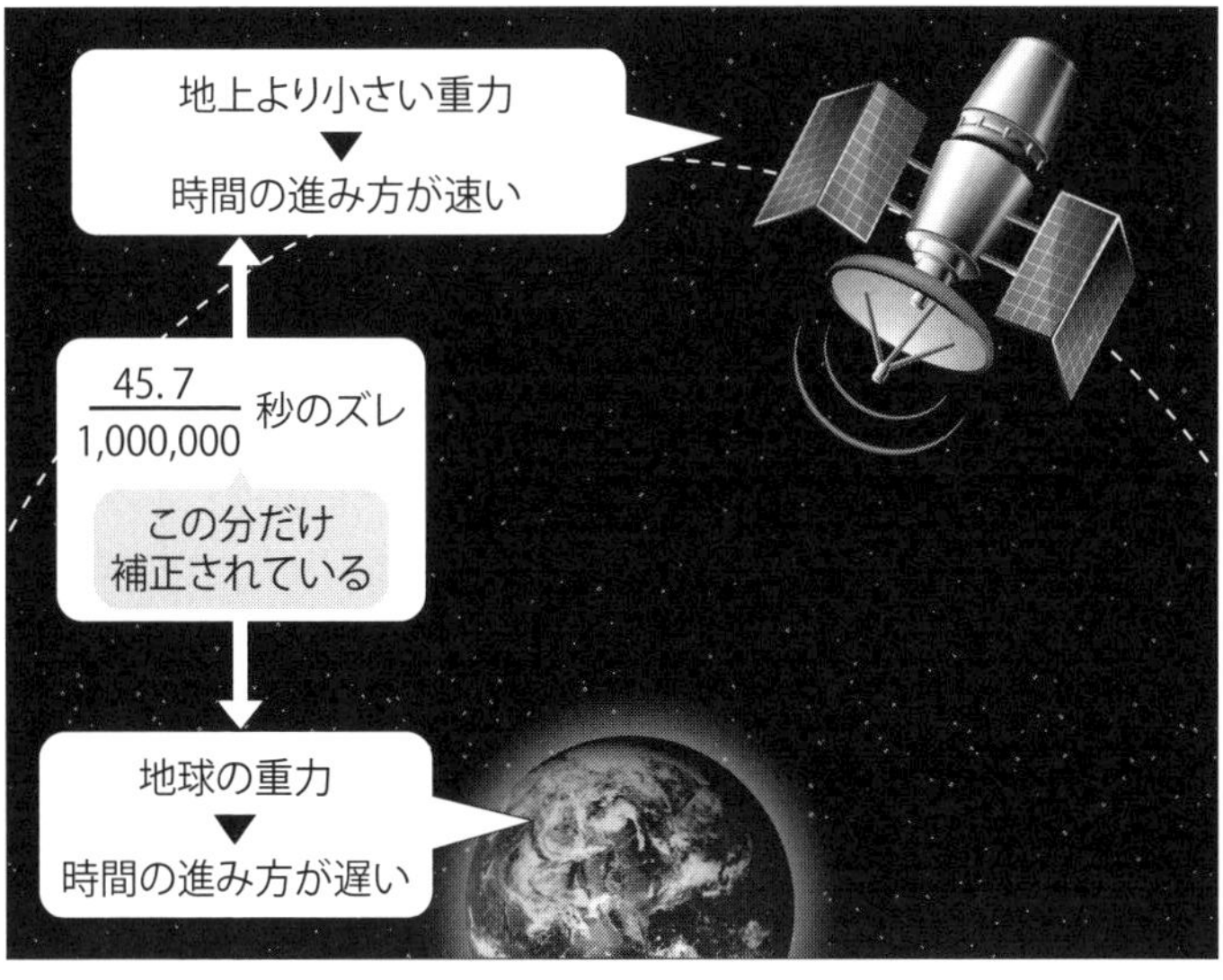
地上より小さい重力
▼
時間の進み方が速い
45.7/1,000,000 秒のズレ
この分だけ
補正されている
地球の重力
▼
時間の進み方が遅い

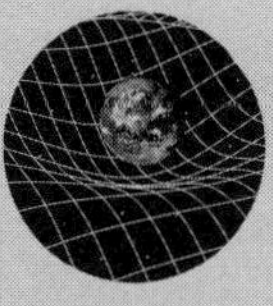

スカイツリーのてっぺんでは少しだけ時間が速く進む

高い場所では時間は速く進んでいる

高度２万キロメートルというGPS衛星まで行かなくても、わずかでも重力の大きさが違えば時間の進み方は違います。

例えば、高さ６３４メートルの東京スカイツリーのてっぺんでも**地上に比べてわずかに重力は小さくなっています**。

スカイツリーのてっぺんでは、**地上より１日に１００億分の１秒ほど時間が速く進む**ことが、相対性理論から求められます。ただ、あまりにも小さな差なので、私たちが実感することはありませんし、普通の時計を使って確かめることもできません。

だから、時間の進み方が違うなんて本当なんだろうか、と思われるかもしれませんね。

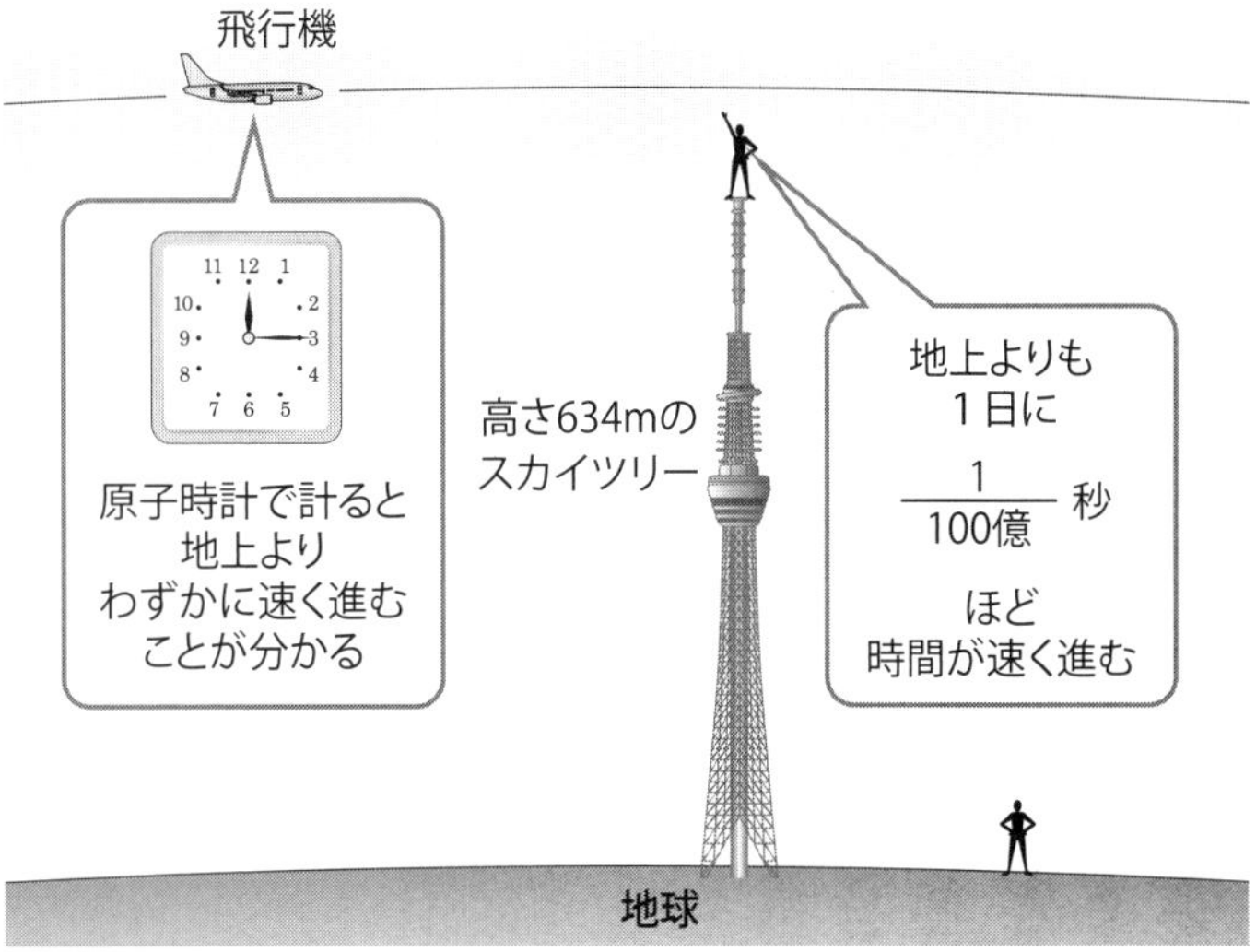
飛行機
原子時計で計ると
地上より
わずかに速く進む
ことが分かる
高さ634mの
スカイツリー
地上よりも
1日に
1/100億 秒
ほど
時間が速く進む
地球

しかし、わずかであろうと時間の進み方の違いがたしかに存在することは、実験で確かめられています。**原子時計**という非常に正確な時計を使った計測です。

原子時計というのはこの世で最も精度の高い時計で、30万年に1秒程度しか狂わないというおそろしい正確さです。

この原子時計を2つ用意し、1つは地上に置き、もう1つは飛行機に乗せます。そして、飛行機が地球を1周して戻ってきたときに2つを比較してみたのです。

すると、ごくわずかではありますが、たしかに時間の進み方のずれが存在することが確認できました。

重力による時間の進み方の違いは、本当だったのです。

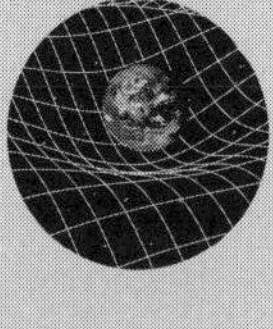

「加速度運動」するものの時間の進み方は遅くなる

時間を遅らせるのは重力だけではない

一般相対性理論では「重力が働くと時間の進み方が遅くなる」と説明しますが、では重力が存在しなければ時間が遅れて進むことはないのでしょうか？

実は、そうではありません。**重力がなくても時間が遅れて進むようになることがあるのだ**、と一般相対性理論は説明します。

どんな場合でしょう？

重力がなくても、**「加速度運動」をすると時間が遅れて進むのだ**と、一般相対性理論は説明しています。

観測者が**等速度運動**しているという限られた状況にだけ適用できるのが特殊相対性理論でした。等速度運動というのは、まっすぐ一一般相対性理論で時間の進み方が遅くなるのは…

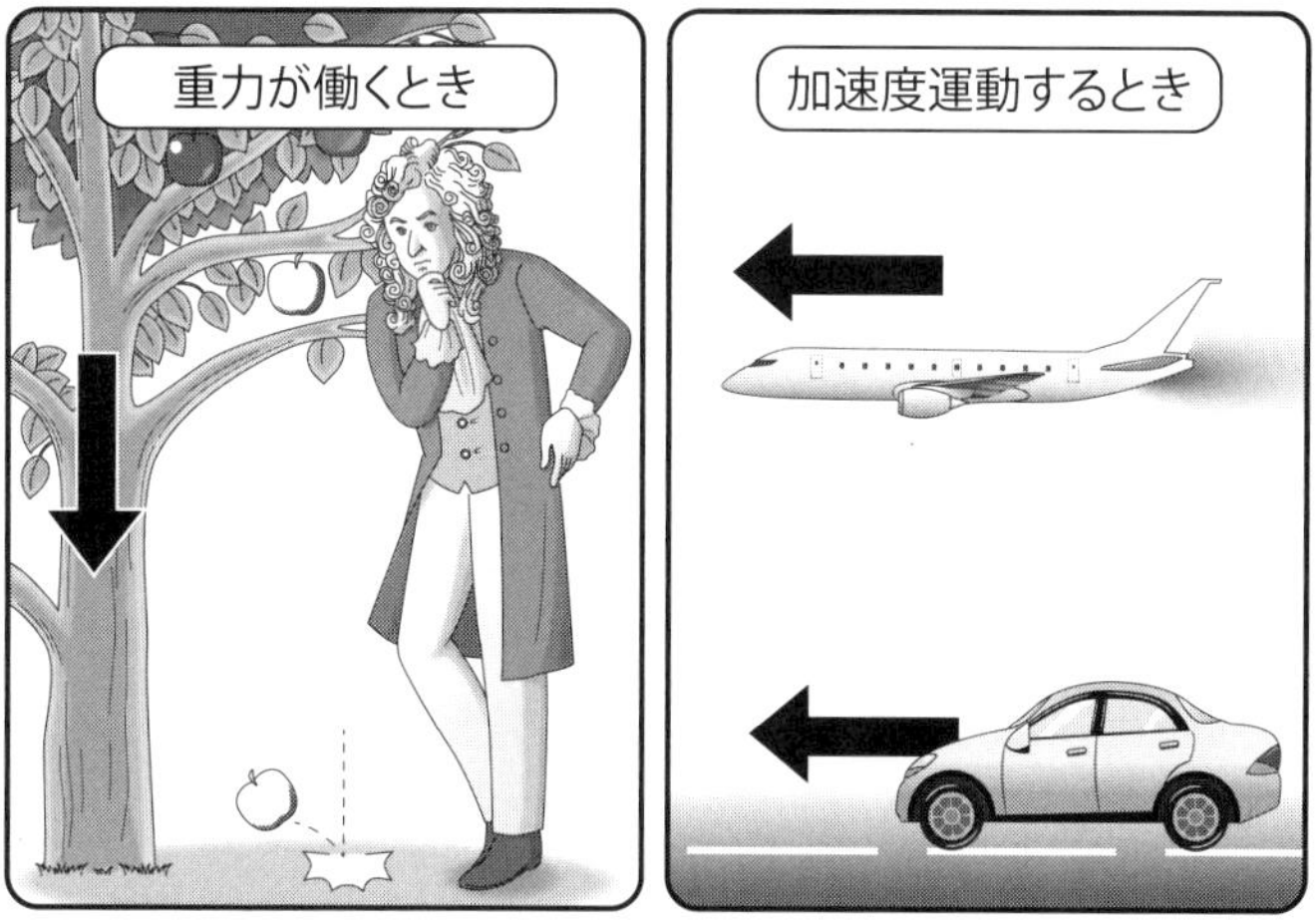

定の速さで動き続ける運動です。

しかし、この章では観測者がどのような動きをしていても適用できる**一般相対性理論**について説明しています。ですので、観測者の速さも動く向きも一定である必要はありません。変化してよいのです。

そして、動く向きや速さが変わる運動を加速度運動といいます。ですので、一般相対性理論では加速度運動が登場するわけです。

話を時間の進み方に戻して整理すると、上の図のようになります。重力だけでなく、**加速度運動にも時間を遅らせる働きがある**ということですね。

何とも不思議な話ですが、このことは次に説明する「等価原理」が分かると納得してもらえると思います。

重力と加速度運動の関係を説明する「等価原理」

身体が急に重くなるのはなぜか

重力と加速度運動の関係を、アインシュタインは**「等価原理」**という考え方で説明しています。

等価原理を理解していただくため、あなたはいまロケットに乗っていると想像してみてください。ただし、そのロケットには窓はありません。

さて、宇宙空間をまっすぐ一定の速さで進んでいくロケットに乗っているとすると、あなたの身体はロケットの中でフワフワと浮かびます。宇宙空間は無重力だからです。

しかし、そんなあなたの身体が急に重くなることがあります。それはどんなときでしょう？

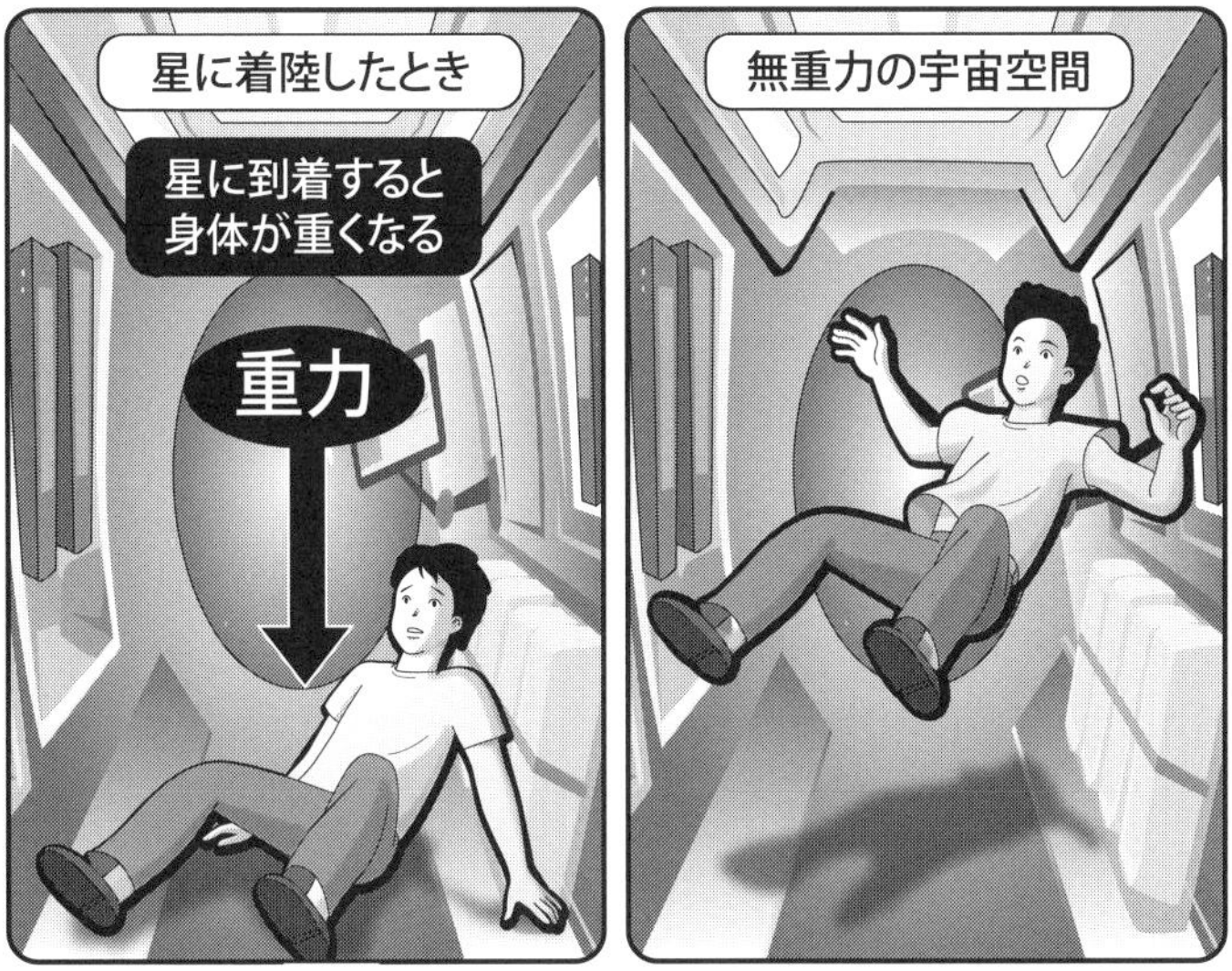

重力と加速度運動の関係

考えられるのは2つです。

1つは、どこかの星に着陸した場合です。星からは重力を受けますので、身体が重くなったのですね。

では、もう1つはどんな場合でしょう？

それは、ロケットの速度が変化した場合、つまりロケットが**加速度運動**した場合です。

加速度運動すると、どうして身体が重くなるのでしょう？

このことは、エレベーターに乗ったときのことを思い出せば理解してもらえると思います。

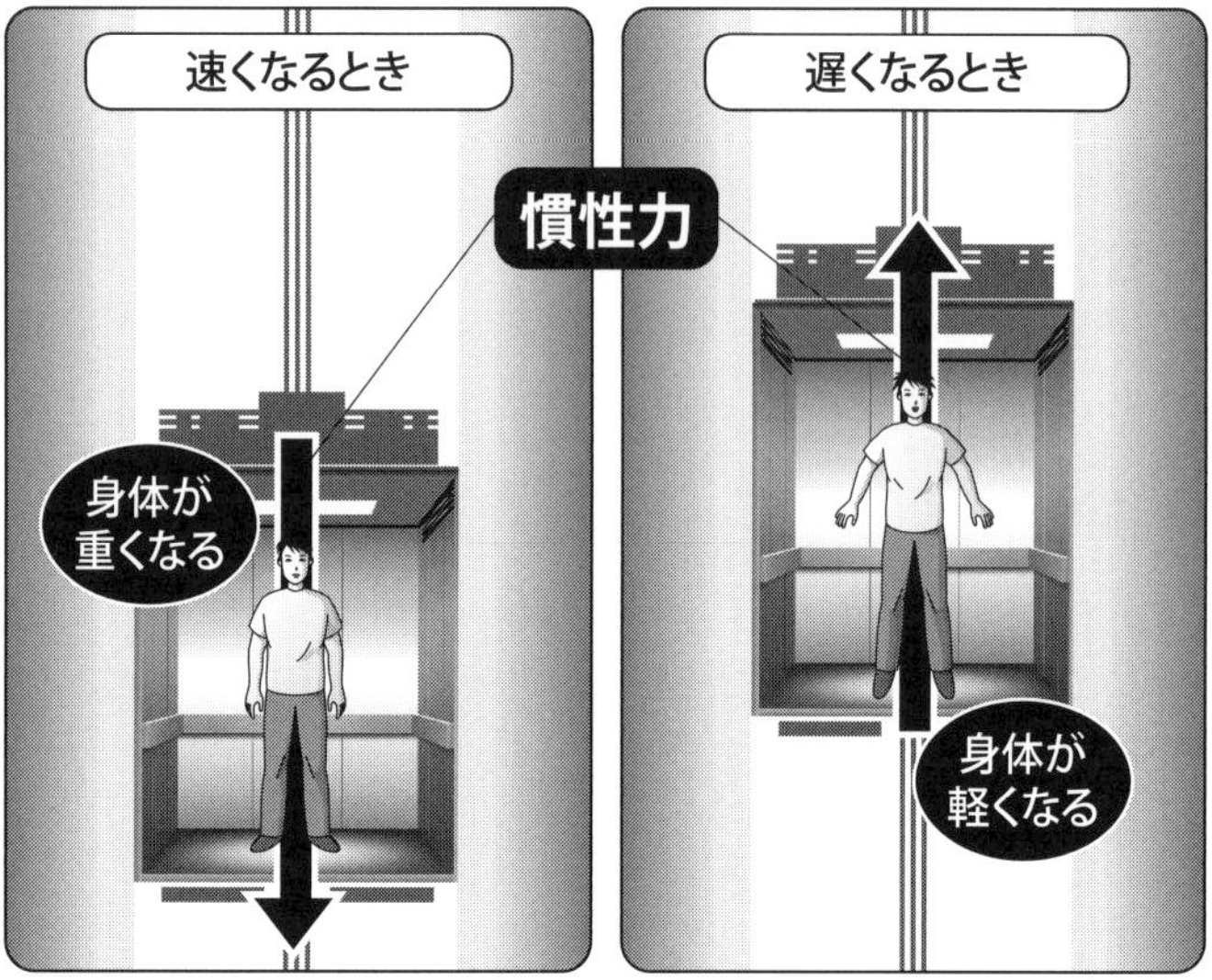

エレベーターに乗って高いところへ上がっていくとき、最初はエレベーターの動きが速くなっていきます。このとき、身体が重くなりますよね。

逆に、途中からエレベーターが減速するときには身体が軽くなります。

これは、**エレベーターが加速する向きと逆向きに発生する力**のためなのです。

上昇するエレベーターが速くなるとき、エレベーターは上向きに加速します。すると、それとは逆の下向きに力が発生します。

これは「**慣性力**」と呼ばれる力なのですが、この力のために身体が重くなるわけです。

減速する場合はこれと逆で、エレベーターが下向きに加速するため、それとは逆の上向きに力が発生します。そのため、身体が軽く

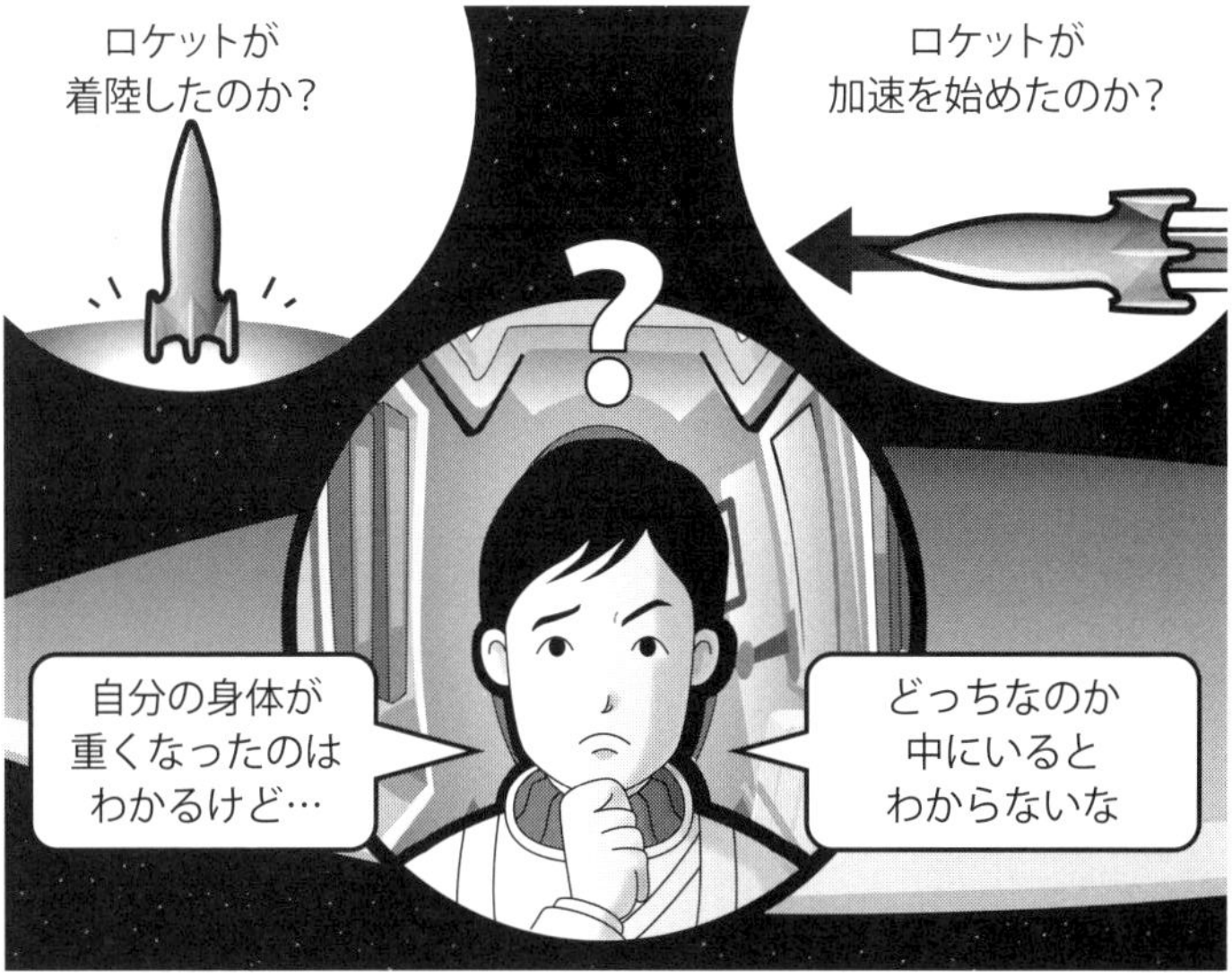

なるのです。

このことから、ロケットが加速度運動すると、加速した向きと逆向きに身体が重くなることが理解できます。

この例えは、**重力と加速度運動が同じ働きをする**ことを示しています。そして、2つを区別することができないことも示します。

というのは、このロケットには窓がありません。ですので、自分の身体が重くなったのが星に着陸したからなのか、加速度運動したからなのか乗っている人には分からないのです。

このように、重力と加速度運動とは同じものであり、同じ価値を持つと見なせるわけです。そのことを、アインシュタインは「等価原理」と名付けました。

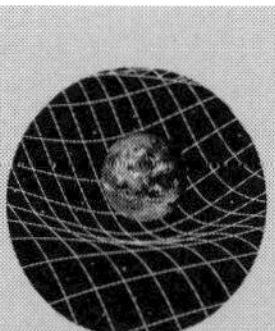

重力と加速度運動は同じ働きをする

時間を遅らせる2つのもの

等価原理が理解できると、重力と同じように加速度運動にも時間を遅らせる働きがあることを理解してもらえると思います。

つまり、重力に時間を遅らせる働きがあるのであれば、**重力と同じ価値を持つ加速度運動にも時間を遅らせる働きがある**ということです。

アインシュタインは等価原理をもとにして、重力が働いているときや加速度運動しているときには、時間の進み方が遅くなることを説明したのですね。それほど、相対性理論にとって等価原理というのは重要な考え方なわけです。

そして、重力が働いているというのも加速

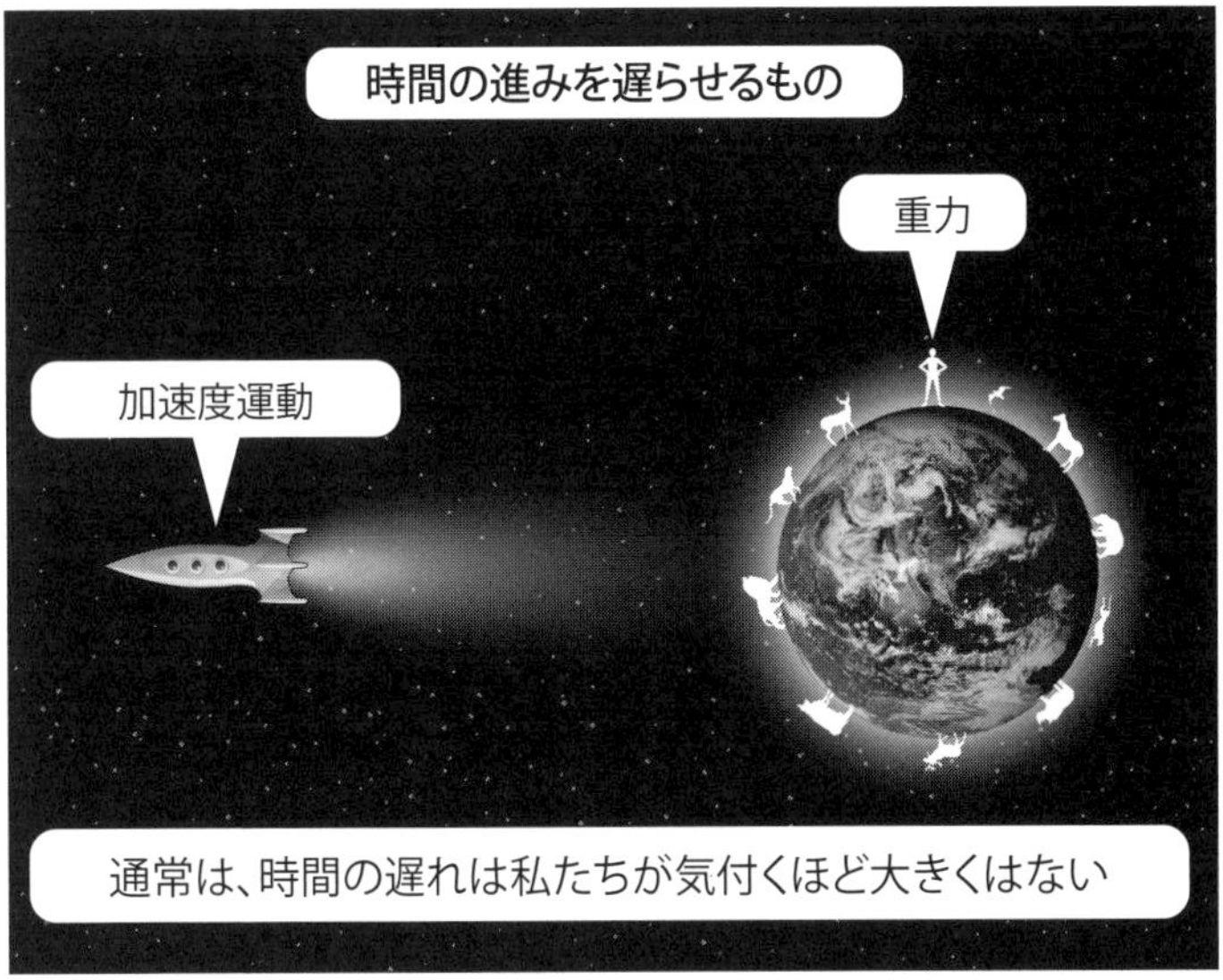
時間の進みを遅らせるもの
重力
加速度運動
通常は、時間の遅れは私たちが気付くほど大きくはない

度運動するというのも、ごく日常的なことです。

私たちは常に重力を受けて暮らしていますし、動く速さや向きが変わることばかりです。ですので、**私たちの時間の進み方は常に遅れています**。重力を強く受けている人ほど、また大きな加速度で運動する人ほど時間の遅れも大きくなるわけです。

しかし、私たちが生活する中で生まれるそれらの差は、ごくごくわずかです。重力の影響の違いがきわめて小さいことは、東京スカイツリーの例で説明した通りです。

加速度運動の影響についても飛行機や新幹線の場合で計算すれば求められますが、計測できるほどの時間の遅れは発生しないことが分かっています。

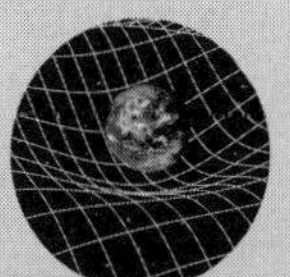

特殊相対性理論と一般相対性理論の違い

時間の遅れは「お互い様」か「一方的」か

ここで、第1章で登場した特殊相対性理論による時間の遅れと、一般相対性理論による時間の遅れとの違いを説明しておきます。

第1章では「動いているものの時間の進み方が遅れる」ことを説明しました。ただし、これは特殊相対性理論ですから観測者が等速度運動する場合に限られる話です。

しかし、この章で説明している重力もしくは加速度運動による時間の遅れは**一般相対性理論の話**ですので、観測者がどのような運動をしていても構いません。**どんな場合にも成り立つ**のです。これが、1つめの違いになります。

そして、もう1つ重要な違いがあります。

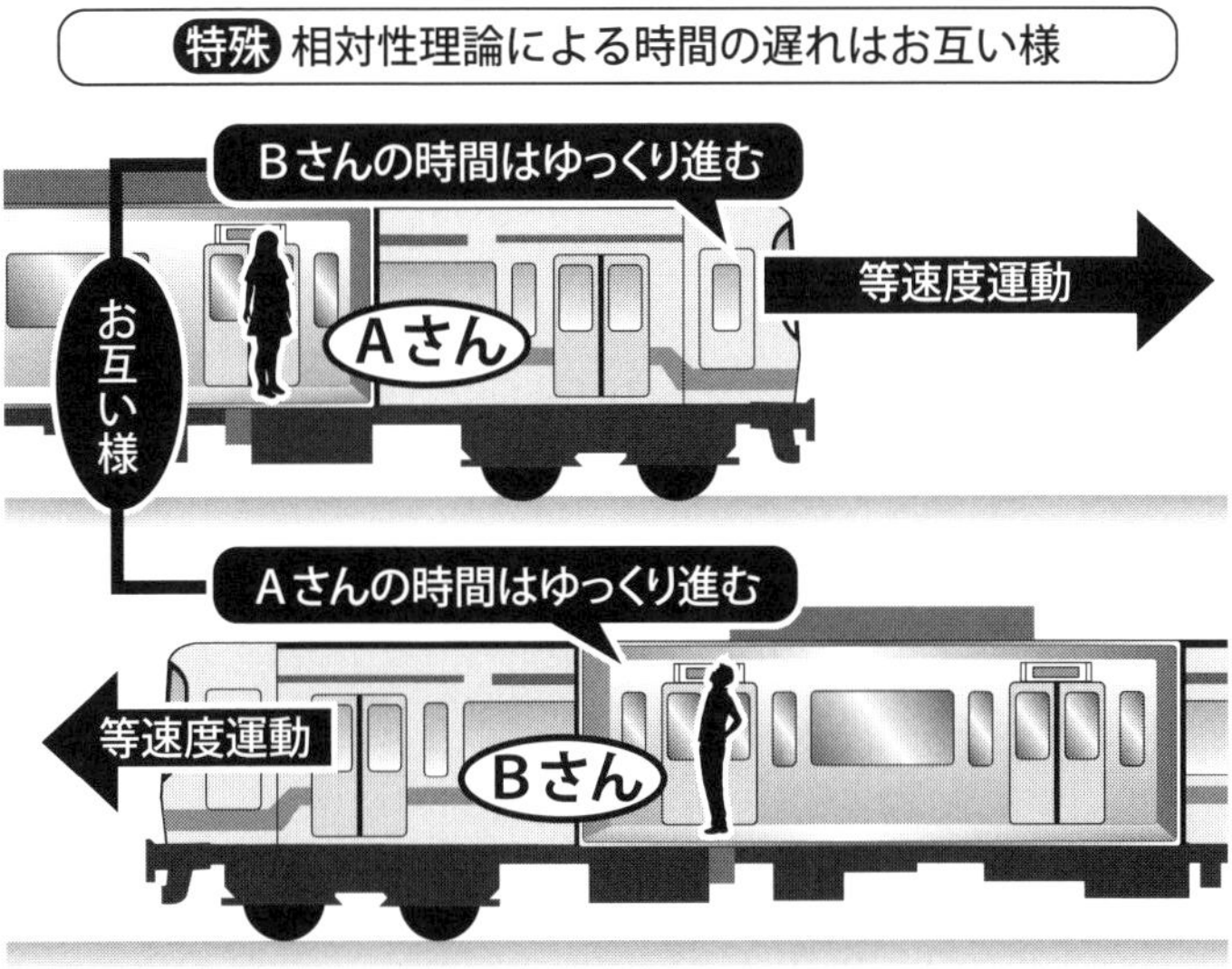
特殊 相対性理論による時間の遅れはお互い様
Bさんの時間はゆっくり進む
お互い様
Aさん
等速度運動
Aさんの時間はゆっくり進む
等速度運動
Bさん

特殊相対性理論による時間の遅れは「お互い様」でした。つまり、ともに等速度運動するAさんとBさんがいた場合、AさんからはBさんの時間が遅れて進んでいるように見え、BさんからはAさんの時間が遅れて進んでいるように見えるわけです。

これが特殊相対性理論の不思議なところでもありました。

しかし、**一般相対性理論による**（重力や加速度運動による）**時間の遅れは、お互い様ではなく「一方的」なもの**なのです。

つまり、**重力による時間の遅れは、重力を受けていない（または受けている重力が小さい）人から見たときに観測される**ことです。重力を受けていない（受けている重力が小さい）人からより大きな重力を受けている人や

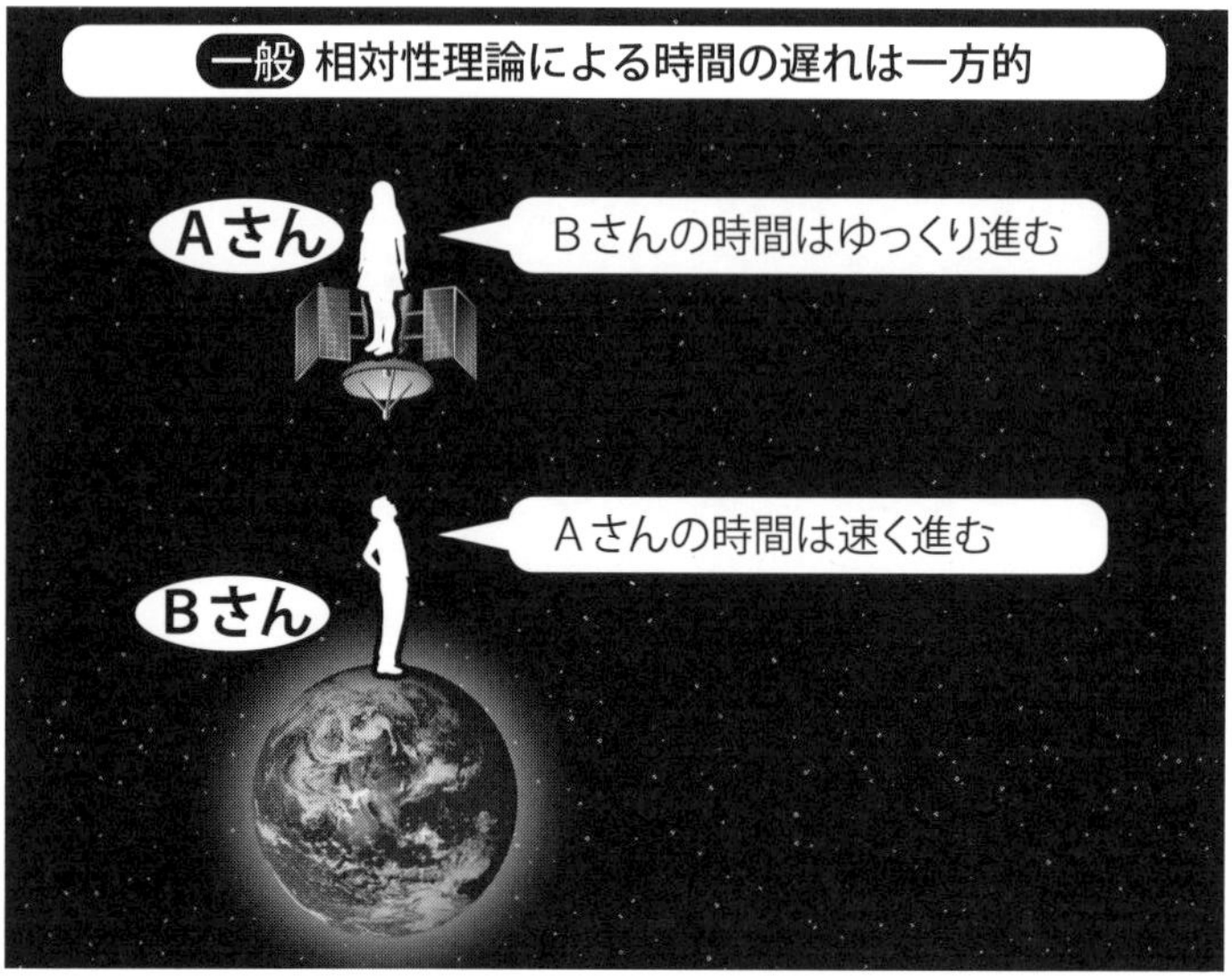
一般 相対性理論による時間の遅れは一方的
Aさん
Bさんの時間はゆっくり進む
Aさんの時間は速く進む
Bさん

ものを見ると時間が遅れて進んでいますが、逆に大きな重力を受けている人が重力を受けていない（受けている重力が小さい）人やものを見ると、時間の進み方は速くなるわけです。このように、時間の遅れは一方的なものになるのです。

加速度運動による時間の遅れについても同様です。**等速度運動している人が加速度運動している人やものを見ると、時間が遅れて進んでいます**。

しかし、加速度運動している人が等速度運動している人やものを見ると、逆に時間は速く進んでいるのです。

この違いを理解できると、次に紹介する「双子のパラドックス」の謎もスッキリ解決できるはずです。

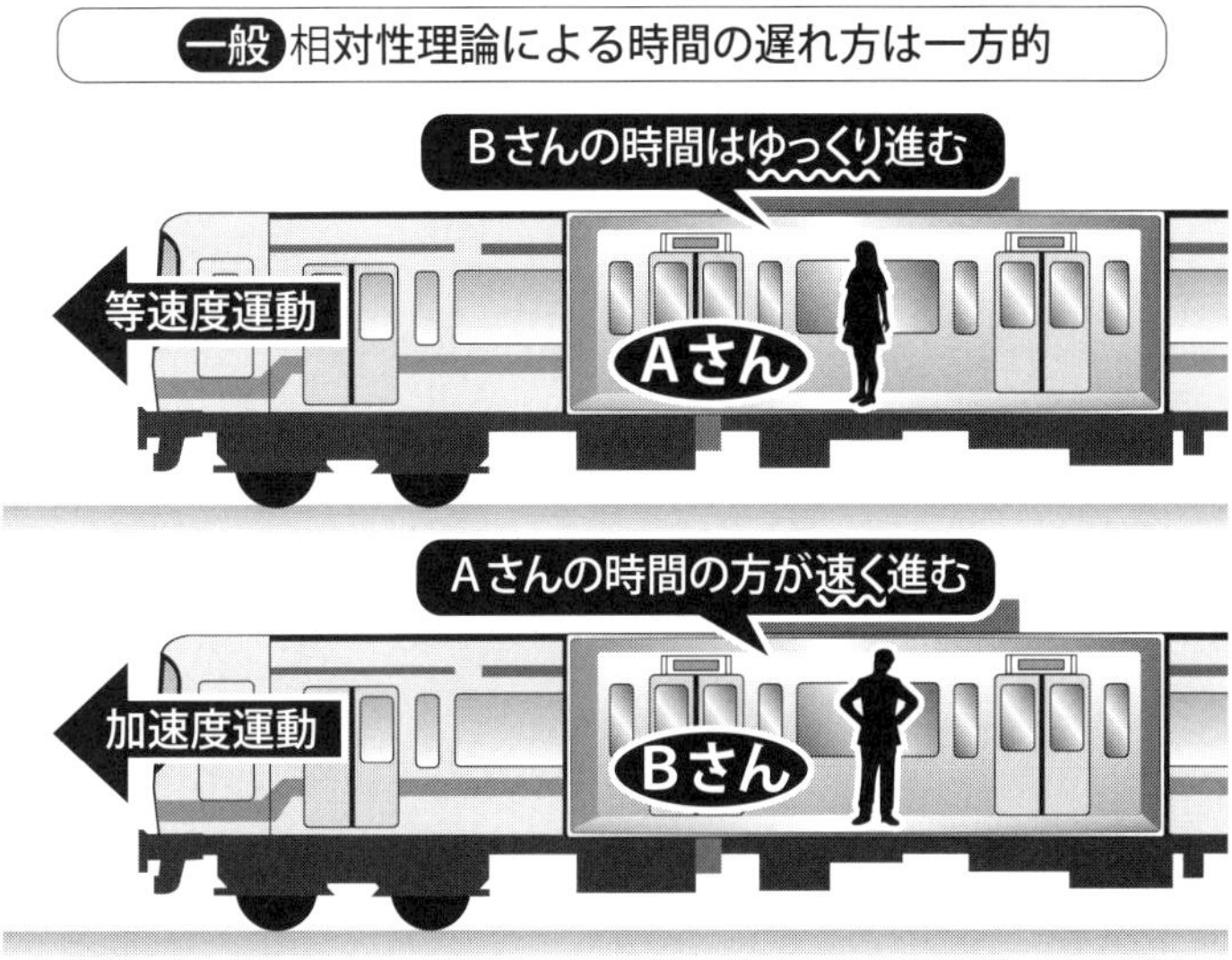
一般相対性理論による時間の遅れ方は一方的
Bさんの時間はゆっくり進む
等速度運動
Aさん
Aさんの時間の方が速く進む
加速度運動
Bさん

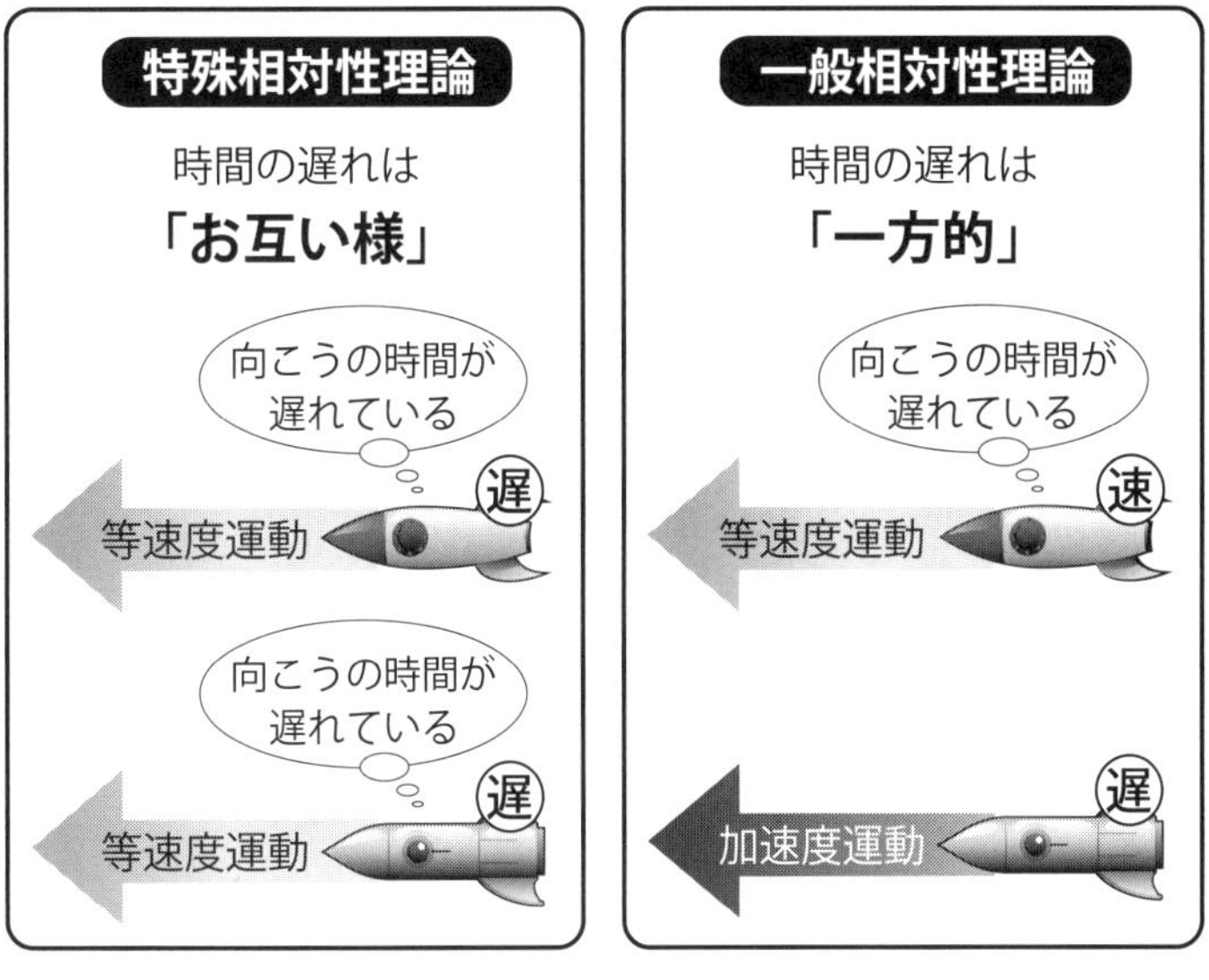
特殊相対性理論
時間の遅れは
「お互い様」
向こうの時間が遅れている
遅
等速度運動
向こうの時間が遅れている
遅
等速度運動
一般相対性理論
時間の遅れは
「一方的」
向こうの時間が遅れている
速
等速度運動
遅
加速度運動

正しく理解する双子のパラドックス

相対性理論を打ち破ることはできるか

相対性理論が説明する世界は、私たちの感覚とはかけ離れています。

ですので、「理屈はわかるけど、それでもやっぱり納得できない」という人がやはり存在するわけです。

そのような人たちは、何とか相対性理論の間違いを示そうとしていろいろなことを考えてきました。そして、多くのパラドックスを思いついたのです。

その代表的なものが、これから説明する**「双子のパラドックス」**というものです。

はたして、「双子のパラドックス」によって相対性理論は打ち破られてしまうのでしょうか？

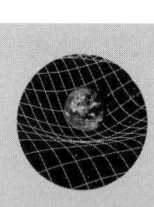

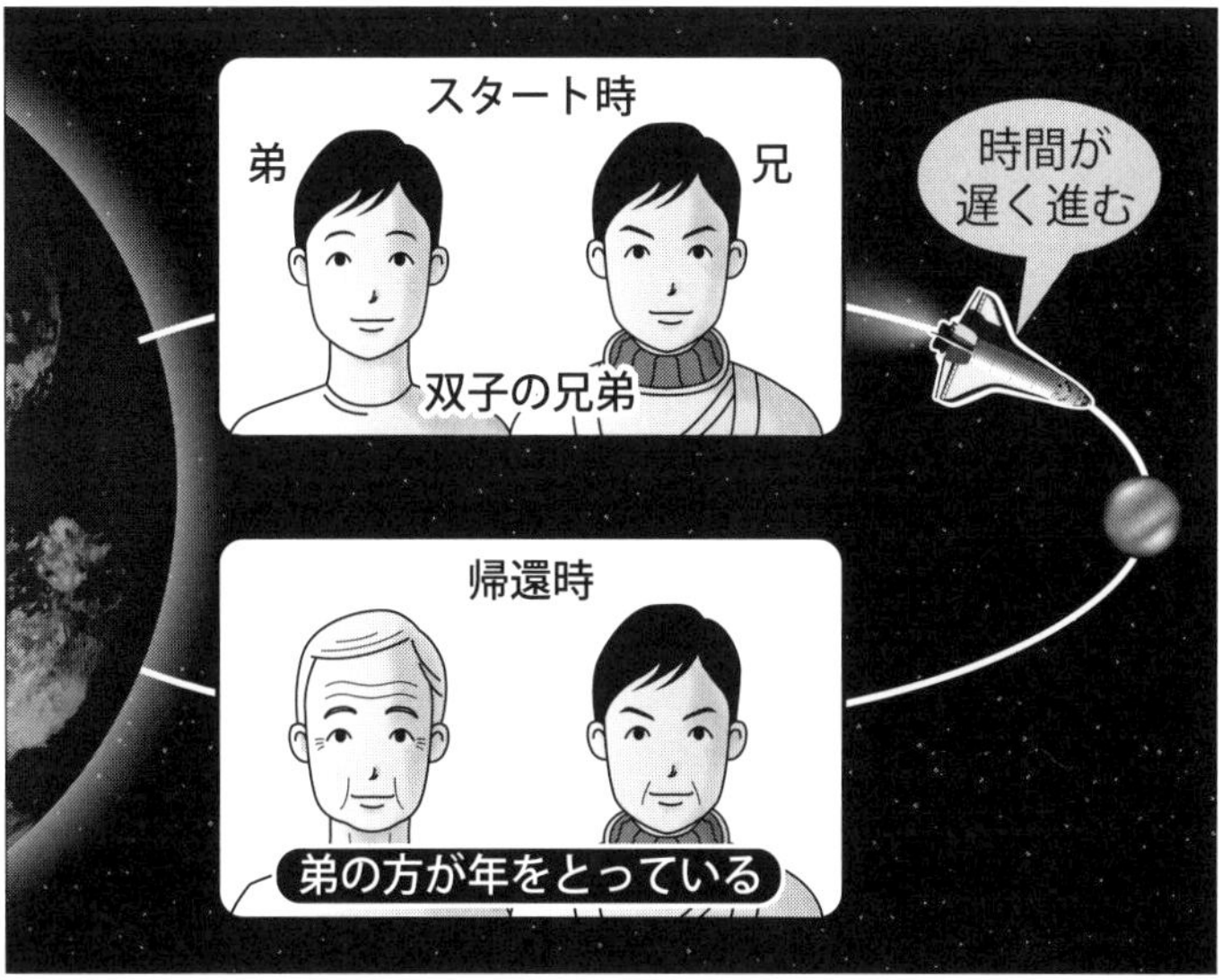

兄と弟、若いのはどっち？

ここに双子の兄弟がいます。

兄は宇宙船に乗って遠くの星まで行き、星にたどり着いたら折り返して地球まで戻ってきます。

一方、弟は地球に残って兄の帰りを待っています。

このとき、動いている宇宙船の中では時間の進み方が遅くなります。そのため、2人が再会したときには兄の方が若く、弟の方が年をとっていることになりますね。

以上は弟の立場で考えた場合の話なのですが、兄の立場ではどうなるでしょう。

兄の乗っている宇宙船から見れば、地球の方が動いているわけです。

ですので、地球にいる弟の方が時間の進み方が遅くなるのです。従って、再会したときには弟の方が若く、兄の方が年をとっていることになるわけです。

弟の立場から得られた結論と、兄の立場から得られた結論とは正反対のものになってしまいます。

このように、相対性理論は矛盾した結論を示すものであり、間違った理論なのではないかと主張するのが双子のパラドックスです。

しかし、このパラドックスは相対性理論を正しく理解していないために生まれたものであり、正しく理解すればパラドックスのどこに問題があるかが分かるのです。

加速度運動しなければ地球へ戻ってこられない

さて、双子のパラドックスでは宇宙船に乗った兄は遠くの星に着いたあと、折り返して地球へ戻ってきます。

このときには宇宙船の速さも進行方向も変わります。もちろんこのとき以外にも宇宙船の速さや進行方向が変わることはあるでしょうが、少なくとも１回は宇宙船の運動が変化していることは確実です。

つまり、宇宙船がまっすぐ一定の速さで動き続ける等速度運動をしていたら、地球へ戻ってくることはできないのです。双子のパラドックスのストーリーでは、**宇宙船が加速度運動**

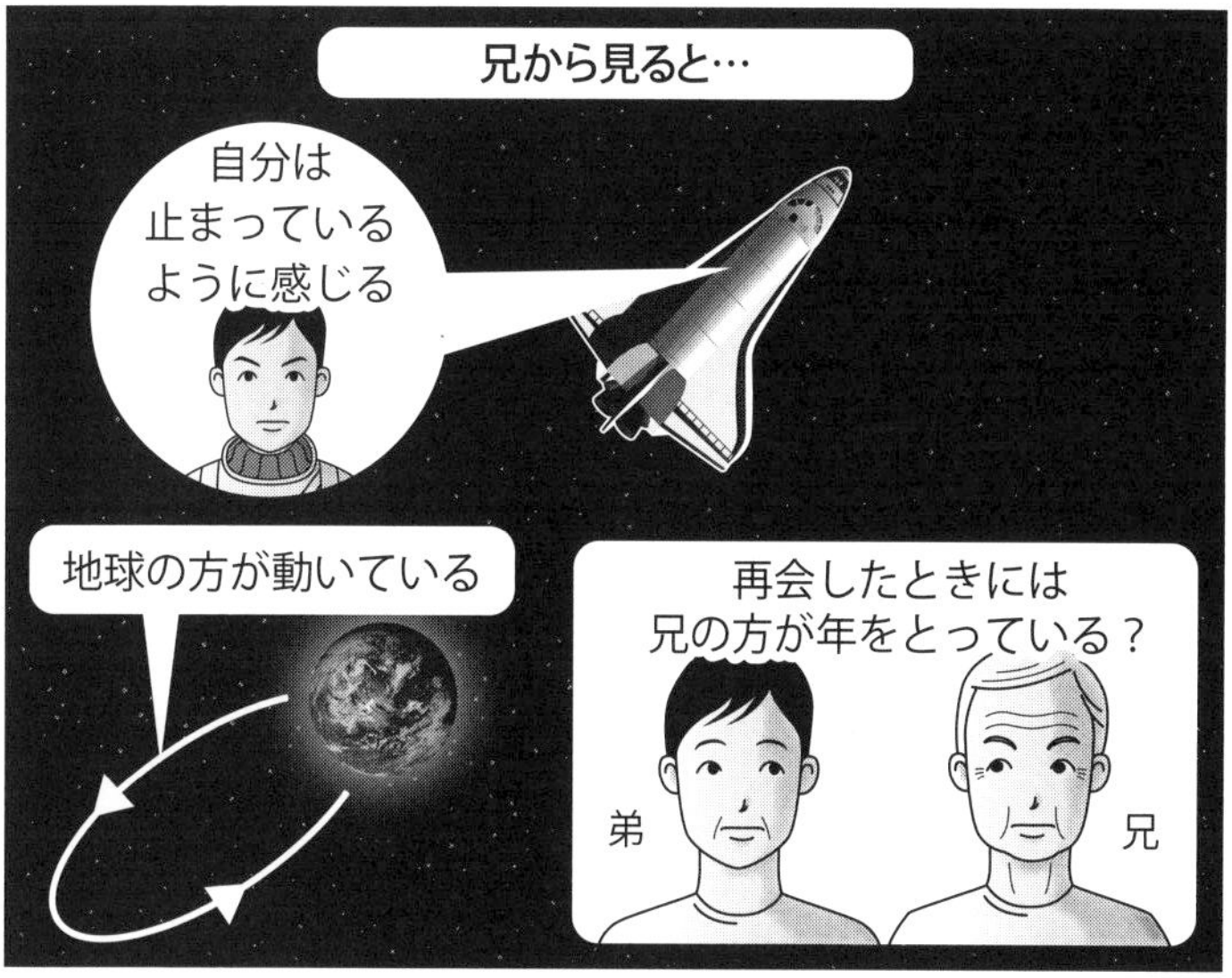
兄から見ると…
自分は止まっているように感じる
地球の方が動いている
再会したときには兄の方が年をとっている？
弟
兄

していることが前提となります。

ということは、そうです。**この話を特殊相対性理論で考えることはできない**のです。

この話は一般相対性理論で考えなければなりません。

一般相対性理論では、加速度運動するものの時間の進み方は〝一方的に〟遅れるのでした。ですので、加速度運動する宇宙船に乗っている兄の方が、地上にいる弟より時間の進み方が〝一方的に〟遅くなるのです。そして、2人が再会したときには兄の方が弟より若くなっているのです。

このように、2つの相対性理論の違いを正しく理解して使い分ければ、双子のパラドックスは何も矛盾していない話となるのです。

なお、2人が再会するときにハッキリとし

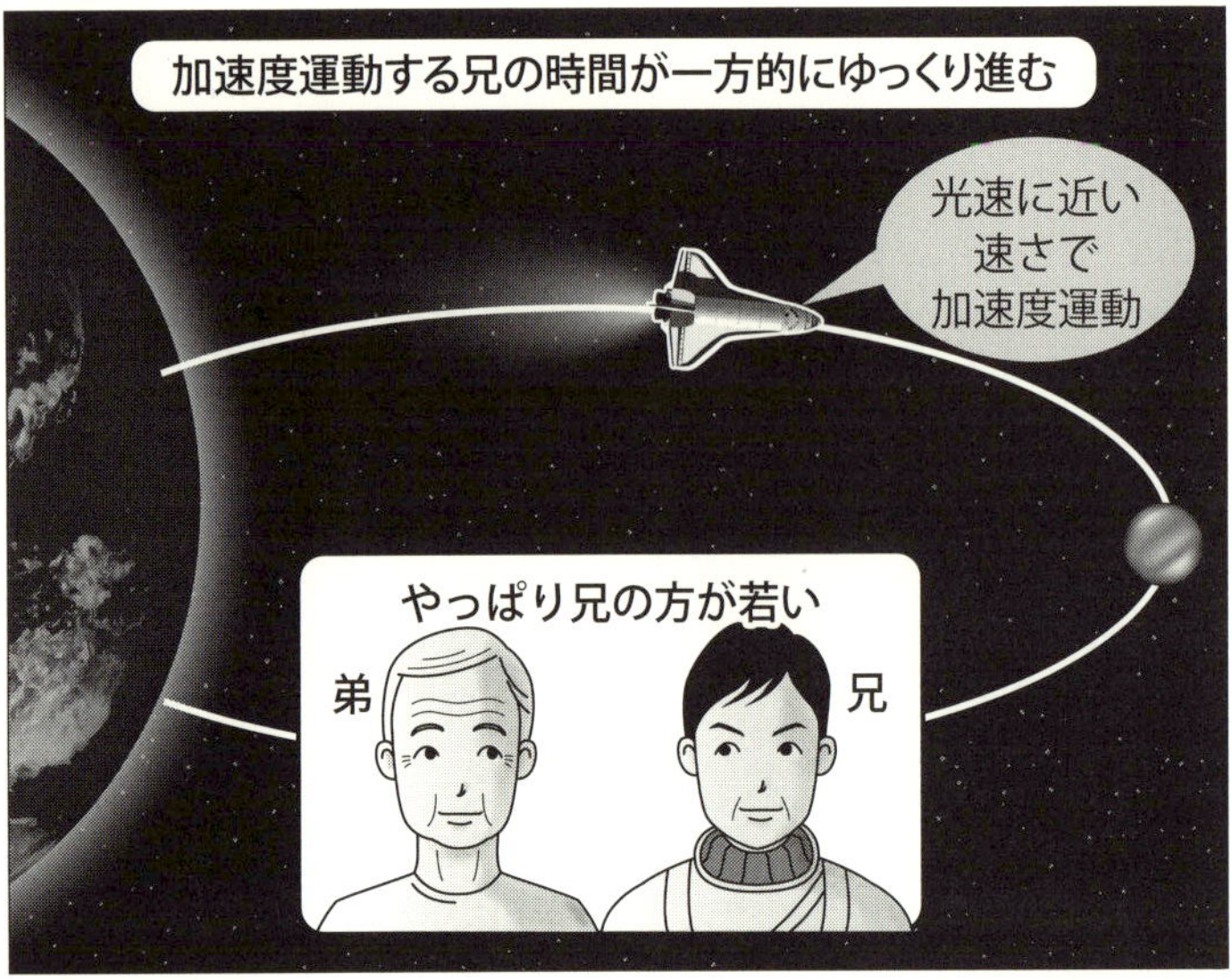
加速度運動する兄の時間が一方的にゆっくり進む
光速に近い
速さで
加速度運動
やっぱり兄の方が若い
弟
兄

た年の差が表れるには、宇宙船が光速に近い速さで進む必要があります。そうすれば加速度も大きくなり、認識できるレベルの時間の進み方の違いが生じます。

しかし、光速近くで進む宇宙船というのはしばらくは実現できそうにありません。

もちろん、宇宙へ出ずとも地球上で加速度運動すれば双子に年の差は生まれますが、その違いも私たちが認識することはありません。

また、宇宙船が等速度運動したらお互いに時間の進み方が遅れて、「兄の方が若くなる」「弟の方が若くなる」という矛盾した結論が得られるのではないかと思うかもしれません。

しかし、この場合も特に問題はなく相対性理論は成り立つのでした。そのことについては、第１章で説明しています。

第4章

ブラックホールを探る

ブラックホールの正体は何か

地球の周りの空間のゆがみは大きくない

「ブラックホール」と聞くと、「何でも吸い込んでしまい、そこに入ると二度と出てこられない、とても怖いもの」というイメージがあるかもしれません。

そのイメージは間違っていませんが、いったいどうしてそんなものが宇宙に誕生するのでしょう。

第３章では、相対性理論が「物体が周囲の空間をゆがめる」ことを明らかにしていることを紹介しました（110ページ参照）。

そして、ここに別の物体を置くと空間がゆがんでいるために動いていく、というのが重力が働く仕組みでした。

ところで、**重力というのは普通、それほど**

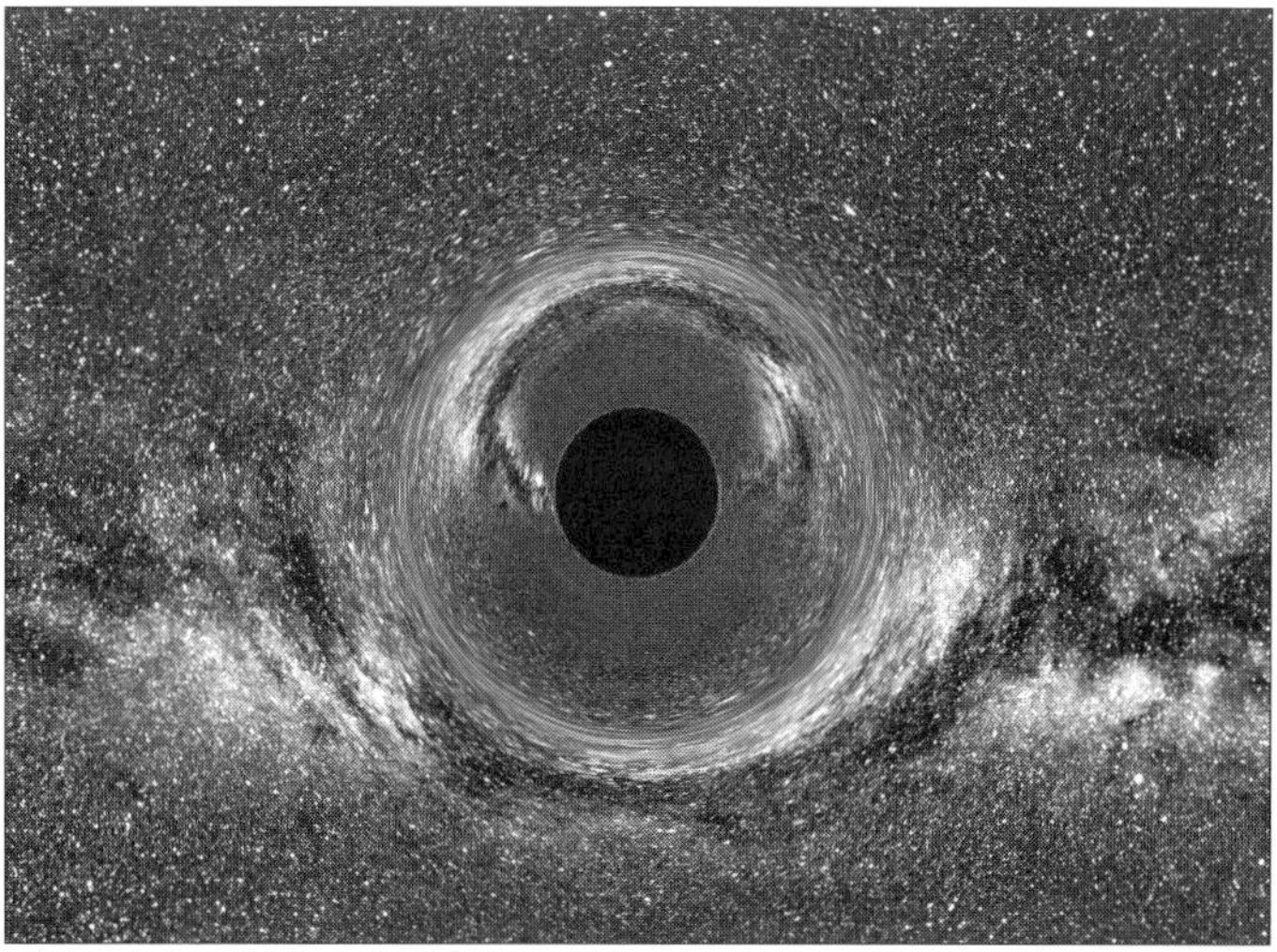
ブラックホールのイメージ（©Gallery of Space Time Travel and licensed for reuse under Creative Commons Licence）

大きな力ではありません。

例えば、私たちはいつも地球から重力で引っ張られていますが、ジャンプすれば少しは地球から離れることができます。小さなボールを思い切り上空に投げれば、もっと離れます。それでも、その程度の速さでは地球に引き戻されてしまいます。

しかし、これがロケットになると重力に逆らって進んでいくことができますし、惑星探査機のようなものは地球の重力圏を脱出して遠くへ行ってしまいます。

そして、光であれば地球の重力などものともせず、一瞬でずっと遠くへ行ってしまいます。それは、光が秒速約30万キロメートルというとてつもない速さだからです。

このように、スピードさえあれば、地球の

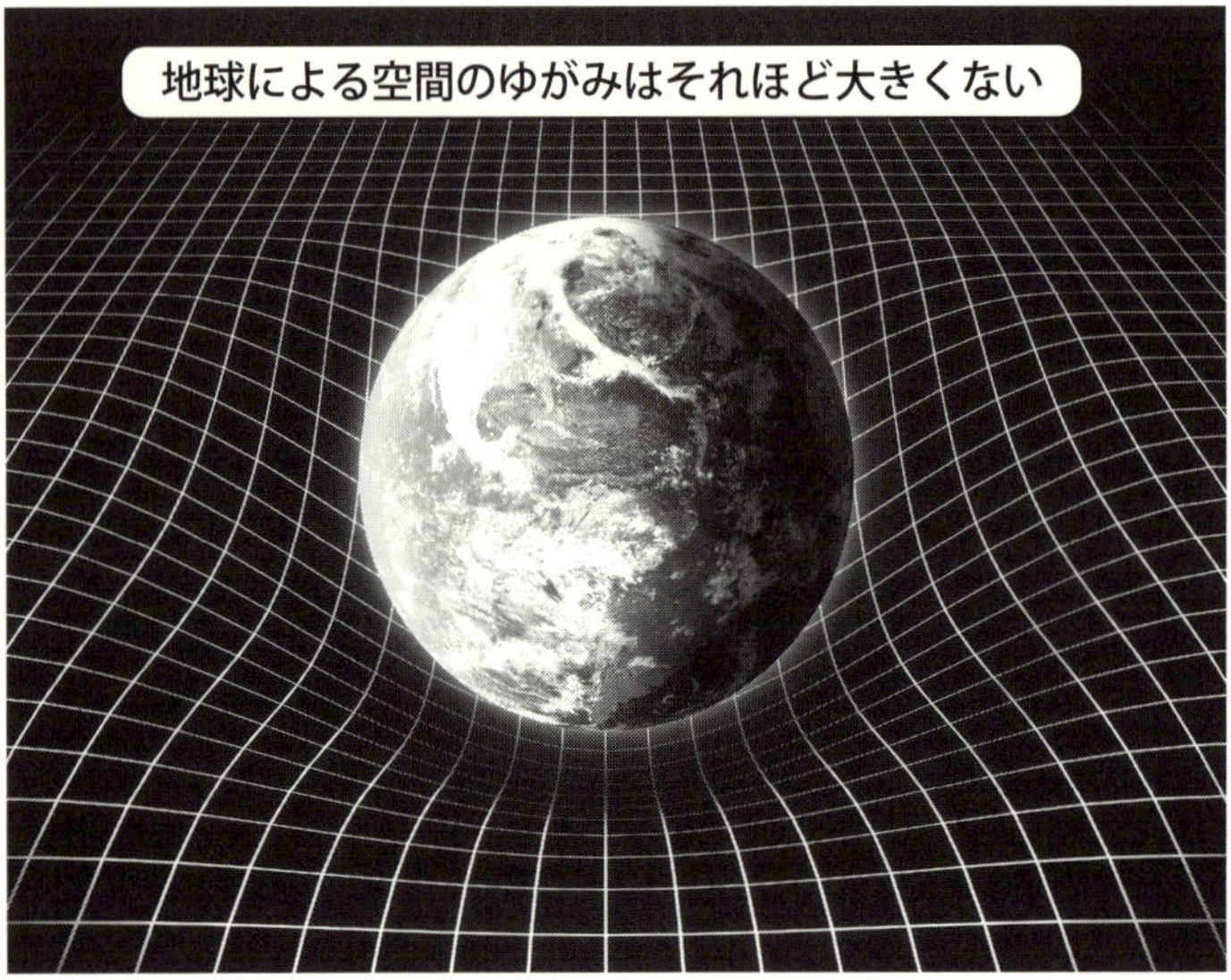

重力からは脱出することができます。

それは、**地球による空間のゆがみがそれほど大きくない**からです。

空間のゆがみが大きいとブラックホールになる

空間のゆがみは、大きな質量が狭い範囲に集中しているときほど大きくなります。

もしも、地球が何らかの力を受けてギュッと押しつぶされたとしましょう。すると、地球の周りの空間はより大きくゆがむことになります。

こうなると、脱出するのが少し難しくなります。緩やかな坂道なら駆け上がれた自転車

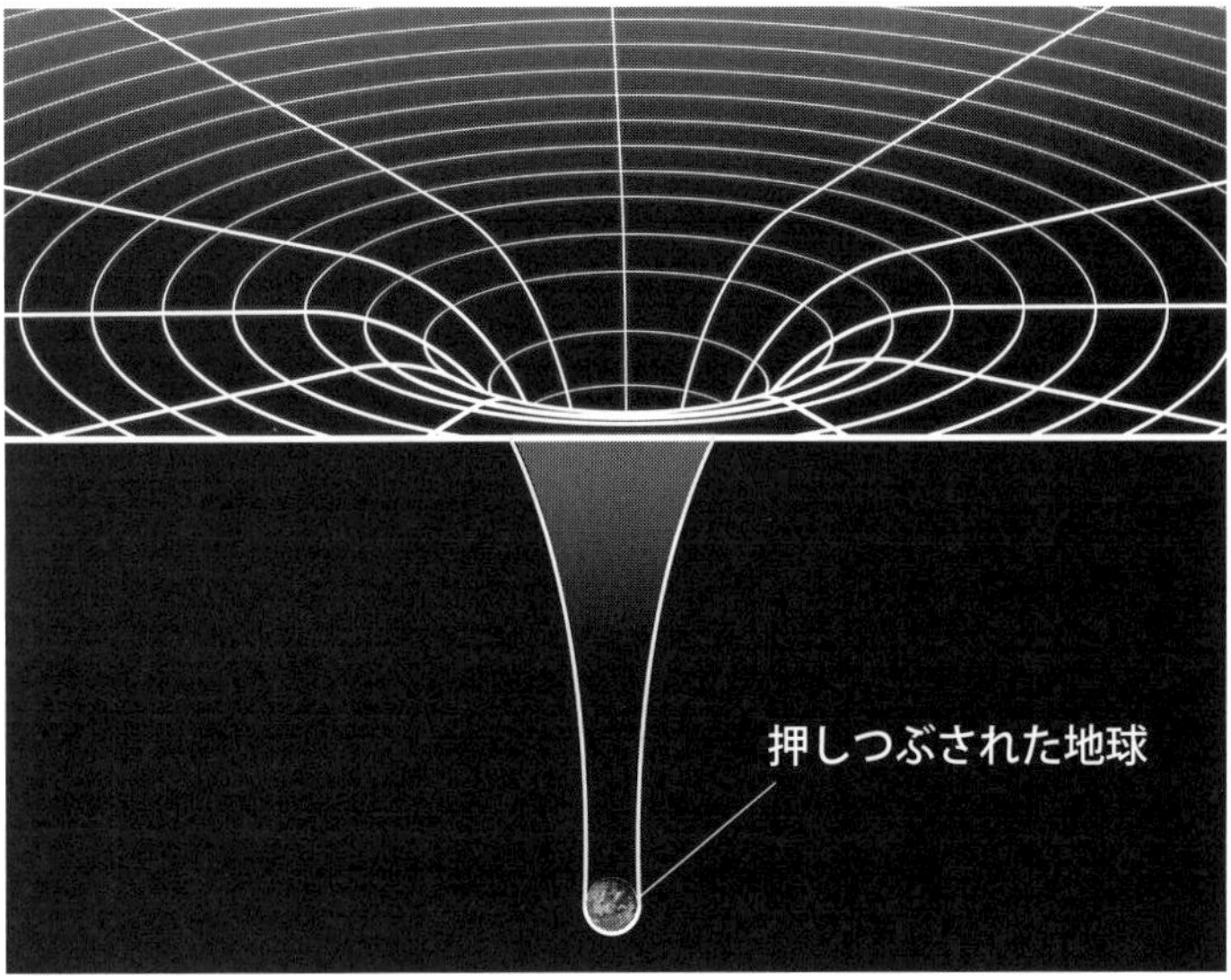

も、急な坂では上ることができないのと同じです。

ロケットを打ち上げる場合も、より大きなスピードにしないと落下してしまいます。

私たちのいる地球では、秒速約11・2キロメートルのスピードでロケットを打ち上げれば、遠くの惑星へ届けることが可能です。それが、空間のゆがみが大きくなったらより速くしないと落下してしまうのです。

それでも、さすがに秒速約30万キロメートルで進む光であれば余裕で進んでいき、あっという間に遠くへ行ってしまいます。

では、**光の速さで進んでも脱出できないほど空間がゆがむ**ことはあるのでしょうか?

実は、そのようなものを**ブラックホールというのです。

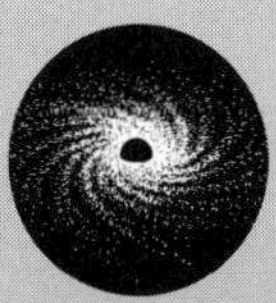

空間の究極的なゆがみがブラックホールを作る

地球を手のひらに乗るほど小さくしたら……

地球は球形をしていますが、私たちのスケールからするととても巨大です。そのため、昔は地平線は平らなままずっと続いているのではないかと思われていたほどです。

地球の半径は約６４００キロメートルです。ですので、トータルの質量は約６００００００００００兆トンというとてつもない大きさです。これだけ質量が大きいため、周囲の空間がゆがんで重力が発生しています。

巨大な地球ですが、もしもその質量が狭いエリアに押し込まれたらどうなるでしょう。

先ほど説明したように、**狭いエリアに質量が集中するほど、その周りの空間のゆがみは大きくなる**のです。

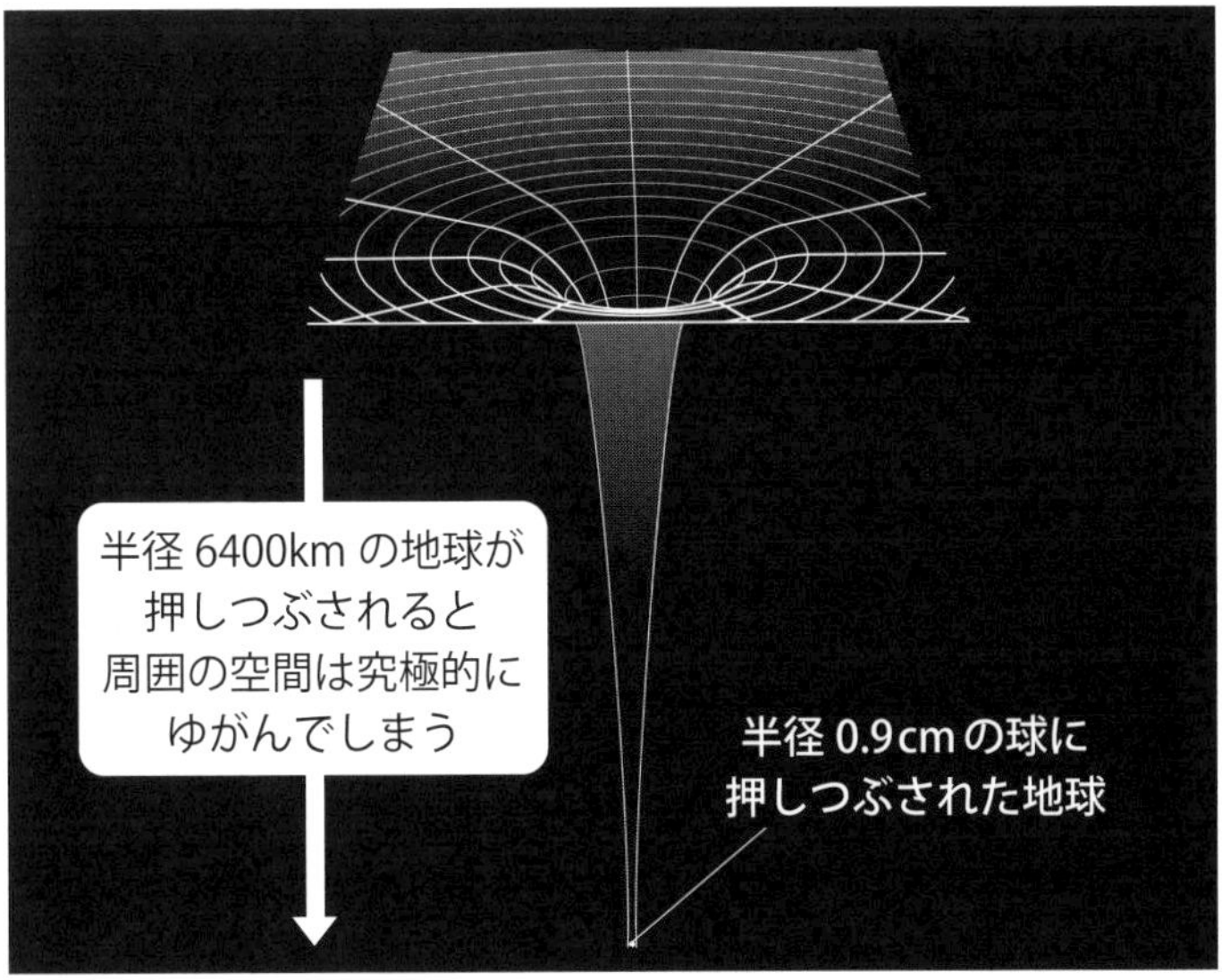

そして、もしもこの地球が半径0・9センチメートルという手のひらにも乗ってしまうほど小さな球にまで押しつぶされたら、周囲の空間は**究極的にゆがんでしまいます**。

光が脱出できなくなるほどの空間のゆがみ

「究極的にゆがむ」と表現しましたが、これは**「光でも脱出できないほどゆがむ」**という意味です。

光は秒速約30万キロメートルで進みます。それほどの速さでも、空間があまりにゆがんでいるため脱出できないのです。

そして、この世に光より速く進むものはな

いことも、相対性理論は明らかにしていました。

　つまり、光でさえも脱出できないのなら、他のどんなものも半径0・9センチメートルに縮められた地球から脱出することはできないのです。

空間が究極的にゆがむとブラックホールになる

　ここまで説明したように、質量がものすごく小さな範囲にギュッと押し縮められると、そこからはどんなものも脱出できなくなります。

　地球の場合は半径0・9センチメートルの球ですが、半径約70万キロメートルと地球よりずっと巨大で質量も大きい太陽であれば、半径3キロメートルの球にまで押し縮めることでそのような状態になります。

　そして、これこそがブラックホールの正体なのです。

　つまり、ブラックホールというのは**質量がものすごく狭い範囲に集中することで周囲の空間が究極的にゆがみ、光でさえも脱出できなくなったもの**のことなのです。

　ブラックホールの存在は、相対性理論をもとに予言されました。

　重力の正体が空間のゆがみであることを明らかにした相対性理論をもとに考えれば、空間のゆがみが大きくなっていったらやがて光でさえも脱出できなくなってしまうのではな

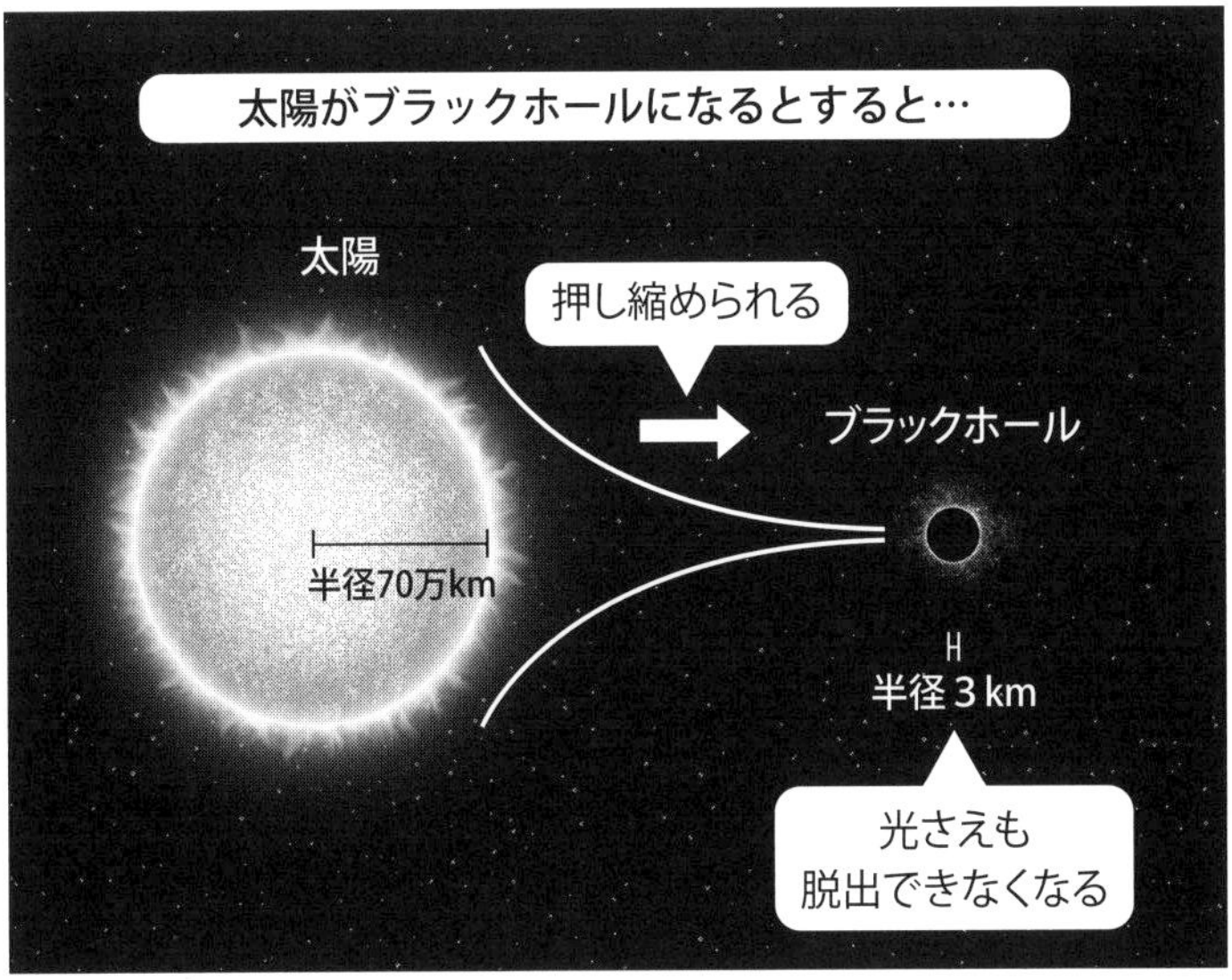
太陽がブラックホールになるとすると…
太陽
押し縮められる
ブラックホール
半径70万km
半径3km
光さえも
脱出できなくなる

いか、と考えられたわけですね。

ブラックホールは宇宙にたくさんある

現在では、宇宙にたくさんのブラックホールが存在することが確認されています（どのように発見されたのかは、のちほど説明します）。

ブラックホールができるためにはものすごく狭い範囲に大きな質量が集中しなければなりませんが、どうしてそんなことが起こるのでしょう。

ブラックホールがどのようにできるのか、その過程を次に説明します。

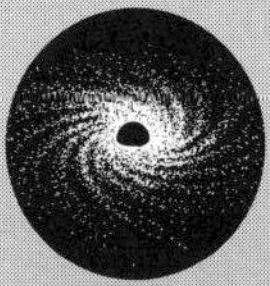

ブラックホールが生まれるための条件

大きい恒星でないとブラックホールにならない

ブラックホールのもとになるのは巨大な質量です。

我々が暮らす地球の質量も大きいですし、太陽の質量はもっと大きいです。しかし、実際にブラックホールになるには**少なくとも太陽の十数倍の質量が必要**です。

そのくらい大きい恒星でないとブラックホールにはならないのですが、いったいどのようにして大きい恒星はブラックホールになるのでしょう。

ブラックホールの生まれ方を理解するために、まずは太陽のような恒星の中でどのようなことが起こっているのか、説明したいと思います。

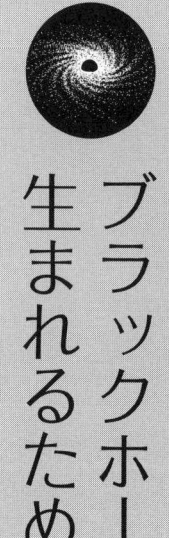

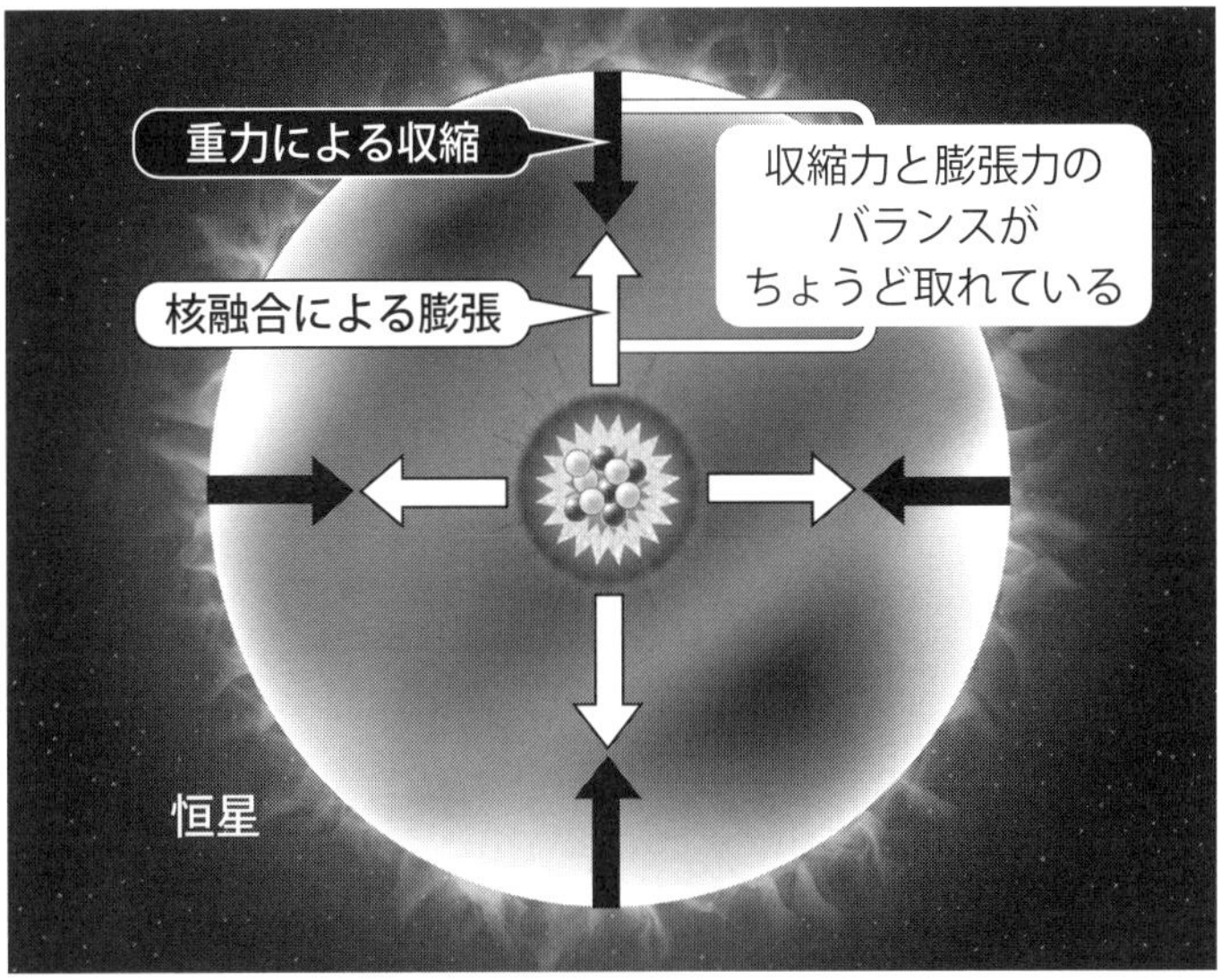
重力による収縮
収縮力と膨張力の
バランスが
ちょうど取れている
核融合による膨張
恒星

燃料が尽きると恒星は寿命を迎える

恒星は、水素やヘリウムなどのガスが集まってできたものです。重力によってガスが高密度になるまで集合すると、ガスは核融合という反応を起こすのでした（100ページ参照）。核融合はものすごいエネルギーを生み出します。このエネルギーが、恒星の輝きの源なのです。

また、核融合のエネルギーは、恒星がそれ以上収縮しないようブレーキをかける働きもしています。

恒星を構成するガスには中心向きに重力が働いていて、常に収縮しようとしているわけです。

しかし、それとつりあう膨張力を核融合で生み出していて、恒星はちょうどバランスの取れた大きさになっているのです。

さて、永遠に輝き続けていそうな恒星にも、寿命があると聞いたことがないでしょうか。

太陽も、約50億年後には死んでしまうと言われています。これは、エネルギーを生み出す核融合の燃料となるガスが尽きてしまうということです。燃料が無くなり、核融合は終了するのです。

生きている恒星では、核融合のエネルギーによる膨張力と、重力による収縮力がつりあっていました。

しかし、核融合が終了すれば膨張しようとする力が働かなくなるので、**重力によってどんどん収縮していく**ことになるのです。

半径約70万キロメートルの太陽の場合、半径1万キロメートルくらいまで収縮します。

地球の半径は約６４００キロメートルですから、太陽ほどの大きさの恒星が地球のような惑星のサイズにまで収縮するということですね。太陽と同じくらいの大きさの恒星（太陽の１・４倍までの質量の恒星）であれば、そのくらいの大きさになります。

そして、半径1万キロメートルくらいになるとガスがあまりに密集するので、**重力に逆らう力が発生**します（「電子の縮退圧」と言います）。そして、重力とそれに逆らう力がつりあうため収縮が止まるのです。

このようになった星は「**白色矮星**《わいせい》」と呼ばれ、もはや輝くことのない、いわば恒星の残骸と

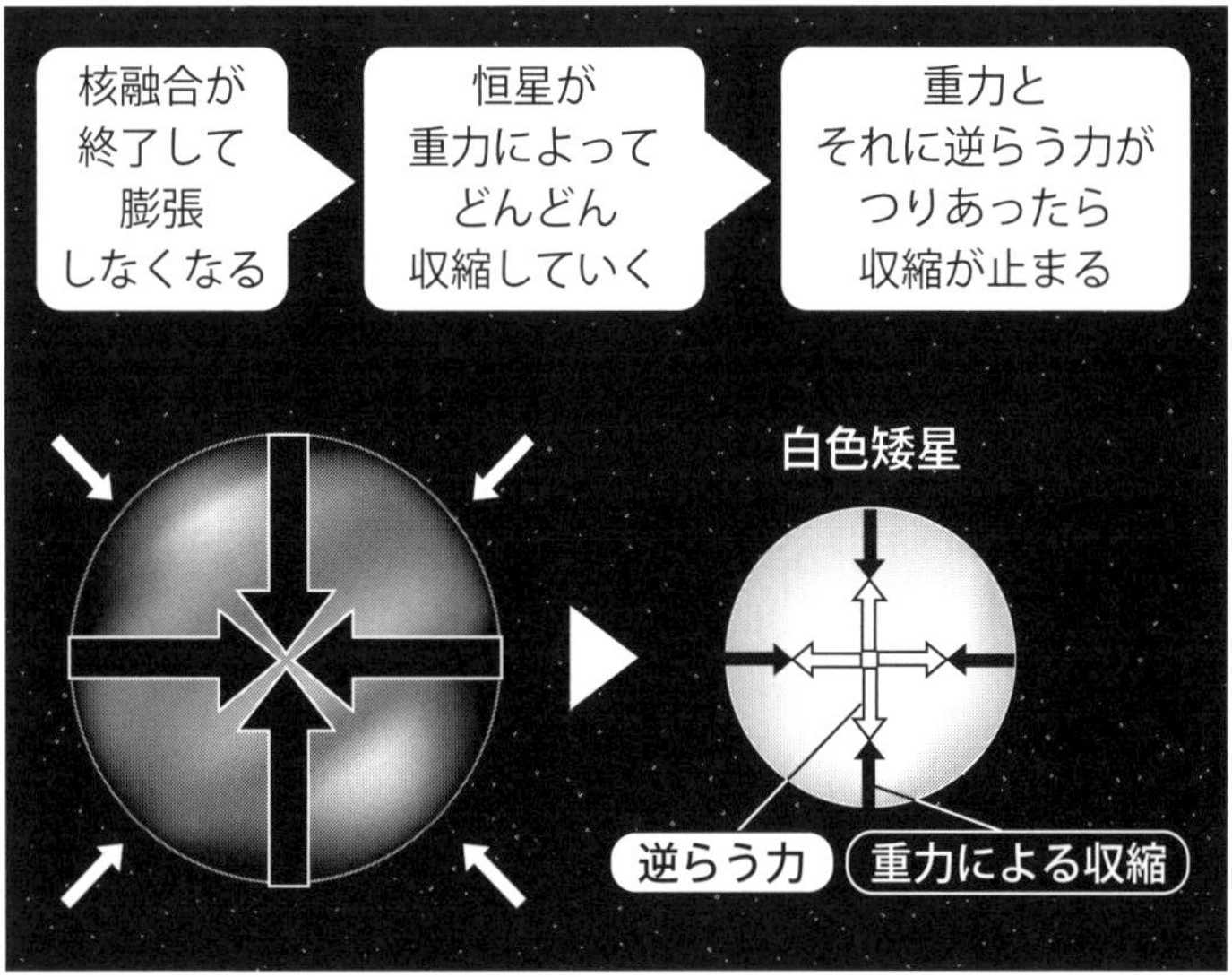
核融合が
終了して
膨張
しなくなる
恒星が
重力によって
どんどん
収縮していく
重力と
それに逆らう力が
つりあったら
収縮が止まる
白色矮星
逆らう力
重力による収縮

なるのです。

巨大な恒星だけがブラックホールになる

太陽くらいの大きさの恒星が、半径1万キロメートル程度の白色矮星になってしまうことを説明しました。

大きな質量が狭い範囲に集中するわけですが、これではブラックホールにはなれません。というのは、太陽の場合は半径3キロメートルにまで収縮しないとブラックホールにならなかったからです。

ブラックホールになる可能性があるのは、より巨大な恒星です。

太陽の1・4倍までの質量を持つ恒星は最期に白色矮星になりますが、宇宙にはより大きな質量を持つ恒星があります。

それらは、白色矮星にはなりません。重力が大きすぎるため、寿命が尽きて半径1万キロメートルくらいまで収縮したときに生じる力では、重力を支えきれないからです。

この場合は、さらに収縮してエネルギーが集中していきます。そして、そのエネルギーによって**「超新星爆発」**という大爆発を起こすのです。

超新星爆発によって大量のガスが宇宙に飛び散りますが、残骸が残ります。もとの恒星の質量が大きいため、残骸も大きな質量を持っています。

ですので、重力によって半径1万キロメートルよりも小さく収縮します。そして、半径10キロメートル程度にまで小さくなってしまいます。

すると、さきほどとは別の**重力に逆らう力**が発生し（「中性子の縮退圧」と言います）、重力とつりあうようになるのです。

この状態は**「中性子星」**と呼ばれ、たった1立方センチメートルが約１００億トンという超高密度になっています。

そして、恒星の質量が太陽の十数倍以上という巨大なものであったら、これでも収縮は止まらずさらに小さくなります。その結果生まれるのが、ブラックホールなのです。

このように、**ブラックホールというのは巨大な恒星が最期を迎えたときに誕生する**と考えられています。

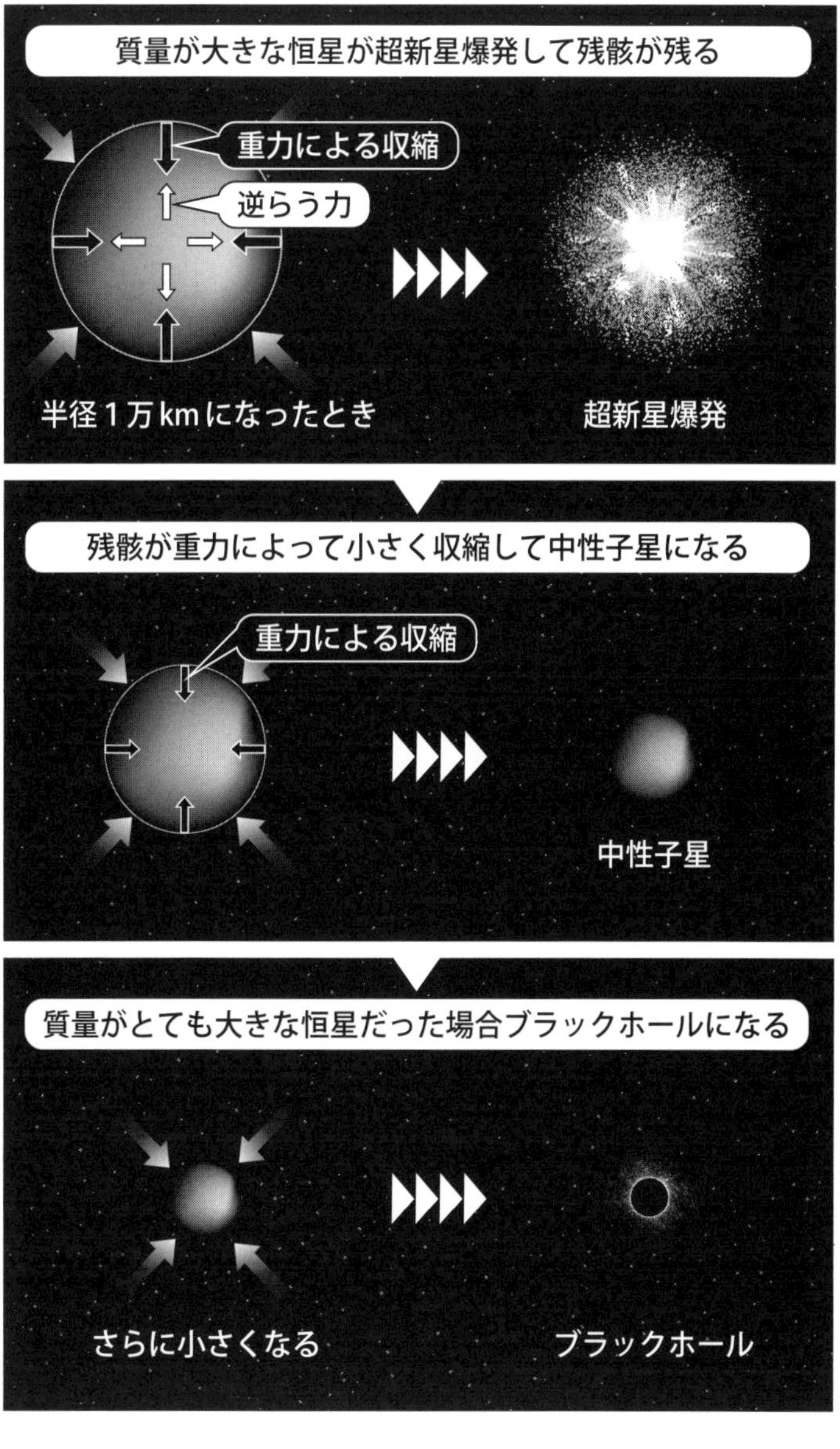
質量が大きな恒星が超新星爆発して残骸が残る
重力による収縮
逆らう力
半径１万kmになったとき
超新星爆発
残骸が重力によって小さく収縮して中性子星になる
重力による収縮
中性子星
質量がとても大きな恒星だった場合ブラックホールになる
さらに小さくなる
ブラックホール

ブラックホールの中に入ったらどうなる?

重力の差が身体を引き伸ばす

光さえも脱出できないブラックホールですが、その中に入ったらどうなってしまうのだろう、と考えたことはないでしょうか。

何だか恐ろしい感じもしますが、相対性理論をもとに、ブラックホールに入った人がどうなるのか考えてみたいと思います。

巨大な質量によって時空が大きくゆがんでいるのが、ブラックホールです。

そこでは、**重力のために時間がゆっくりゆっくりと進んでいます**。外から見ると、時間が止まって見えるほどゆっくりと進みます。

ただし、ブラックホールへ入った本人にとっては、時間が遅れて進むようには感じません。逆に、周りの世界の時間が速く進んでいるよ

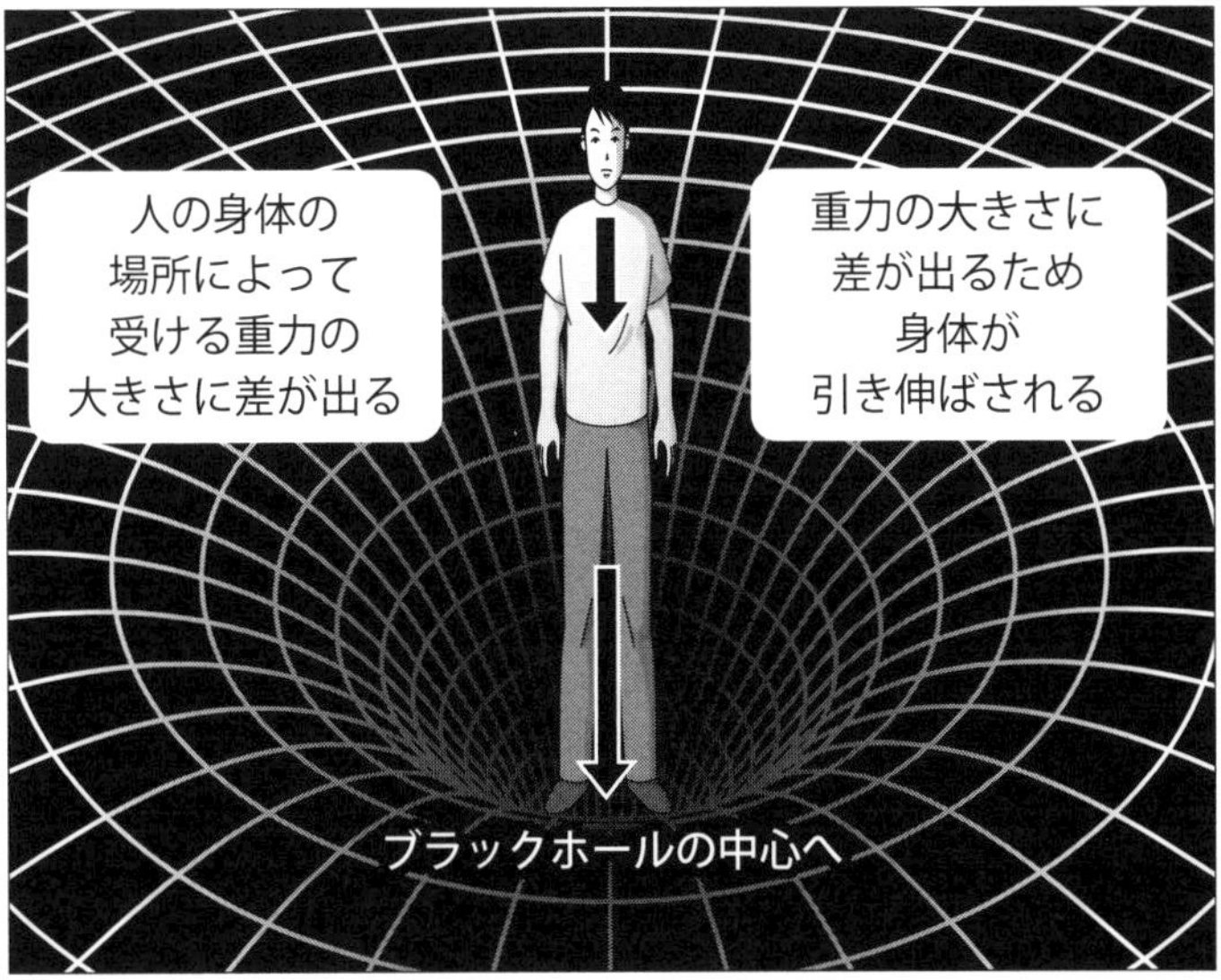

うに見えるのです。

そして、身体はとても大きな重力を受けることになります。重力に引きずられて、中心に向かって落ちていきます。すると、大変なことが起こります。

ブラックホールの中心部付近では、重力の変化が大きくなります。わずかに中心に近づくだけで、重力の大きさがかなり変わります。

そのため、ブラックホールに入った人の**身体の場所によって、受ける重力の大きさに差ができます**。

上の図の場合、人は重力の差によって縦《たて》方向に引き伸ばされてしまいます。身体がちょうど麺のように細長くなるので、「麺効果」とか「スパゲティ現象」と呼ばれます。

そして、身体は引き裂かれて、ついには素

粒子のレベルにまでバラバラにされてしまうのです。何とも恐ろしい話ですが。

逃げ出せる可能性はあるのか？

ブラックホールの中に入ると、恐ろしいことになることが分かりました。

しかし、**ブラックホールがとても速く自転している場合には、助かる可能性がある**と考えられています。どういうことでしょう。

自転するブラックホールの中心部には、**時空の特異点**というところがあります。特異点についての説明は難しいので割愛しますが、特異点は**ワームホール**という時空のトンネルにつながっていることだけ理解してください。

ワームホールというのは、そこを通り抜けると宇宙の遠く離れた別のところへ一瞬で出られる、不思議なトンネルです。

ちょうど、ドラえもんに登場する「どこでもドア」のようなものだと考えるとイメージしやすいかもしれません。

ブラックホールの中心部にある時空の特異点から、ワームホールを抜けることでブラックホールを脱出する――これがブラックホールに吸い込まれた場合に残された助かる可能性というわけです。

なお、ワームホールを利用すると、過去へ戻れるタイムマシンを作れるのではないか、という期待も持たれています。それについては、第6章で詳しく説明します。

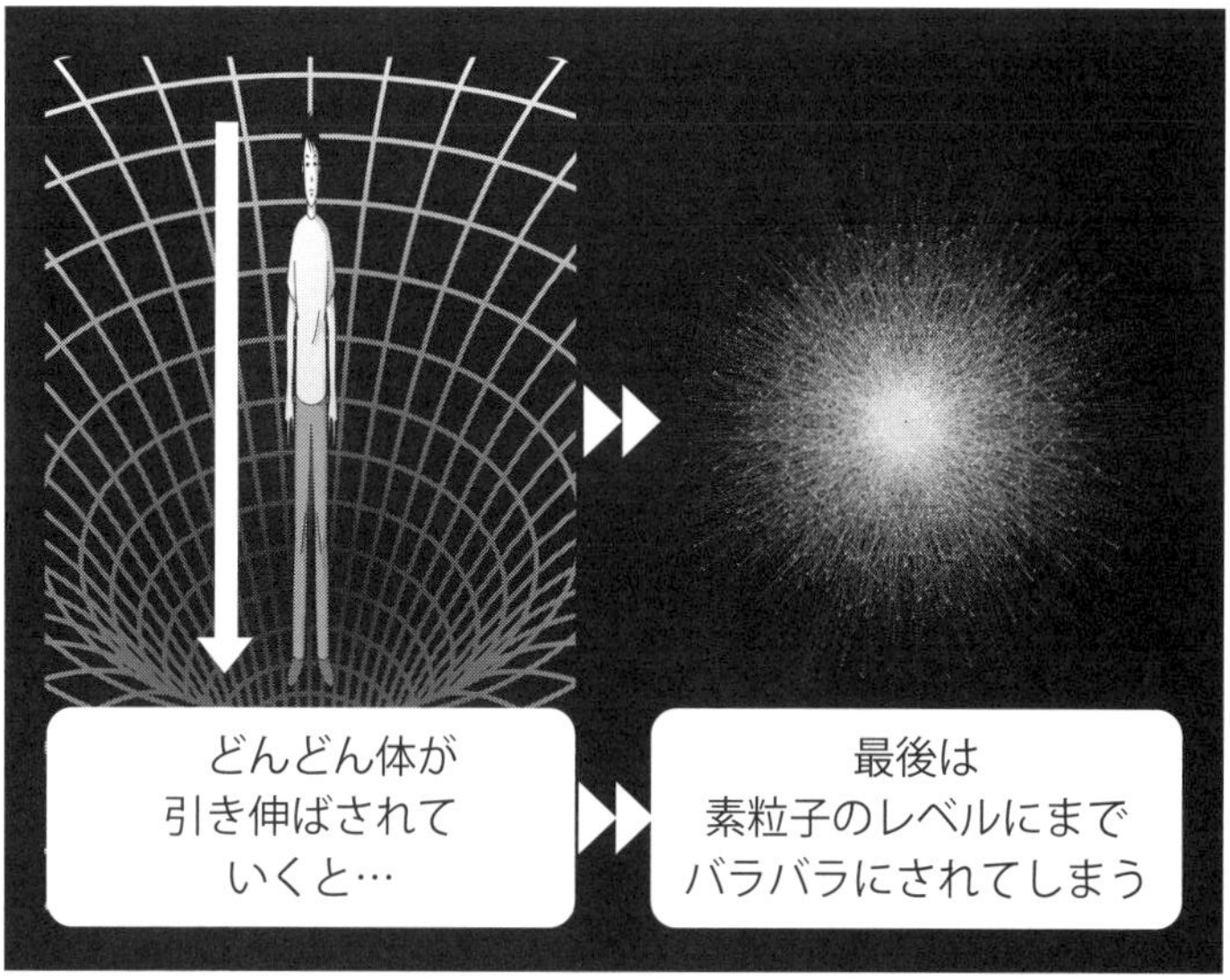
どんどん体が
引き伸ばされて
いくと…
最後は
素粒子のレベルにまで
バラバラにされてしまう

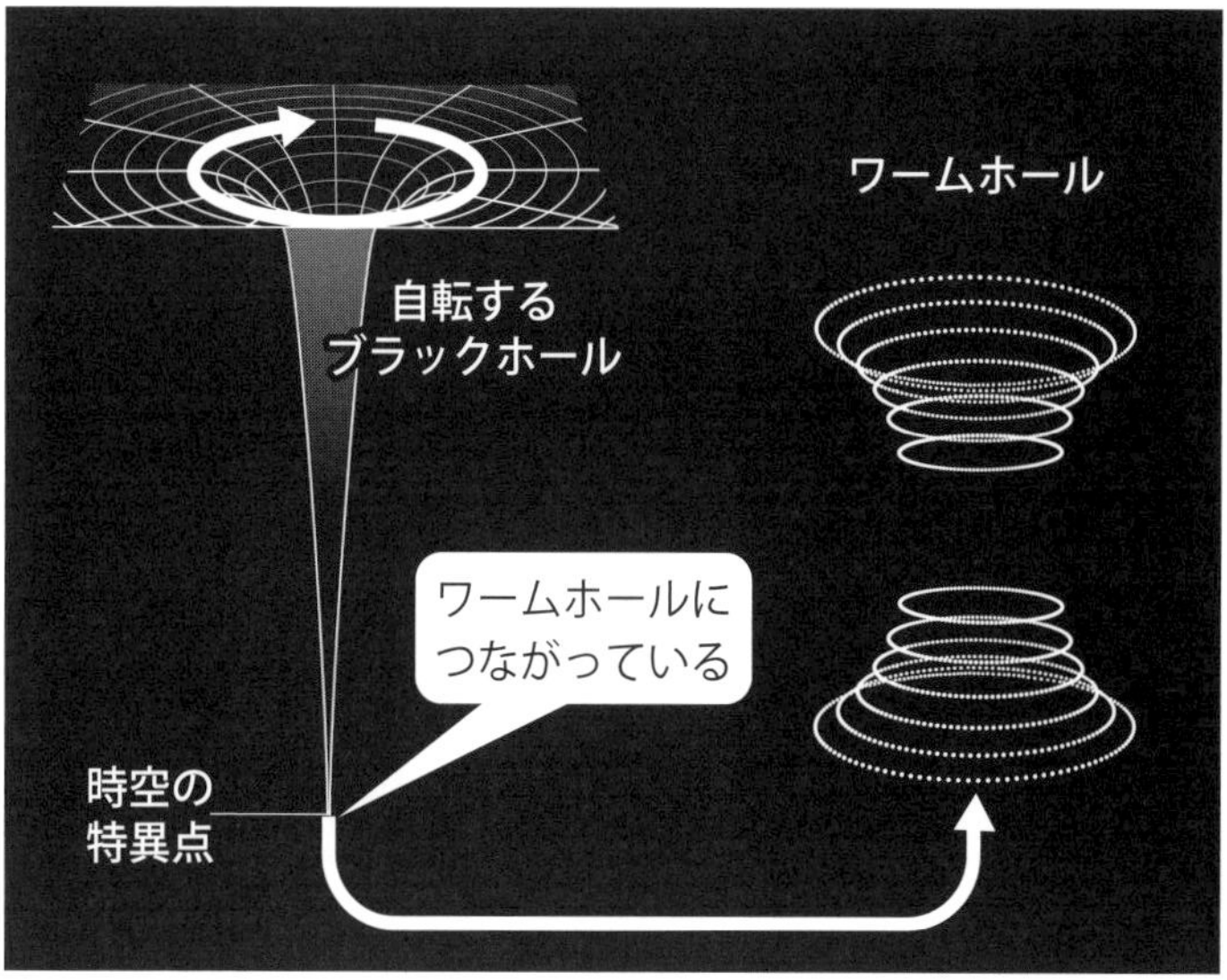
ワームホール
自転する
ブラックホール
ワームホールに
つながっている
時空の
特異点

どうすれば ブラックホールを観測できる？

ブラックホールを直接観測することは不可能

　現在、宇宙にいくつものブラックホールが存在することが確認されています。

　初めて観測されたのは、１９７１年のことです。ＮＡＳＡ（米航空宇宙局）のＸ線天文衛星が、「はくちょう座Ｘ―１」という名前のブラックホールを発見しました。

　といっても、光でさえも脱出できないブラックホールからは何もやってきません。何もやってこないのですから、**ブラックホールを直接観測することは不可能です**。

　では、「はくちょう座Ｘ―１」はどのようにして見つかったのでしょう。

　ブラックホールの重力はとても強いので、**周囲にある恒星からガスをはぎ取ってしまい**

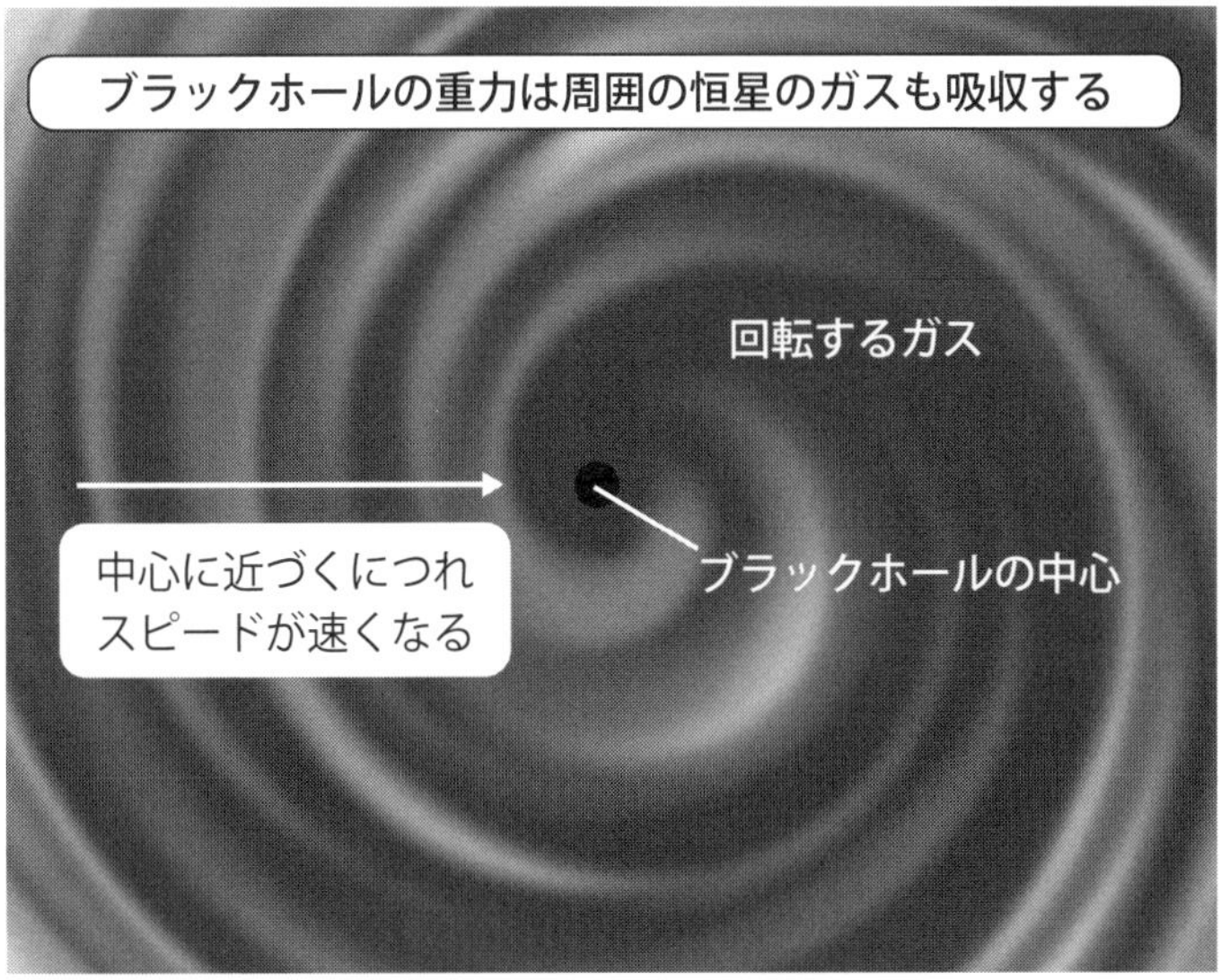
ブラックホールの重力は周囲の恒星のガスも吸収する
回転するガス
中心に近づくにつれ
スピードが速くなる
ブラックホールの中心

ます。そして、引き寄せられたガスは、ブラックホールに吸い込まれながら周りをぐるぐると回転しはじめます。

上の図のように、ガスの円盤を作りながら回っていくのです。

このとき、ガスが回転するスピードは、ブラックホールに近づくほど大きくなります。ちょうど、太陽系の中でも太陽に近い内側の惑星ほど速く公転しているのと同じです。

ブラックホールの近くでは、ガスのスピードはなんと光の速さの数十パーセントにもなるそうです。

このようにしてガスが吸い込まれていくと、内側のガスと外側のガスのスピードに差ができます。そして、スピードが違うので**摩擦が起こる**ことになります。

摩擦は熱を生みます。冬の寒いときに手を擦り合わせると暖かくなるのも、摩擦で熱が発生するからです。

ブラックホールの周囲のガスでも、摩擦によって熱が発生します。ガス円盤の温度はこの熱によって１００万℃をはるかに超えるそうです。

高温になった物体は、光を放ちます。鉄を熱すると真っ赤になるのも、温度が上がることで赤い光を放っているからです。

高温になったブラックホールの周囲のガスも、光を放ちます。この場合は、超高温ですので放たれるのはエネルギーの大きいＸ線です（「はくちょう座Ｘ—１」のＸは、ここに由来します）。

ブラックホールを直接観測することはできませんが、**周囲のガスが放出するＸ線は観測できます。**

このような観測を通して、たくさんのブラックホールがあることが現在までに発見されてきているのです。

「重力波」で誕生の瞬間を観測する

ブラックホールがどのように生まれ、どのように観測されるのかということを説明してきました。

ところで、ブラックホールが誕生する瞬間を私たちが観測する手段はないのでしょうか。

太陽よりずっと重い星が超新星爆発を起こ

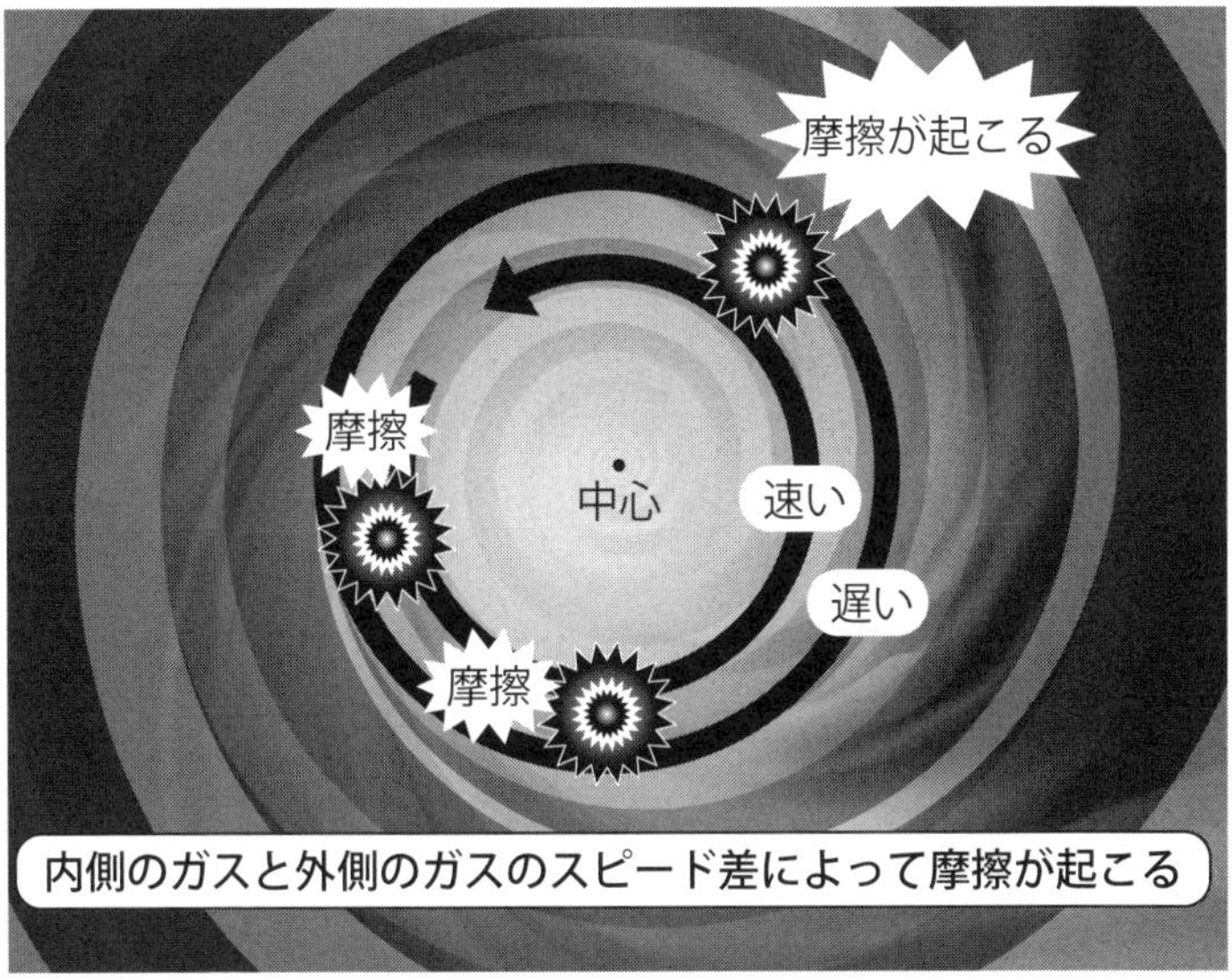

はくちょう座X－1の想像図（画像:ESA/Hubble）

し、そしてそののちにブラックホールが生まれる。そんな瞬間をとらえられたとしたら、何ともエキサイティングな気がしませんか。

しかし、**ブラックホール誕生の瞬間をとらえるのは至難の業《わざ》**です。

というのは、ブラックホールが生まれるのは超新星爆発の後なので、大量のガスに包まれているからです。

ガスは、たとえ光やX線などの電磁波が放射されていてもそれを吸収してしまいます。だから、我々のもとに電磁波が届くことはないのです。

このように、電磁波ではブラックホール誕生の瞬間を観測することはできませんが、1つだけ手段があります。それは、ブラックホール誕生の瞬間に発生する「**重力波**」をとらえることです。

重力波はガスによって吸収されることはありませんので、観測できるのです。ただし、重力波をとらえるのは電磁波を観測するのに比べてきわめて困難です。

さて、ここで登場した「重力波」とはいったい何なのでしょう。

実は、これも相対性理論をもとに存在が予言されたものです。そして、2015年に人類が初めて観測に成功したことで大きな話題になりました。

ということで、次に重力波というものについて説明したいと思います。重力波を知ることで、相対性理論が明らかにする不思議な世界を、より深く理解していただけるものと思います。

第5章

重力波が観測された！

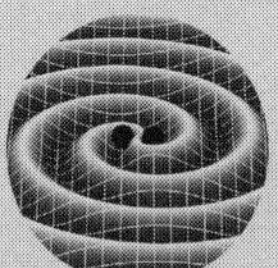

重力波とは何か

予言から１００年後に存在が確認される

２０１５年、人類は初めて「重力波」を観測することに成功しました。

実は、これは**「アインシュタイン最後の宿題」**と呼ばれていたものなのです。

というのは、アインシュタインが相対性理論から導き出した多くのことは、その後の観測によって確認されてきました。

動くものの時間の進み方が遅れること、重力によって光が曲がることなどは観測によって間違いないことが確かめられたのです。そのことについては、これまでの章で説明してきました。

しかし、同じく相対性理論から導き出されるのに、ずっと観測することができなかった

重力波の検出を発表するLIGOのデイビット・ライツィ（2016年2月）（画像:AFP＝時事）

ものがあるのです。それが、「重力波」という現象です。

　そのため「アインシュタイン最後の宿題」と呼ばれていたわけですが、その存在が2015年になってようやく確かめられたというわけです。

　ちなみに、2015年はアインシュタインが相対性理論を発表してからちょうど100年という、記念の年でした。

　それでは、そもそも重力波とは何なのか、またそれはどのような装置でどうやって観測すればよいのか、といったことを1つずつ説明していきます。

　重力波を知ることで、相対性理論についての理解をさらに深めていただければと思います。

空間のゆがみが波のように伝わるのが重力波

まずは、重力波とはどんなものなのか、説明したいと思います。

相対性理論は、質量を持つ物体が周りの空間をゆがませることを明らかにしました。ちょうど、平らなゴムシートに物体を乗せると凹むようなものでしたね。

このとき、物体が静止し続けていればゴムシートは凹んだ状態を保ち続けます。ところが、もしも物体が動いていたらどうなるでしょう。

物体が動けば、ゴムシートの凹み方は変化します。そして、大事なのは物体が存在する場所だけで凹み方が変わるわけではないということです。物体が動くことで、その周囲のゴムシートにも凹みの変化が伝わり、どんどん広がっていくのです。

これは、池に小石を投げたときを思い出すとイメージしやすいかもしれません。水面に生じた波紋は、どんどん周りに広がっていきますね。ちょうどそのような感じで、物体が動くことによって周りの空間が波打つようになるのです。

このように、**目には見えない空間のゆがみの変化が伝わっていく現象**を「重力波」と言います。

そして、重力波の存在は質量によって空間がゆがむことを明らかにした相対性理論によって予言されたのです。

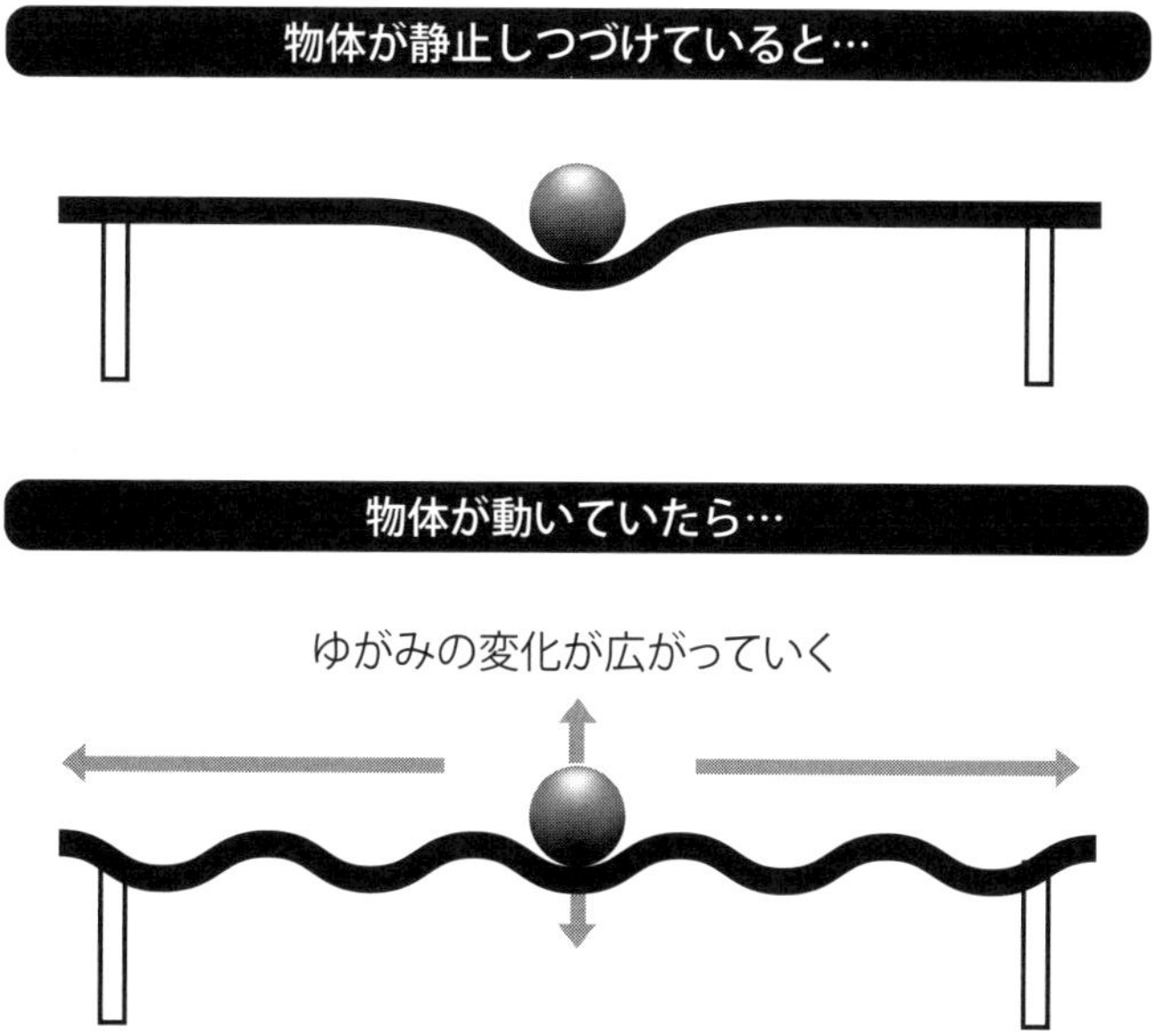
物体が静止しつづけていると…
物体が動いていたら…
ゆがみの変化が広がっていく

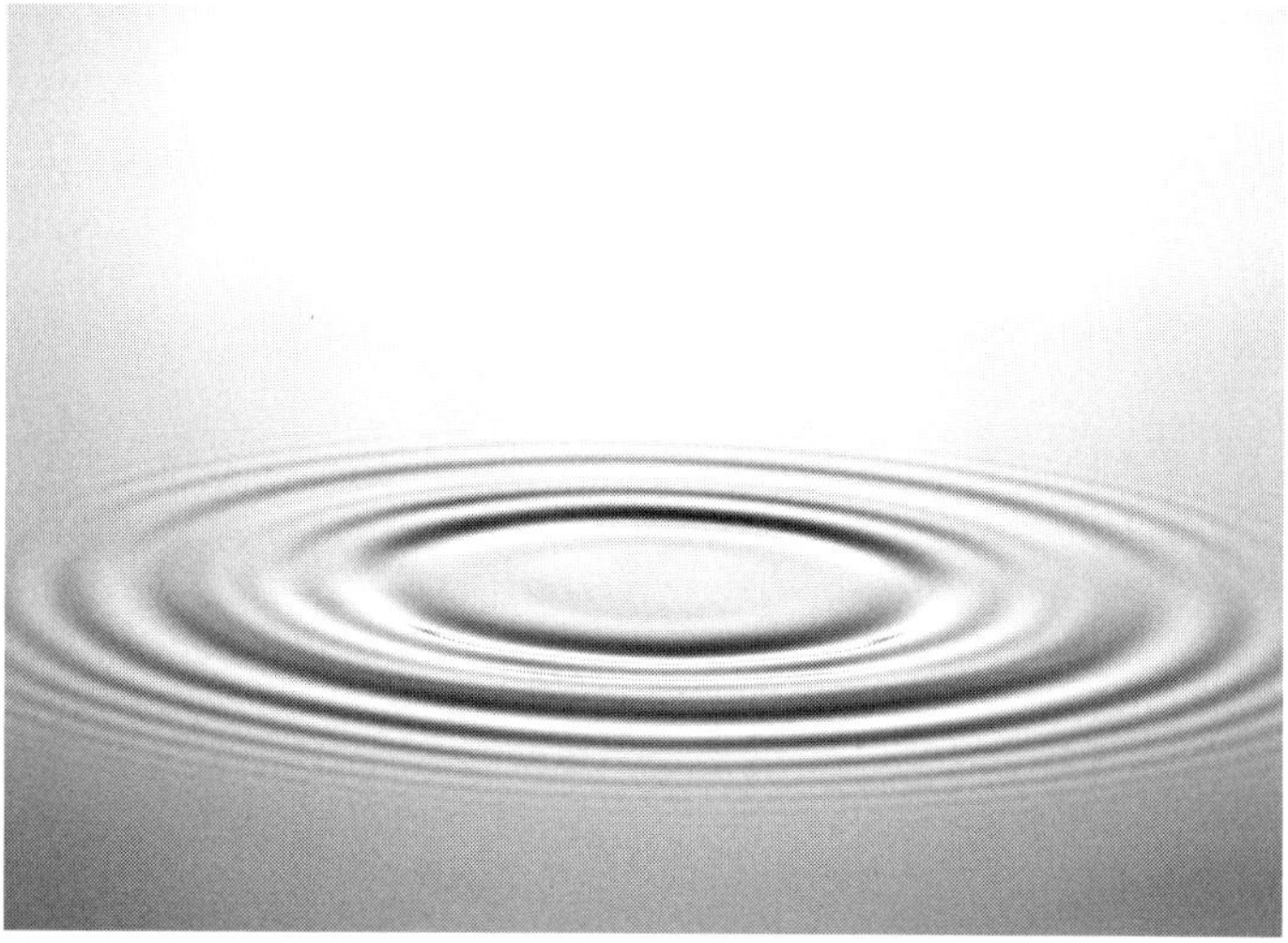
重力波の広がりは水面の波紋に似ている。

重力波が伝わると空間が伸び縮みする

重力波による空間の不思議な変化

重力波が発生する仕組みが分かりました。では重力波が伝わってきた場所にはどのような変化が起こるのでしょう。

重力波は空間のゆがみの変化が伝わる現象ですから、重力波がやってきた空間はゆがみ、そしてそのゆがみが変化することになります。その様子は、左の図のようになります。このように、**重力波が伝わるとその空間が伸び縮みをする**のです。

ある方向に距離が伸びた瞬間、それと直交する方向には距離が縮みます。そして次には、伸び縮みの方向が逆になります。何とも不思議で信じられないかもしれませんが、このような現象を相対性理論は予言したのです。

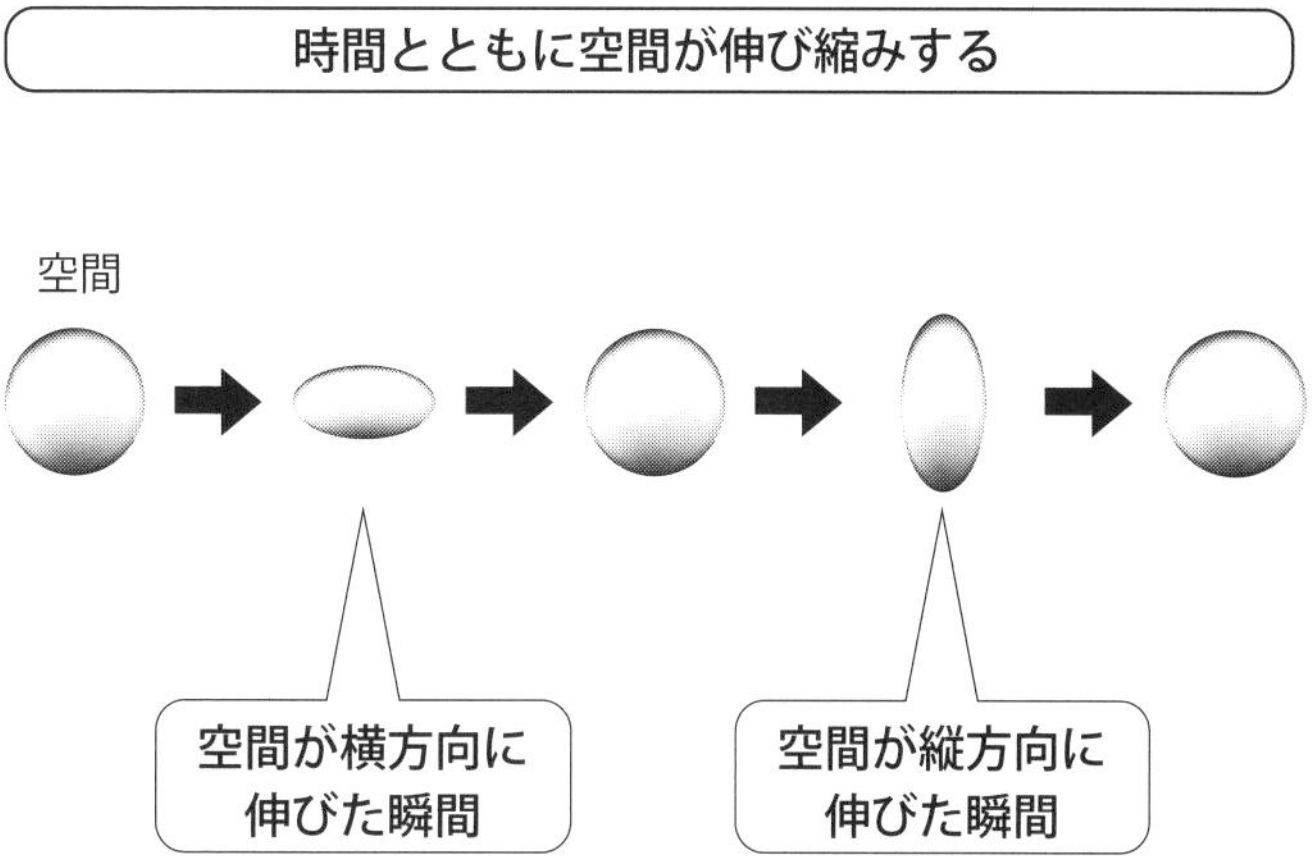

重力波は常に発生しているが感じることはできない

ところで、質量を持つ物体が動くことで重力波が発生するということでしたが、私たちの周りではいつもたくさんの物体が動いています。では、そのたびに重力波は発生しているのでしょうか。

その通り、**重力波は私たちの周りで常に発生しています。ただし、非常に微弱なのです。**

例えば、質量10キログラムのダンベルを半径1メートルで1秒に1周のペースで振り回したとしても、観測できる最小単位のエネルギーを放出するためには、なんと500万年という時間が必要になります。ですので、日常の中で観測できるような重力波が発生することはないのです。

観測できるほど大きな重力波は、ブラックホールが誕生する瞬間や、ブラックホール同士が合体する瞬間などに発生します。

また、宇宙が誕生したときの急膨張によっても大きな重力波は発生したと考えられています。重力波の観測施設がターゲットとしているのも、これらの現象によって発生したであろう重力波なのです。

重力波が伝わる速さは光と同じ

ところで、重力波はどのくらいの速さで広がっていくのでしょう。

なんと、**重力波は光と同じ速さで伝わっていきます**。

光はこの世で最も速いことが、相対性理論の大前提でした。

でも、光だけが最速というわけではなく、重力波も同じ速さ（秒速約30万キロメートル）で伝わっていくのです。

この理由は、光や重力波を伝える粒子を考えると理解できます。

非常に難しい話なのですが、光や重力波というのは波なのですが、目に見えない小さな粒子によって伝えられるものでもあるのです（ここではその詳細は省略します。興味のある方は量子力学を勉強していただくと理解できると思います）。

光と重力波は同じ速さで伝わる

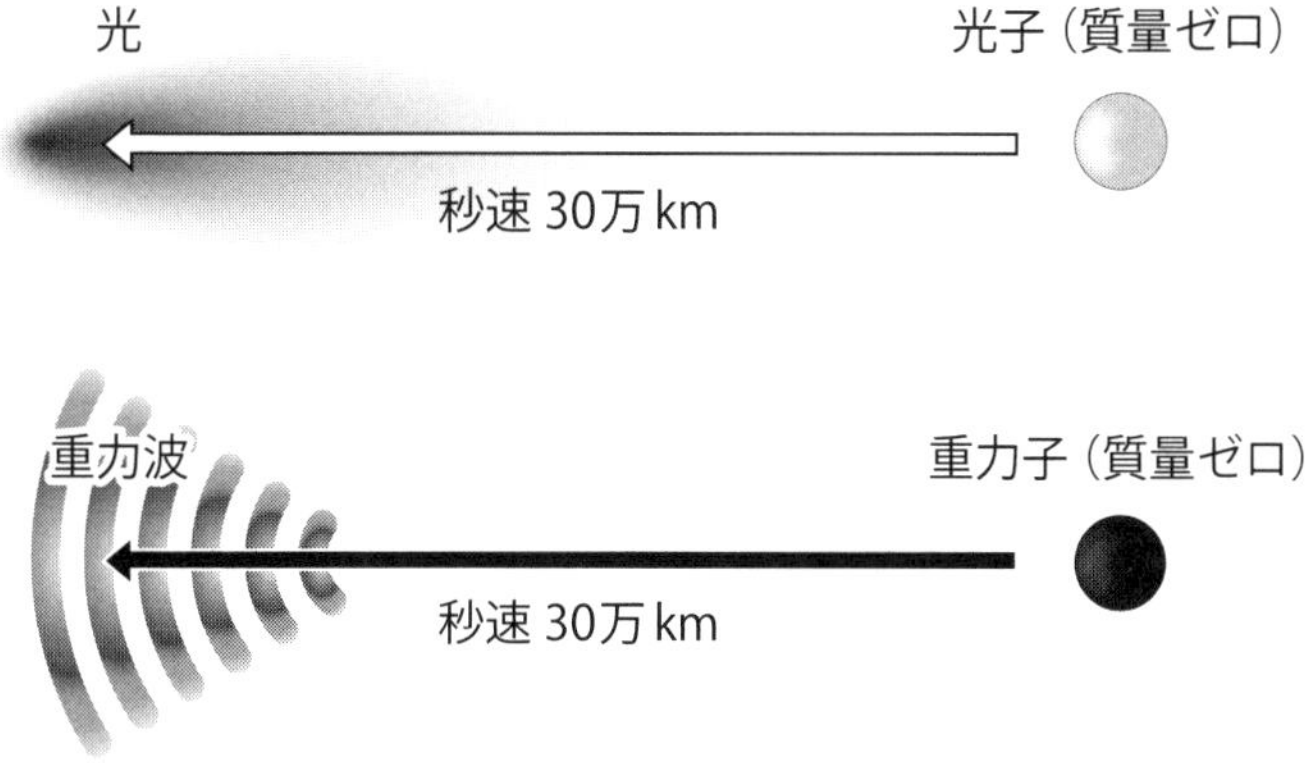

光は**「光子」**という粒子によって伝わって、重力波は**「重力子」**という粒子によって伝わるものだと考えられています。

そして、2つの粒子には共通点があります。それは、**どちらも質量がゼロ**だということです。質量を持たないというのも不思議ですが、そういう粒子があるのだと考えられているのです。

質量が大きいほどその物体は動きにくくなります。ですので、質量のない粒子よりも速く動けるものはないはずです。

というわけで、質量ゼロの光子や重力子はこの世で最も速いものとなるのですね。

なお、重力という力自体も、光と同じ速さで伝わります。重力を伝えるのも質量ゼロの重力子だからです。

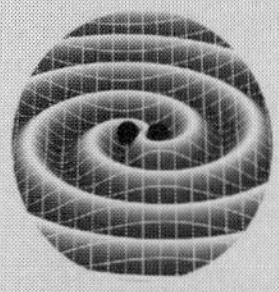

どうすれば重力波を観測できる？

変化があまりに小さいため観測はとても難しい

ここまでで、重力波の概要を説明しました。何となくでも、重力波のイメージをつかんでもらえたでしょうか。

アインシュタインが一般相対性理論をもとに存在を予言した重力波ですが、我々人類が重力波を観測するまでにはその予言から実に100年という時間がかかりました。

このことは、それだけ重力波の観測が難しいことを示していますが、どうして重力波を観測するのは難しいのでしょう。

答えは、**重力波による空間の伸び縮みがあまりにも小さい**ことにあります。

重力波が伝わってくると、ある2点間の距離が変化するのでした。では、その距離がど

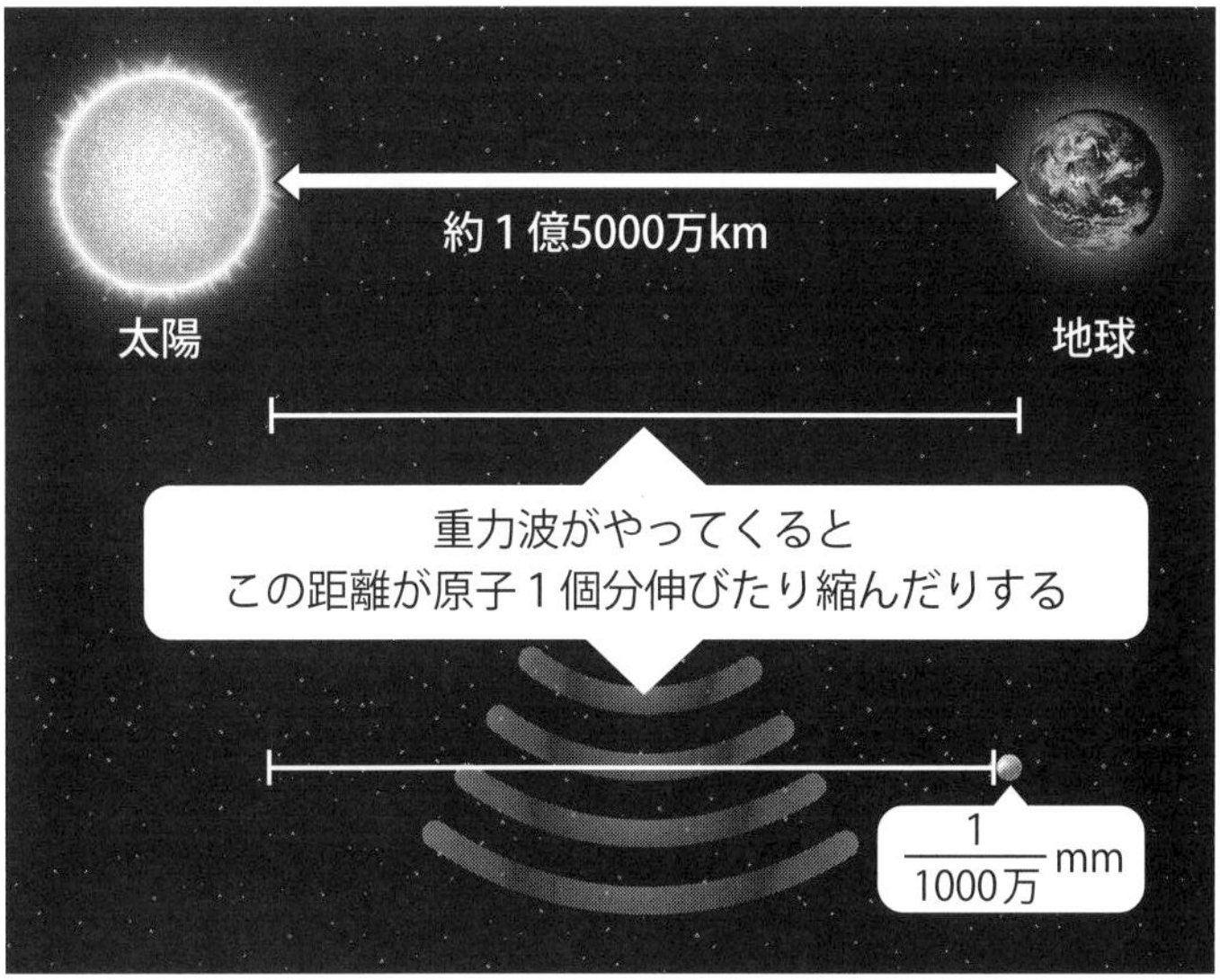
約１億5000万km
太陽
地球
重力波がやってくると
この距離が原子１個分伸びたり縮んだりする
1/1000万 mm

のくらい変化するのかを具体的に示します。

太陽と地球の距離に対して原子1個分の違い

太陽と地球とは、約1億5000万キロメートル離れています。

スケールが大きすぎていまいち実感できませんが、秒速約30万キロメートルという光の速さでもこの距離を進むのには8分20秒もかかります。それほどの距離なのですが、ここに重力波がやってくると太陽と地球の間の距離も変化するわけです。

ただし、その変化は**原子1個分ほどに過ぎません**。この世のすべての物質は原子という

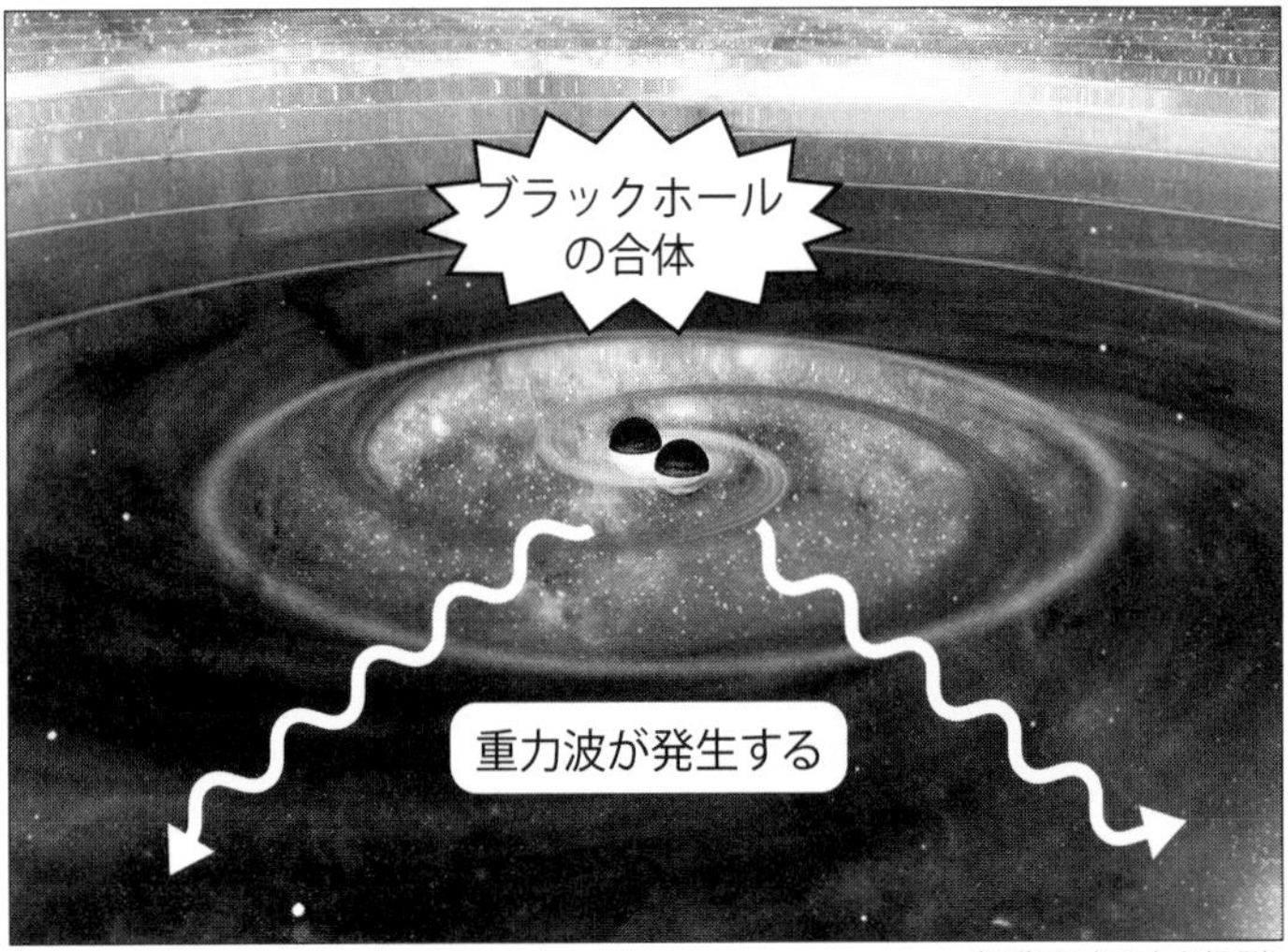

（画像:国立天文台提供）

目に見えない小さな粒子が集まってできているのですが、その大きさはおよそ１０００万分の１ミリメートルという小ささです。

太陽と地球という遠く離れた２点間の距離でも、たったこれしか変化しないのですね。このように、**伸び縮みがあまりに小さい**ことが、重力波の観測が困難な理由なのです。

重力波をとらえた巨大な観測装置

観測がきわめて難しい重力波ですが、我々人類はその観測に成功しました。いったい、どのような方法で観測したのでしょう。

重力波の観測に成功したのは、アメリカに

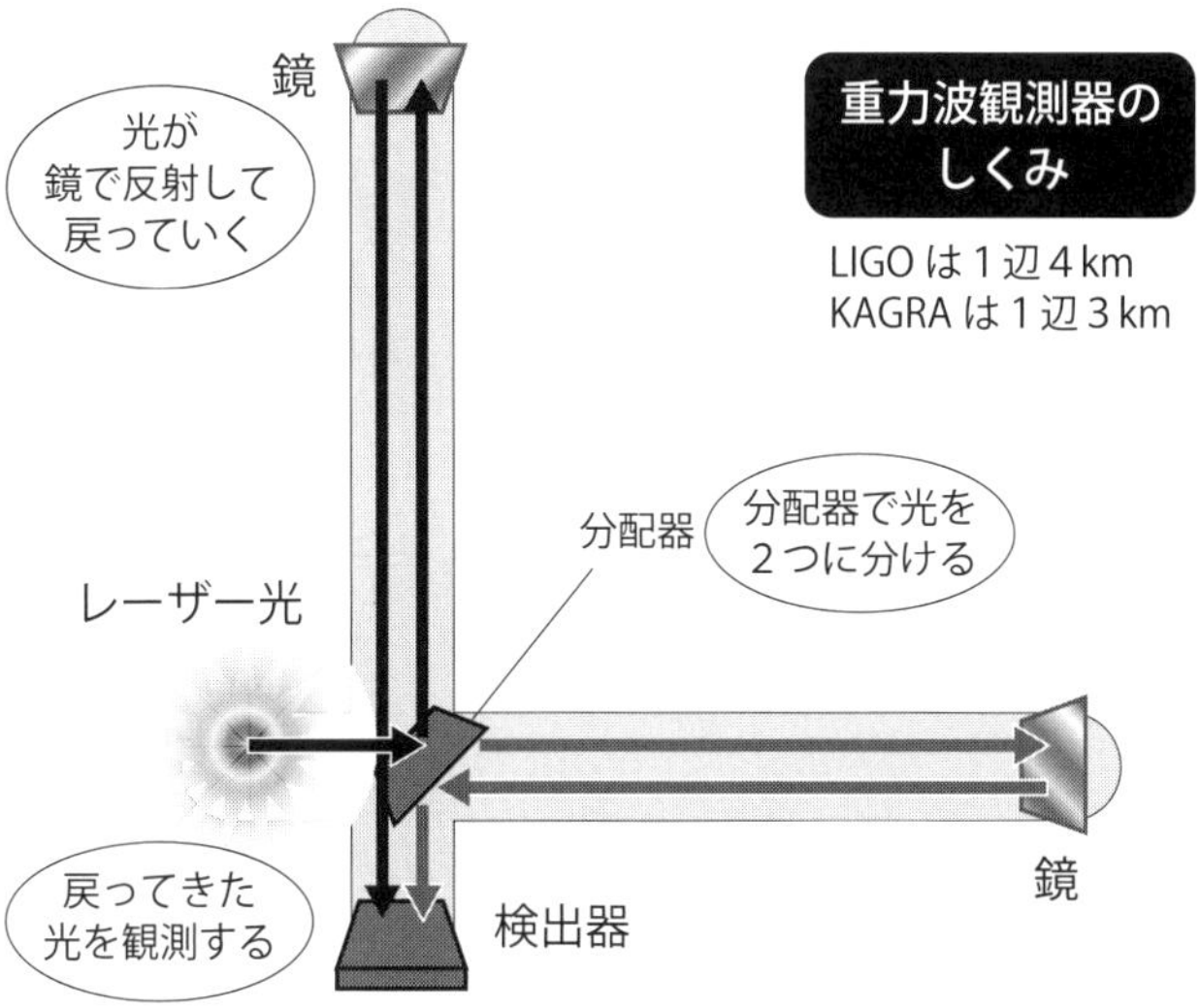
重力波観測器のしくみ
LIGO は 1 辺 4 km
KAGRA は 1 辺 3 km
鏡
光が鏡で反射して戻っていく
分配器
分配器で光を2つに分ける
レーザー光
鏡
戻ってきた光を観測する
検出器

ある**ＬＩＧＯ（ライゴ）**という観測装置です。

初期のＬＩＧＯは２００２年から観測を続けていましたが、重力波をとらえることはできませんでした。そこで、装置の改良が行われ、２０１５年から再び観測を開始しました。

すると、すぐに成果が現れました。改良版のＬＩＧＯは、地球から**13億光年**（光の速さで進んでも13億年かかる距離）離れたところで起こった、**２つのブラックホールの合体によって発生した重力波をとらえた**のです。

遠く離れていますが、合体によって放出されたエネルギーが太陽３個分という巨大なものだったため、観測することができたのです。

ブラックホールの合体は13億年前に起こりました。そのときに発生した重力波が13億年かけて伝わってきたというわけです。13億年も昔のことを、重力波を通して観測することができたのですね。

そして、重力波をとらえたＬＩＧＯの仕組みは前ページの図の通りです。

レーザー光を発射し、分配器という装置でこれを２つの方向に分けます。それぞれのレーザー光は同じ距離だけ進み、鏡で反射して戻ってきます。そして、最終的に２つのレーザー光は再び一緒になるのです。

このとき、２つの光は同じ距離を進んできているはずです。ところが、もしもこの装置の置かれている空間自体がゆがんでいたら、まったく同じにはなりません。

空間が左の図のＡのような状態の瞬間には横方向の方が距離が長くなりますし、Ｂのような状態の瞬間には縦《たて》方向の方が距離が長くなります。

すると、２つの光が最後に一緒になって重ね合わさったとき、その差の影響が表れます。これは**「光の干渉」**という現象なのですが、距離に差ができることで重ね合わさった光に、明るくなったり暗くなったりといった変化が起こるのです。

ＬＩＧＯではこのような観測を通して、重力波を検出することに成功しました。

単純な仕組みだと思うかもしれませんが、この方法で重力波によるごくごくわずかな空間のゆがみを検出することは、容易ではありません。

まず、光の進む速さを変えないように装置内を真空にする必要があります。また、地面や空気の振動、風や海岸の波、飛行機の離着陸、重力波が伝わってきた空間では…

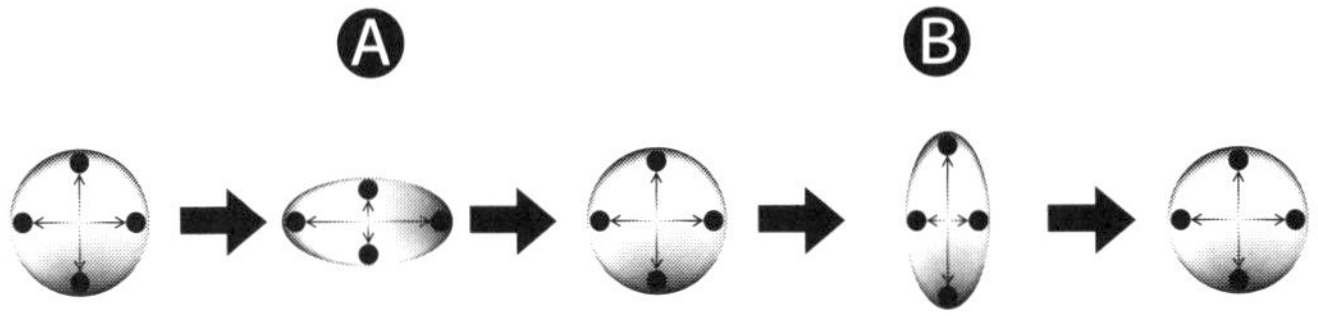

もともと縦方向と横方向で
同じ長さだとしても、
AやBの瞬間には縦方向と横方向とで異なる長さになる

雷、微小地震、電線の電圧の揺らぎなどが影響しないように対策をしなければなりません。

さらに、光を反射する鏡が熱で振動するのを防いだり、光が当たることによるわずかな変形を補正したりということまで必要だったそうです。

重力波検出という偉業は、これらの非常に高度な技術に支えられたものだったのです。

日本での観測計画

重力波の検出を目指しているのは、アメリカだけではありません。日本やヨーロッパでも、準備が進んでいます。

日本では、ニュートリノの観測で有名なスーパーカミオカンデがある、岐阜県の神岡鉱山に**ＫＡＧＲＡ（カグラ）**という観測装置が建設されました。

地上の雑音や振動の影響を受けないよう、地下２００メートルにあります。アメリカのＬＩＧＯと大きさは少し違いますが、重力波を検出する仕組みは同じです。ＫＡＧＲＡでは２０１９年度の観測開始を目指しています。

世界中で計画されている観測計画

欧州宇宙機関には、**ＬＩＳＡ（リサ）**計画があります。

この計画では、**3機の観測装置を宇宙へ打ち上げ、互いの距離をレーザー光を使って正確に測定します**。重力波がやってくるとその距離がわずかに変化するので、それを検出しようという試みです。

観測装置は、互いに５００万キロメートル離して配置する計画です。地球と月の距離が約38万キロメートルですから、その10倍以上です！

観測装置が長いほど重力波は検出しやすいので、これだけの距離を確保しようとしているのです。地上に建設できる観測装置の長さには限度がありますが、宇宙を利用すれば長距離を容易に確保できるわけです。

さらに、宇宙空間を利用することには、真空ポンプが必要なく（宇宙はもともと真空だ

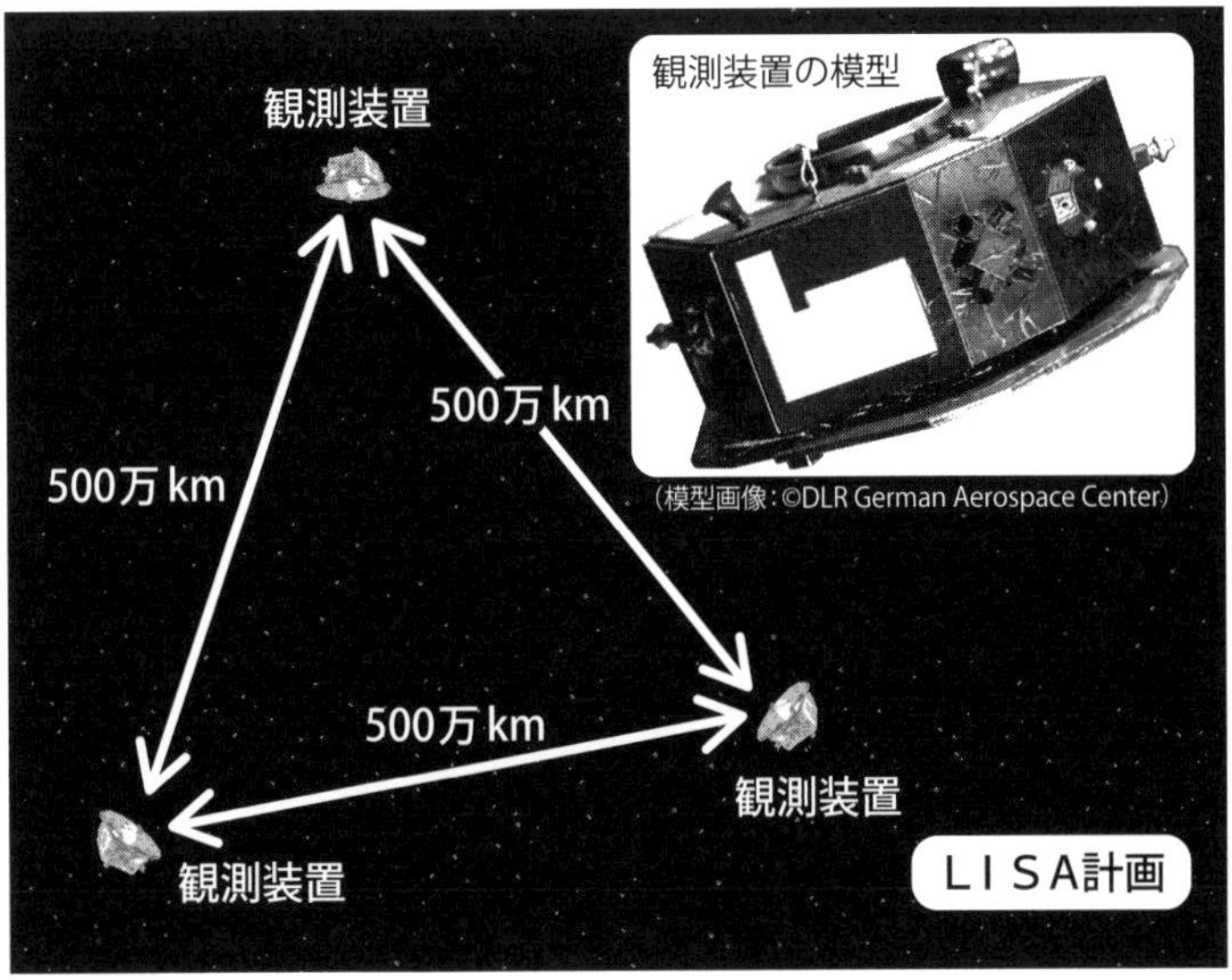

（模型画像：©DLR German Aerospace Center）

から）、地面振動などのノイズもない、というメリットがあります。
２０１９年現在、２０３４年の打ち上げを目指しています。

宇宙の始まりの謎が解明される？

重力波の観測について説明してきましたが、２０１９年の時点で観測に成功したのは、２つのブラックホールの合体によって発生した重力波と、２つの中性子星の合体によって発生した重力波です。
重力波には、**どんな物質も通り抜けてしまう**という特徴があります。光はいろいろなものに遮られてしまいますが、重力波にはそのようなことがないのです。

ですので、**光で見えないものでも重力波でなら観測できるのでは、という期待が持たれています**。

特に、宇宙誕生時の急膨張によって発生した重力波をとらえることができたら、宇宙の誕生について私たちは多くのことを知ることができるだろうと考えられています。

というのは、宇宙が誕生してから38万年後までを光で観測することは不可能だからです。

初期の宇宙はものすごく高温だったため、原子の中に納まっているはずの電子という粒子が、原子を離れて自由に飛び回っていました。そして、光は進もうとしてもすぐに飛び回る電子とぶつかってしまい、閉じ込められてしまいます。

初期の宇宙はこのような状態だったのですが、宇宙が膨張するにつれて温度が下がり、誕生から38万年後には3000℃くらいになりました。ここまで温度が下がってやっと、電子が原子の中に納まるようになったのです。

この状態になると、光がまっすぐ進めるようになりました。これを「宇宙の晴れ上がり」と言うのですが、これ以降の宇宙は光によって観測できるのです。逆に、これより前の宇宙は光では観測できません。

しかし、重力波は電子が飛び回っていようが関係なく進んでいきます。だから、**宇宙誕生時に発生した重力波**の観測に期待がかかっているのです。重力波がどんな宇宙の歴史を教えてくれるのか、楽しみですね。

第6章

タイムマシンは実現するか？

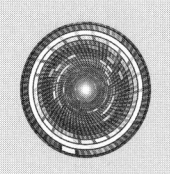

タイムマシンができる日は来るのか？

相対性理論が示す タイムトラベルの可能性

　ここまで、相対性理論と非常に関係が深い「ブラックホール」「重力波」というものについて紹介してきました。

　どちらも私たちの日常的な感覚とかけ離れていて、とても不思議な話でしたね。

　最後に、夢のような話である「タイムマシン」について、相対性理論をもとに考えてみたいと思います。

「え？　タイムマシン？　さすがにそれは無理でしょう」と思われるかもしれません。

　たしかに、「タイムマシン」という言葉は子どもでも知っていますが、それは映画や小説の中に登場する話にすぎません。まさか、本物のタイムマシンに乗ったことがあるという

人はいないでしょう。

時間は、過去から未来へと止まることなく進んでいくものです。どんなに「あのときに戻ってやり直したい」と願っても、決してかなうことはありません。

また、「半年先の未来まで行ってどの株が高くなるか見てみたい」などという上手い話が実現したら、大変なことになってしまいます。

でも、もしかしたらそんなことがかなうかもしれない、と聞いたらどうでしょう？　ワクワクしませんか？

実は、**相対性理論は過去や未来へタイムトラベルできる可能性を示しているのです**。

一体どのような方法によってそんなことが可能になるのでしょう。詳しく紹介していきたいと思います。

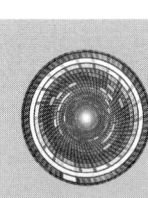

未来へ行くタイムマシンを考える

重力を利用したタイムトラベルの可能性

タイムマシンと言った場合、過去へのタイムトラベルと未来へのタイムトラベルとが考えられます。

相対性理論は両方の可能性を示しているのですが、まずは比較的簡単に理解できる未来へのタイムトラベルから説明しましょう。

第3章では、重力を受けたり、加速度運動したりすると時間が遅れて進むことを紹介しました。このことを利用すると、未来へタイムトラベルすることができるのです。

まずは、**重力を利用する方法**です。

いま、あなたは宇宙船に乗って旅に出るとします。地球から離れてずっと遠くへ行ってしまいます。

すると、**中性子星**を見つけました。

中性子星というのは、大きな恒星がその最期に超新星爆発したのちに半径10キロメートル程度まで収縮した状態のことでした（１６０ページ参照）。

中性子星は１立方センチメートルが約１００億トンという超高密度ですので、その表面に達したときには地球上よりもずっと大きな重力が働きます。

中性子星に着いたあなたは、そこで7年ほど過ごします。そして、再び宇宙船に乗って地球へと帰還します。

懐かしい人たちとの再会を果たすわけですが、そのときに「ちょっとおかしいな」と感じることになるのです。それは、「**何だかみんなやけに老けているんじゃないか？**」ということです。

この話を理解するには、**地球と中性子星での時間の進み方の違い**を知る必要があります。

中性子星の上では、地上の２０００億倍というものすごく大きな重力が働きます。そして、そのために地上より時間が30％もゆっくりと進むのです。つまり、**あなたが中性子星で7年間過ごしている間に、地球上では10年が経過している**のです。

例えば、あなたが地球を旅立ったとき20歳だったとすると、地球に戻ってきたときには27歳になっています（ここでは地球から中性子星、中性子星から地球の移動時間は考えていません）。

一方、地球に残っていたあなたの同級生は、あなたが戻ってきたときには30歳になっているわけです。

これは、あなたが3年先の世界へタイムトラベルしたことを意味します。

強力な重力を受けると時間がゆっくり進むことを利用すると、このように未来へ行くことができるのですね。

加速度運動を利用したタイムトラベルの可能性

地上よりもずっと重力が大きい場所に行けば、未来へタイムトラベルできることが分かりました。

もう1つ、未来へタイムトラベルできる方

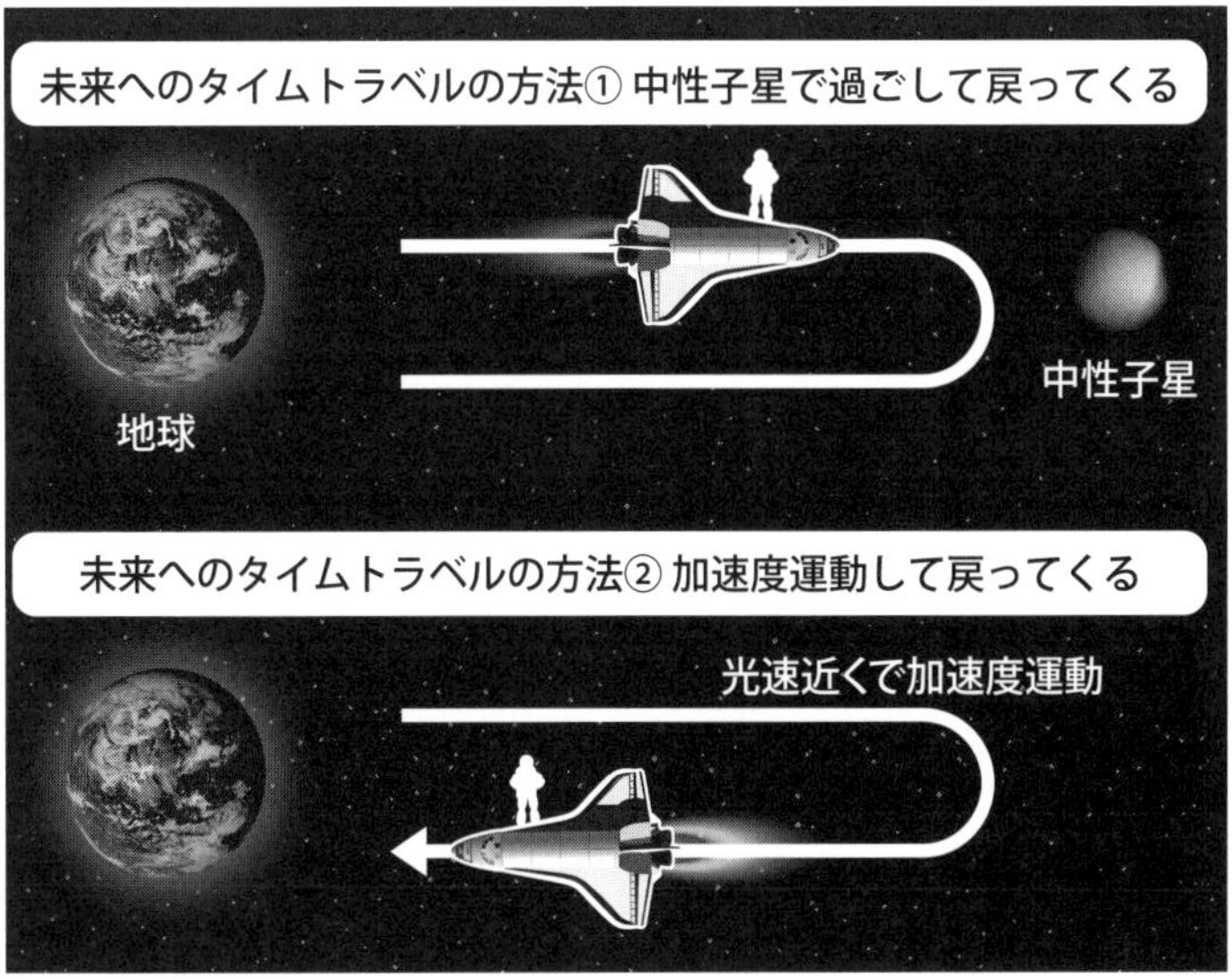
未来へのタイムトラベルの方法① 中性子星で過ごして戻ってくる
地球
中性子星
未来へのタイムトラベルの方法② 加速度運動して戻ってくる
光速近くで加速度運動

法があります。ものすごい速さで**加速度運動**すればよいのです。

１４２〜１４６ページで紹介した「双子のパラドックス」を思い出してみてください。

光速に近い速さで加速度運動する宇宙船に乗った双子の兄は、地上に残った弟と再会したとき、弟よりも若くなっているのでした。それは、**加速度運動することで時間がゆっくり進む**からでしたね。

この場合も、さきほどと同じように宇宙船に乗った人が未来へタイムトラベルすることになります。

つまり、宇宙船の中より地上の方が時間が速く進んでいるので、地上へ戻ったときにはその分だけ未来へたどり着くことができるのです。

日々体験している未来へのタイムトラベル

強力な重力が働くところへ行ったり、ものすごい速さで加速度運動することで、未来へタイムトラベルできることが分かりました。

中性子星のような重力が非常に強いところへ行くことができ、その重力に耐えられる構造を持った宇宙船があれば、未来へ行けるのです。また、光速に近い速さで動ける宇宙船でも、未来へ行くことは可能です。

でも、我々の現在の文明でそのような宇宙船を作ることはとても無理です。

また、地球の最も近くにある中性子星でも400光年（光の速さで進んでも400年かかる距離）ほども離れているので、そこまでたどり着くというのも現実的ではありません。

これから科学技術がさらに進歩を続け、いつの日か遠い未来にそのようなことが可能になるかもしれませんが、私たちが生きている間にそれを期待するのは、ちょっと難しそうです。

ただし、**私たちは実感しないだけで日々未来へのタイムトラベルをしている**のです。

というのは、この地球上でも、場所や高度によってわずかながら重力の大きさには差があります。ですので、**地球上のどこでも完全に同じ速さで時間が進んでいるわけではない**のです。

重力が強く時間がほんの少しだけゆっくり進んでいる場所から、重力が弱く時間がほん

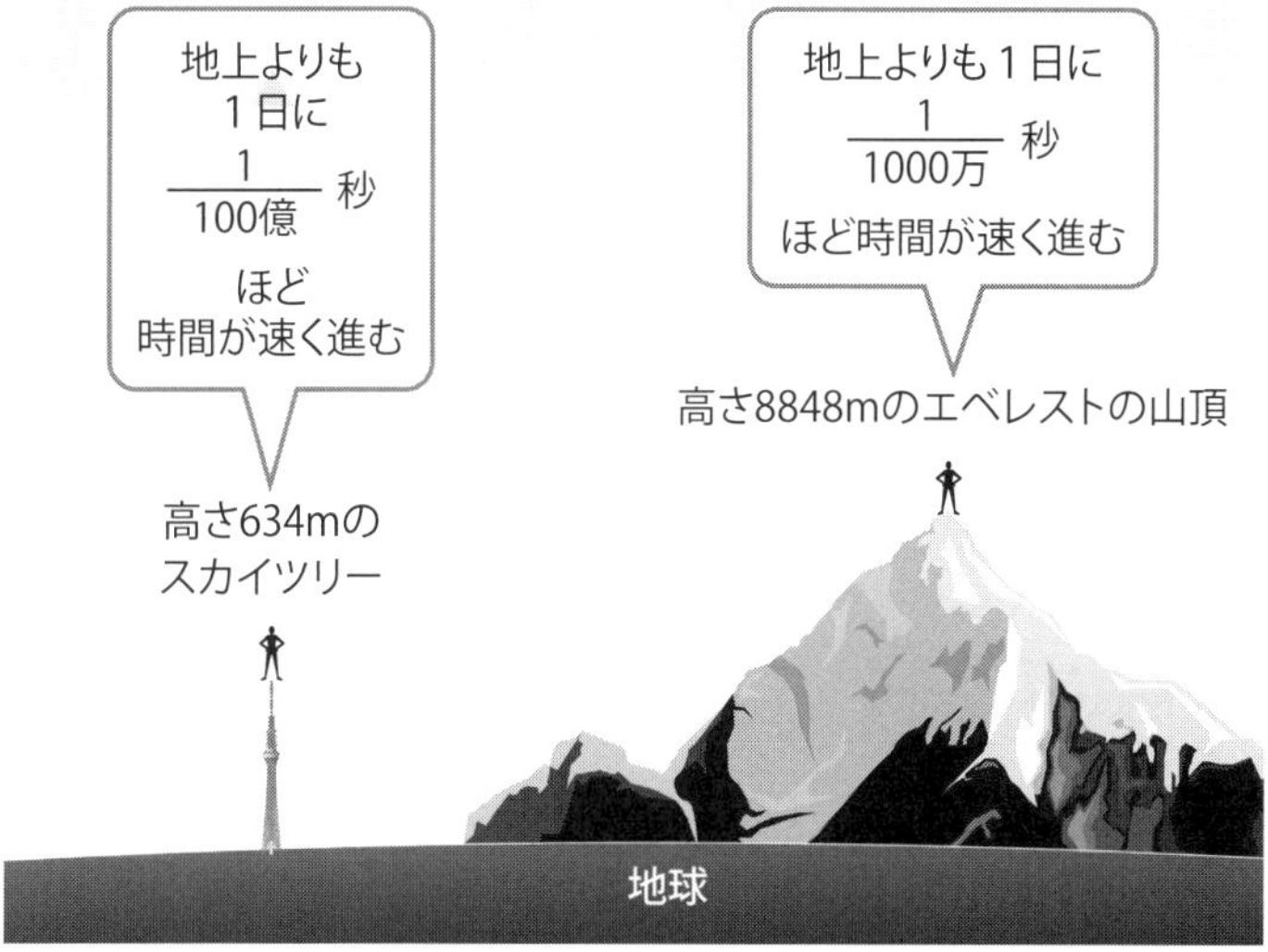
地上よりも
1日に
$\frac{1}{100億}$ 秒
ほど
時間が速く進む
高さ634mの
スカイツリー
地上よりも1日に
$\frac{1}{1000万}$ 秒
ほど時間が速く進む
高さ8848mのエベレストの山頂
地球

の少し速く進んでいる場所へ移動すれば、未来へタイムトラベルするのです。

また、私たちはいつもじっとしているわけではなく、加速度運動をしています。そのことによって時間がほんの少しだけゆっくり進むので、未来へタイムトラベルしたことになります。

このように、私たちは日常生活の中で気づかないうちに未来へタイムトラベルしているのです。

ただし、その差はほんのほんのわずかです。スカイツリーのてっぺんでも、地上より1日に100億分の1秒ほど時間が速く進むという程度でした。

この程度のタイムトラベルをしたところで、それに気づくことはありえないわけですね。

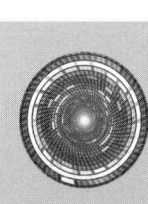

過去へ行くタイムマシンを考える

過去へのタイムトラベルを可能にする2つの方法

前項では、相対性理論をもとに未来へタイムトラベルする方法を考えました。

実感できるほどのタイムトラベルは現在の技術では難しそうですが、ほんのわずかなタイムトラベルは日常的に経験していることが分かりましたね。

では、次に過去へタイムトラベルする方法を考えてみたいと思います。

「さすがにそれは無理だろう」と思われるかもしれません。もちろん、人類の現在の力では到底実現できませんが、相対性理論は実現の可能性を示しています！　一体、どのようにして過去へ行けるというのでしょう。

過去へタイムトラベルする方法は、大きく

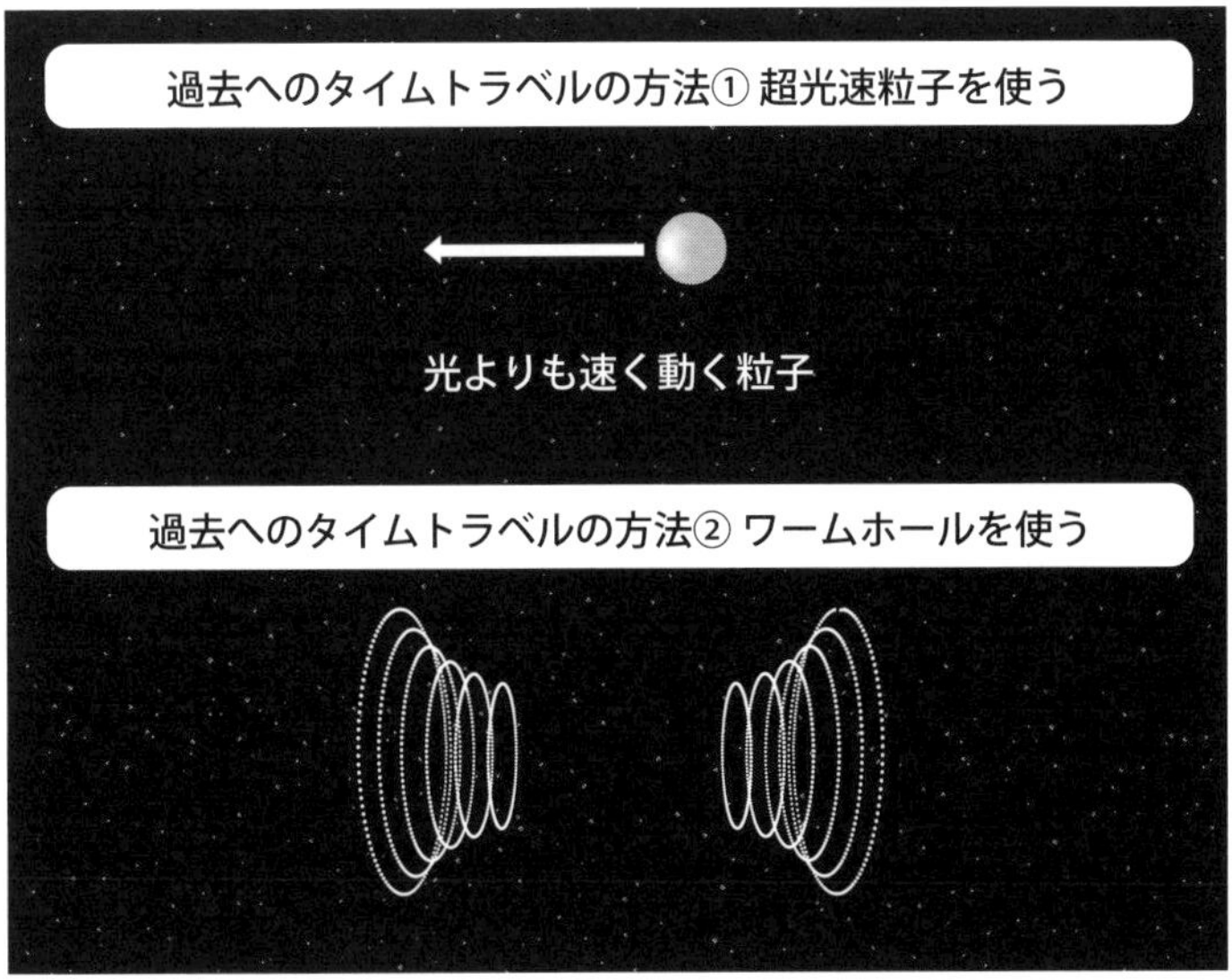
過去へのタイムトラベルの方法① 超光速粒子を使う
光よりも速く動く粒子
過去へのタイムトラベルの方法② ワームホールを使う

2つあります。**「超光速粒子」**を使う方法と、**「ワームホール」**を使う方法です。

光より速く動く粒子があるとすると……

まずは、超光速粒子を使う方法を紹介します。

いきなり「超光速粒子」という言葉が出てきましたが、これは文字通り**「光よりも速く動く粒子」**という意味です。

さて、何だか変だと思いませんか？

そうです、相対性理論では「この世で最速なのは光であり、光速を超えて動くものは存在しない」ことを明らかにしています。

光速を超えて動くものの存在は、相対性理論と矛盾するように思えます。でも、実は相対性理論は「物体が光よりも速くなること」を否定しているのであって、**「もともと光より速く動く物体が存在すること」は否定していない**のです。

ここからの話は、もしもこの世にもともと光より速く動く粒子が存在したとすると、それを使って過去へタイムトラベルできますよ、という話です。

ただし、そのような物質は現在までには見つかっていませんし、これから見つかるとも限りません。

ですので、超光速粒子が見つからない限り、ここからの話はただの夢物語に過ぎません。そういう前提で、過去へのタイムトラベルの可能性を考えてみたいと思います。

超光速粒子で過去へ手紙を送る

それでは、超光速粒子を使って過去へタイムトラベルする方法を紹介します。ここでは、第1章で説明した**特殊相対性理論による時間の遅れ**が関係しますので、思い出しながら読んでいただければと思います。

いま、地球から宇宙船が旅立とうとしています。宇宙船は、光速の80％（秒速約24万キロメートル）という猛スピードで地球から離れていくものとします。

ものすごい速さですから、宇宙船の中では

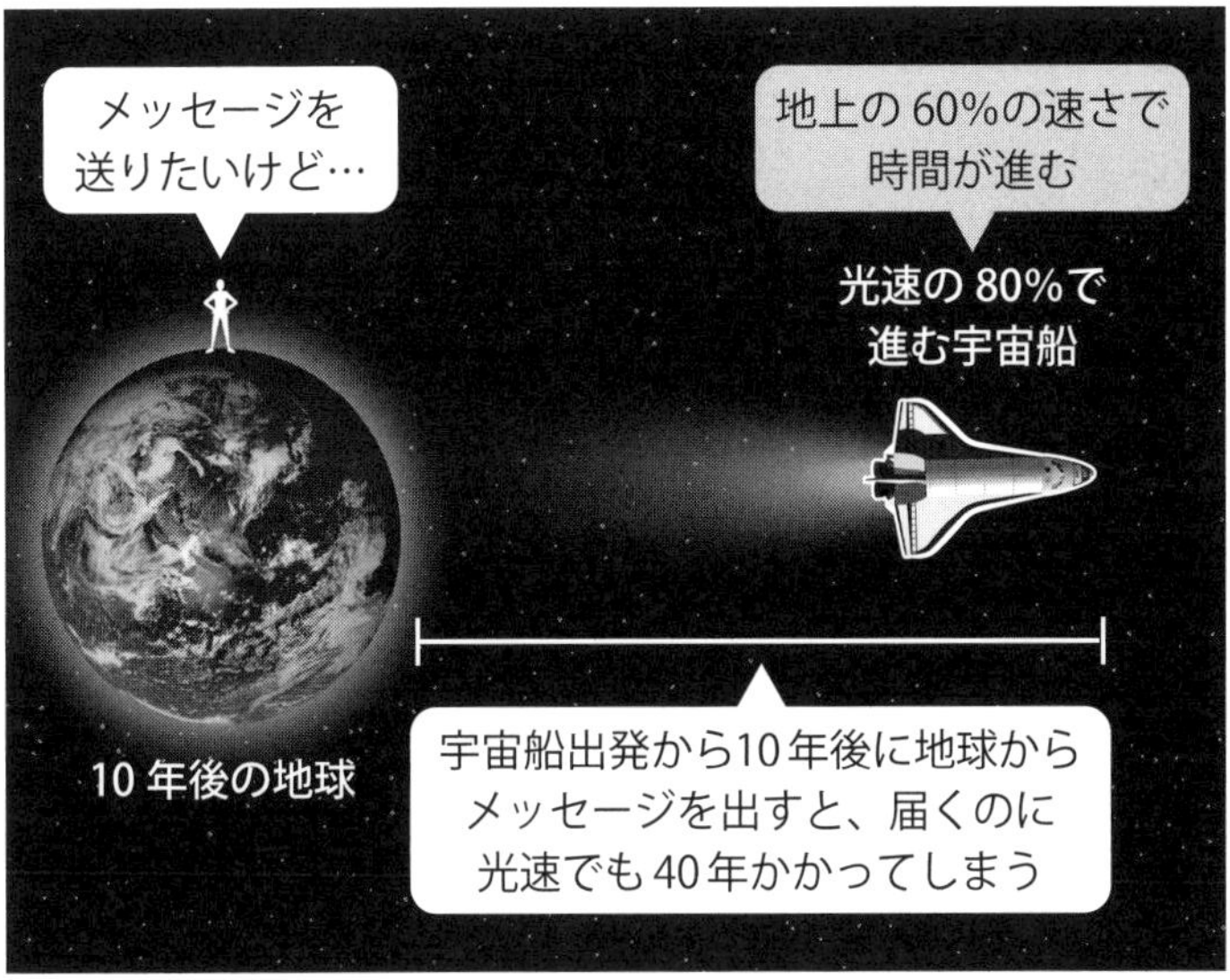
メッセージを
送りたいけど…
地上の60%の速さで
時間が進む
光速の80%で
進む宇宙船
10年後の地球
宇宙船出発から10年後に地球から
メッセージを出すと、届くのに
光速でも40年かかってしまう

地上にいる人よりもゆっくりと時間が進んでいきます。光速の80％で動く場合、地上の60％の速さで時間が進んでいきます。

さて、宇宙船を見送って地上で過ごしている人が、宇宙船が旅立ってからちょうど10年後に宇宙船に向けてメッセージを送ることを考えました。

ところが、宇宙船は光速の80％という猛スピードで地球から離れていますので、ちょっとやそっとの速さでは宇宙船までメッセージを届けられません。

私たちが通信や放送などで使う電波は光の速さで進みますが、それを使ったとしてもメッセージが宇宙船に届くまでには40年もかかります。

そこで、**超光速粒子**を使うことを考えます。

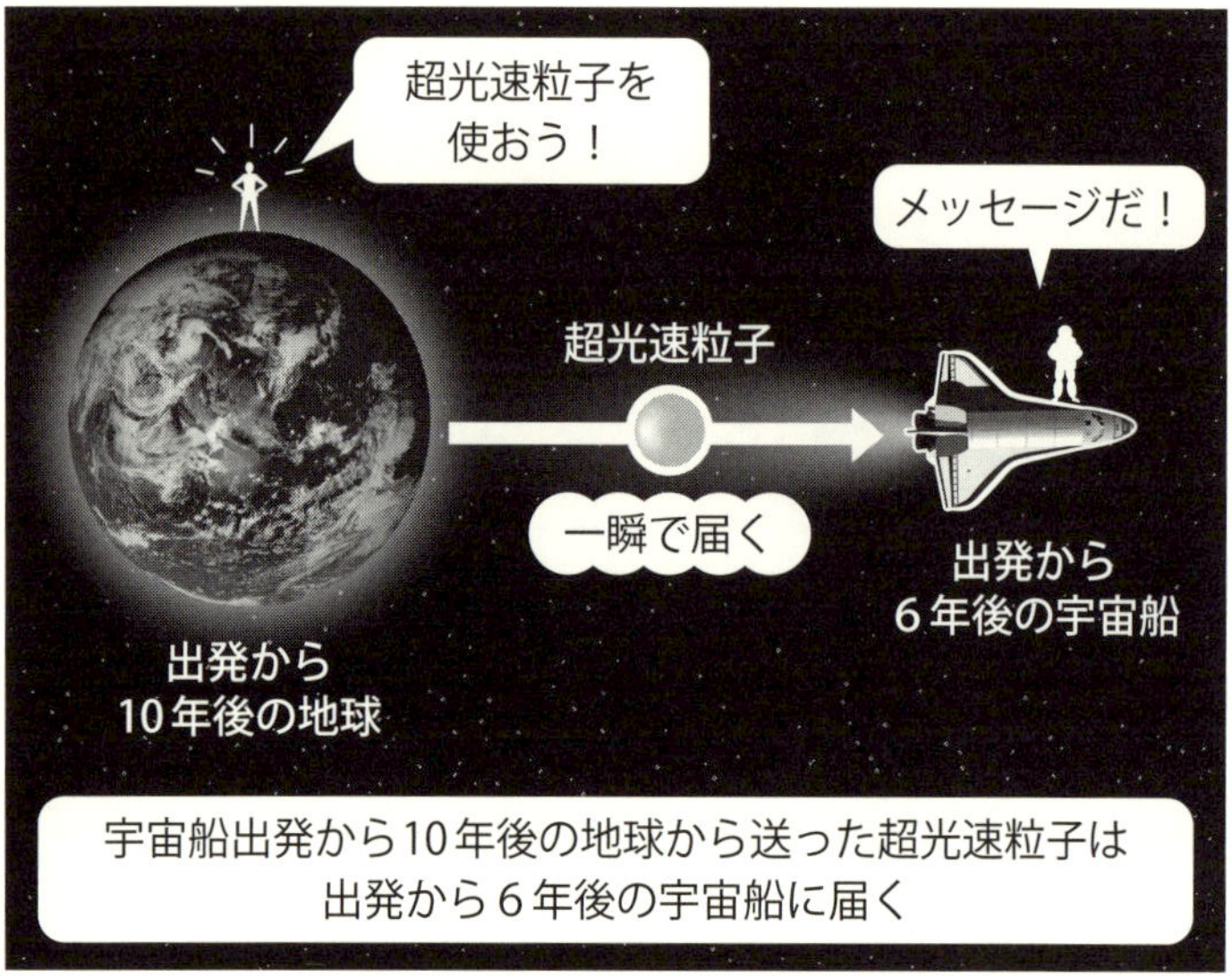
超光速粒子を
使おう！
メッセージだ！
超光速粒子
一瞬で届く
出発から
6年後の宇宙船
出発から
10年後の地球
宇宙船出発から10年後の地球から送った超光速粒子は
出発から6年後の宇宙船に届く

超光速粒子を使って地球から宇宙船までメッセージを届けるのです。これなら、ずっと短い時間で届くはずです。

宇宙船までメッセージが届くのにかかる時間は超光速粒子の速さによって決まりますが、話を簡単にするため超光速粒子が無限に近い速さだとして考えてみます。

これなら、たとえ宇宙船が地球から遠く離れていても、**一瞬にしてメッセージが届く**ことになります。

ここで、地上では宇宙船出発から10年後に超光速粒子を発射しましたが、そのとき宇宙船内では地上の60%、つまり6年間しか時間は経過していないのでした。ですので、宇宙船では出発から6年後にメッセージを受け取ることになります。

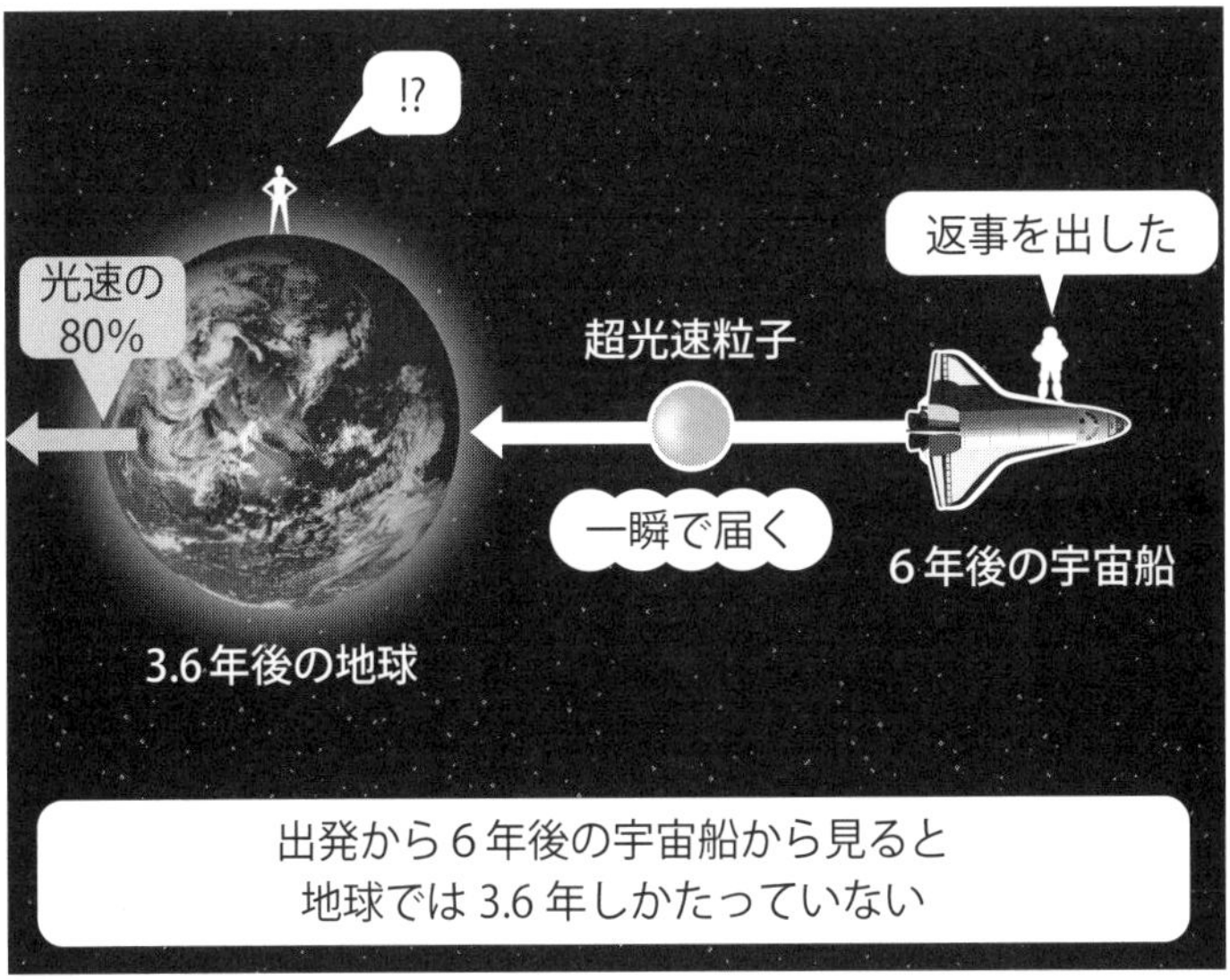
!?
返事を出した
光速の
80%
超光速粒子
一瞬で届く
6年後の宇宙船
3.6年後の地球
出発から6年後の宇宙船から見ると
地球では3.6年しかたっていない

返事は過去の地球に届く

一方、宇宙船に乗っている人はどのように感じているでしょう。

宇宙船から見ると、動いているのは地球の方です。ですので、宇宙船からは地上の方が時間がゆっくり進むように見えたわけです。このように、**時間の遅れはお互い様**だというのが**特殊相対性理論**のポイントでしたね。

宇宙船からは地球の方が光速の80%で動いて見えますので、地球の時間が宇宙船内の60%の速さでしか進まないことになります。宇宙船内で6年経過する間に、地上では3・6年しかたっていないということです。

　さて、宇宙船は出発から6年後に超光速粒子を受け取ります。そして、すぐに超光速粒子を使って地球へメッセージを送り返すとします。このとき、やはり超光速粒子は一瞬で地上に到着するものと考えます。

　すると、メッセージは宇宙船出発から3・6年経過した地球に届くことになりますが、これは大変なことなのです。

　というのは、この話を整理すると、宇宙船出発から10年後の地球から送られたメッセージが、宇宙船出発から3・6年後の地球に届くことになるからです。

　つまり、**6・4年も前の地球へメッセージを送ることができた**のです。

　このように、超光速粒子が存在すれば、それを使って過去へ手紙を送ることができるのですね。

私たちは光速より速く移動することができるか

　もしも超光速粒子が存在したら、それを使って過去へ手紙を送ることができることが分かりました。

　もちろん超光速粒子は見つかっていませんし、これから見つかるという保証はありません。ですので、これはただの夢物語かもしれませんが、それでも過去への通信の可能性が否定されていないことは、興味深いですね。

　そして、もしも超光速で移動できるロケットがあったとして、私たちがそれに乗ったな

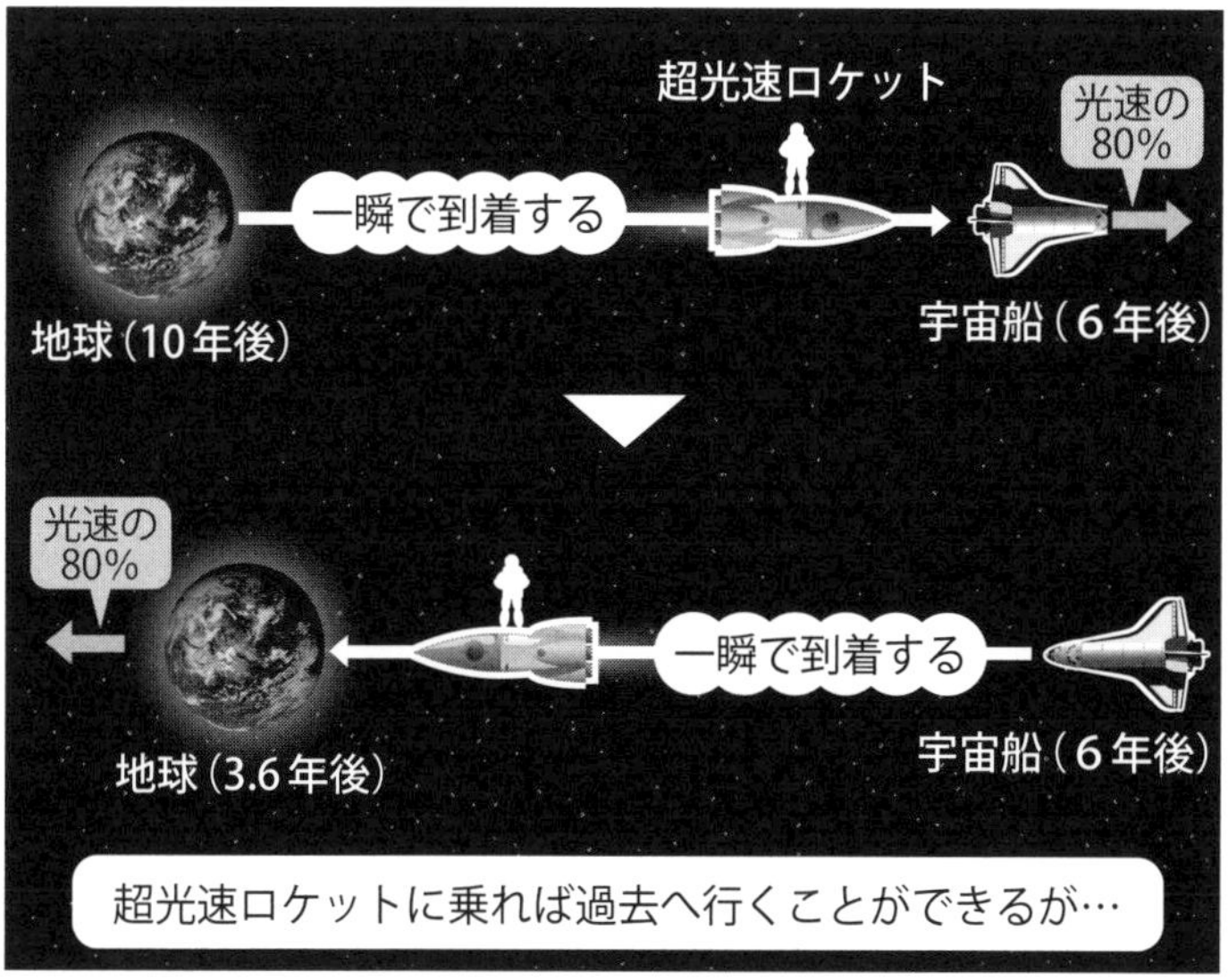

ら、単にメッセージを送るだけでなく私たち自身が過去へ行くことも可能になるのです。これこそ、まさにタイムマシンですね。

しかし、その可能性は相対性理論によって否定されてしまいます。なぜかというと、**私たちがもともと光速より速く動いている存在ではない**からです。

相対性理論は、もともと光より速く動く物体が存在することは否定していませんが、もともと光より遅かったものが光より速くなることはキッパリと否定しています。つまり、**私たちが光より速く動けるようになることは絶対にあり得ない**のですね。

というわけで、この方法による過去へのタイムトラベルの可能性は、過去へ手紙を送るということに限定されています。

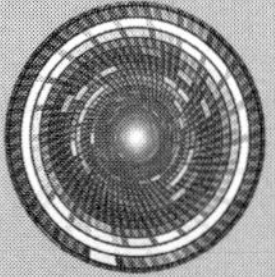

ワームホールを使ったタイムトラベルの可能性

もう1つの可能性

もしも超光速粒子が存在したら、過去へタイムトラベルできるのだということを説明しました。

でも、超光速粒子があるかどうかは分かりませんから、過去へのタイムトラベルもできるようになるかどうかは分かりません。

では、超光速粒子の他には過去へタイムトラベルする手段となりうるものはないのでしょうか。

実は、もう1つ過去へのタイムトラベルを可能にするのではないかと考えられているものがあります。

それは、**「ワームホール」**と呼ばれるものです。一体どんなものでしょう。

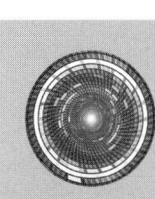

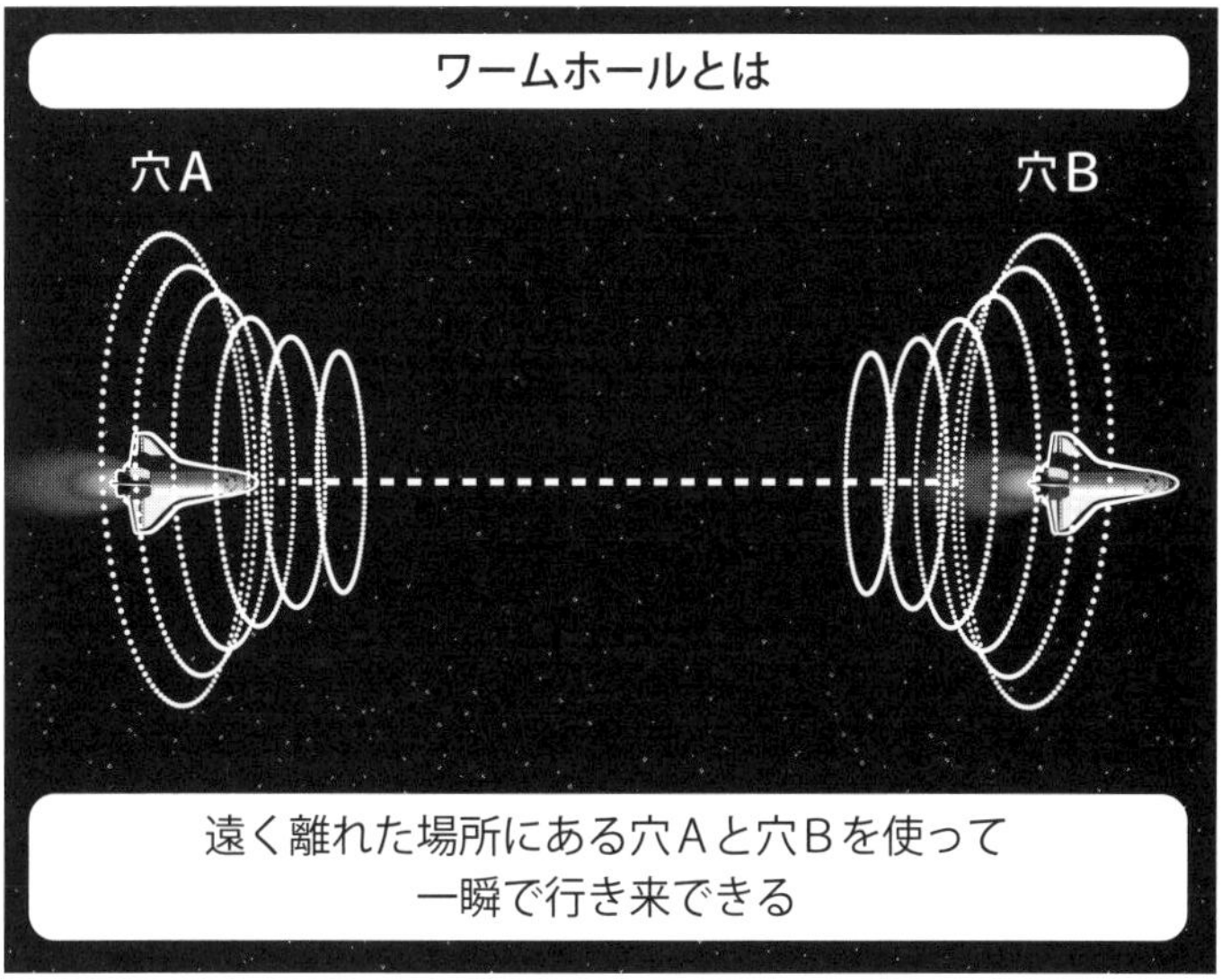
ワームホールとは
穴A
穴B
遠く離れた場所にある穴Aと穴Bを使って
一瞬で行き来できる

一瞬で離れた場所に移動できる

いま、あなたがずっとずっと遠くにある星まで旅をしたいと思っているとしましょう。ただし、その星は100光年も離れています。光の速さで進んでも100年かかる距離が100光年です。

たとえ秒速1000キロメートルの速さで進む宇宙船に乗ったとしても（現在の技術ではとても無理ですが）、光の速さの300分の1ですから、100光年という距離を進むには100×300＝3万年というとてつもない時間がかかってしまいます。これでは、生きているうちに旅することはとても不可能ですよね。

ところが、もしも宇宙にワームホールが存在すれば、それほど遠くの星まで旅することもあきらめなくて済むかもしれないのです。

ワームホールとは日本語にすれば「虫食い穴」ということなのですが、**一瞬にして宇宙の遠く離れた場所へ移動できる**もののことです。

ワームホールは、宇宙空間の離れた2カ所に存在する穴のようなものです。そして、2つの穴の片方に入ると、次の瞬間にもう片方の穴から出ることができます。ちょうど、ドラえもんに登場する「どこでもドア」のようなものです。

どこでもドアがあったらいいなと思っても、そんなものが本当にあると信じている人はなかなかいないでしょう。

でも、相対性理論はそのようなものが存在する可能性をも示しているのです。

これは、**重力による空間のゆがみ**によって生み出されます。

私たちにはまっすぐに見える空間も、重力があるところではゆがんでいるのでした。そして、そのゆがみが左下の図のように大きくなると、ワームホールが誕生します。

重力がないときには宇宙はまっすぐでしたから、A地点とB地点とは遠く離れた場所にありました。

ところが、重力によって空間が曲がったためにA地点とB地点がくっついてしまったのです。

さて、宇宙船がA地点からB地点まで旅す

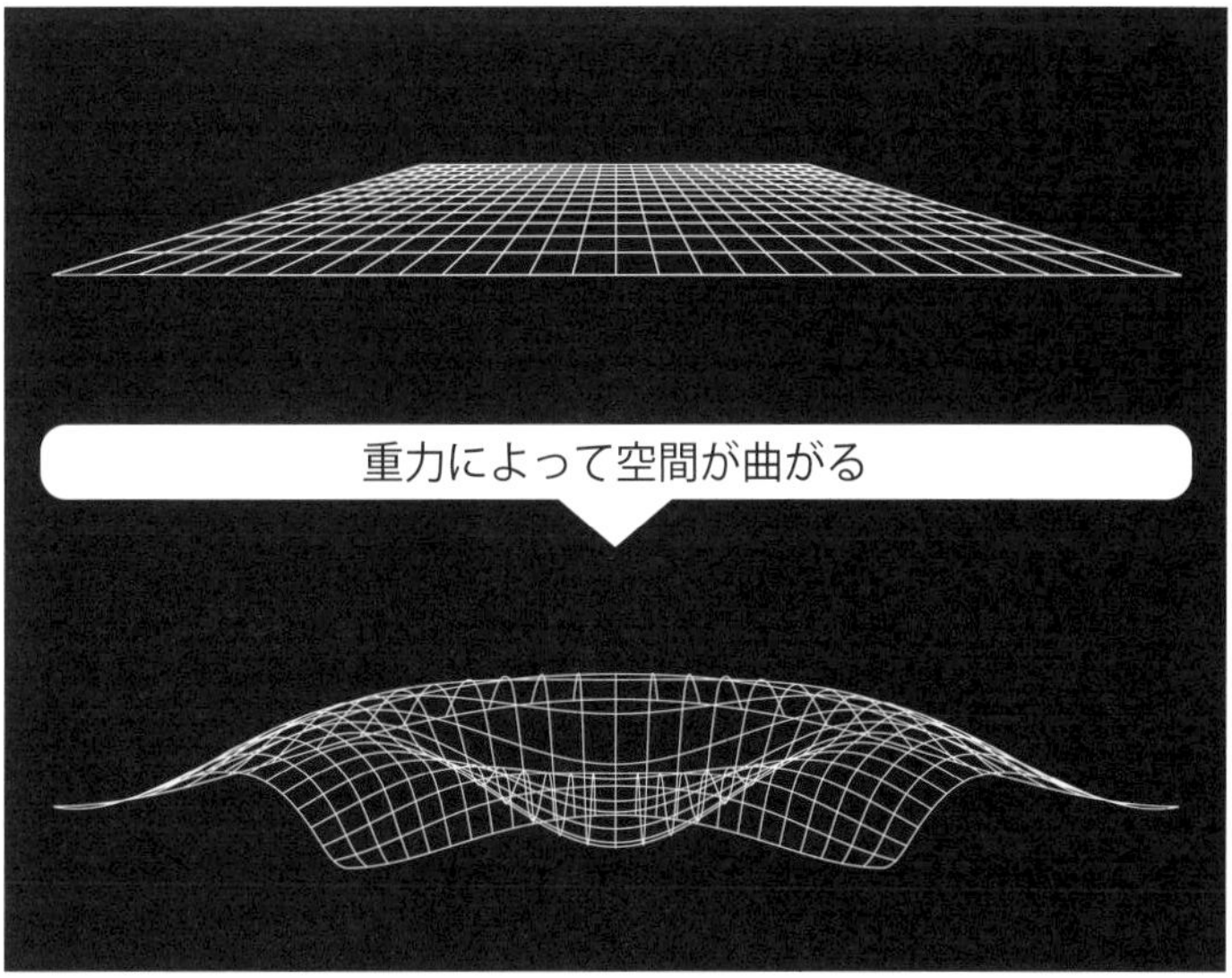
重力によって空間が曲がる

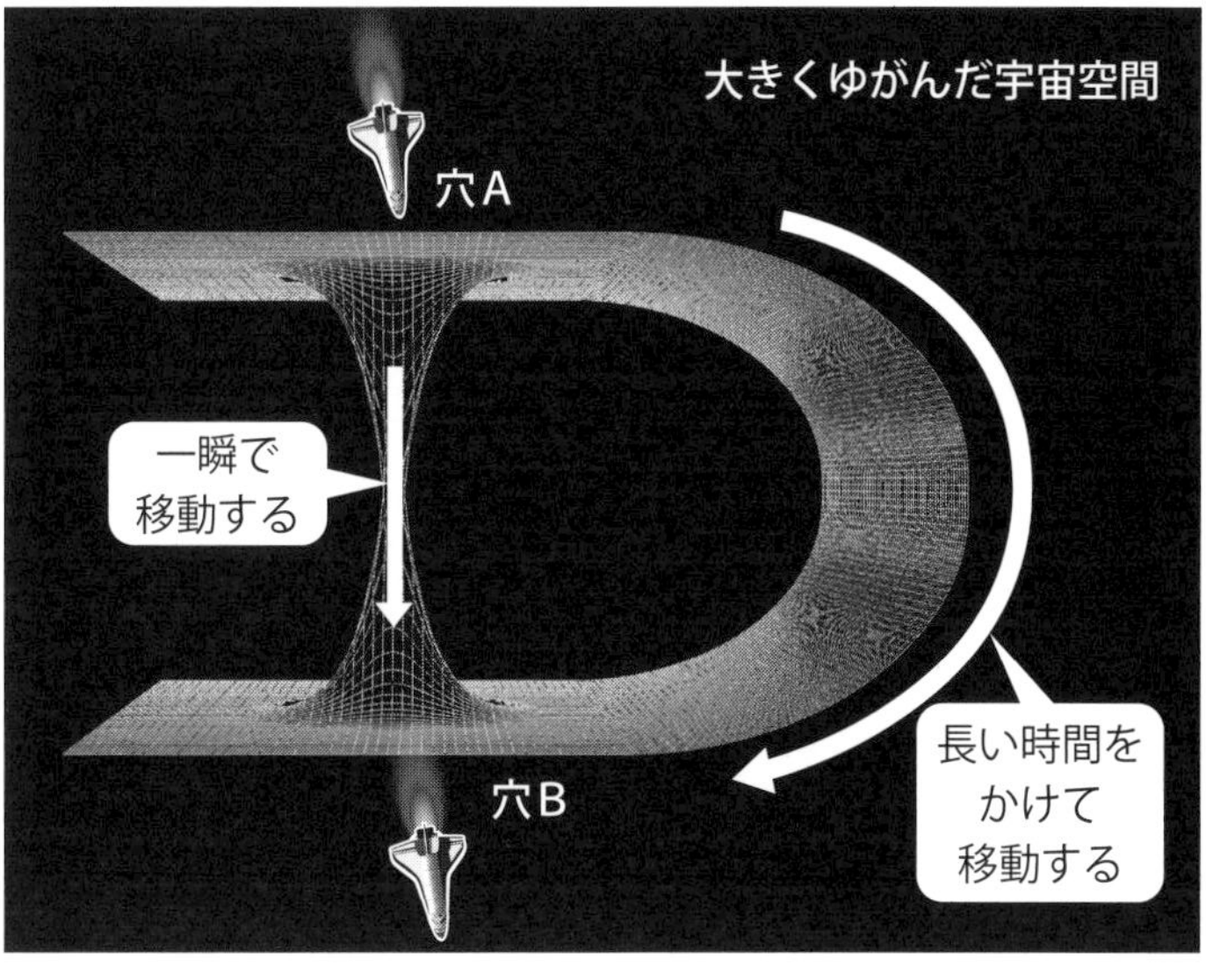
大きくゆがんだ宇宙空間
穴A
一瞬で
移動する
穴B
長い時間を
かけて
移動する

るとします。曲がった宇宙空間を進んでいくとき、宇宙船がA地点からB地点へたどり着くまでにはものすごい時間がかかります。

ところが、A地点とB地点は実はくっついているわけですから、一瞬にして移動することも可能なはずです。

つまり、「遠く離れた2点をつないでいるように見えるけれど、**実は空間のゆがみのためにくっついている2つの穴**」がワームホールというわけなのです。

このようなワームホールを使うと、過去へのタイムトラベルが可能になると考えられています。その方法をこのあと紹介しますが、ワームホールは超光速粒子と同様に、未発見の存在です。

これから先、超光速粒子やワームホールが発見されるかどうかは分かりませんが、過去へのタイムトラベルに可能性があることは興味深いですね。

2つの穴に時間差はある？ ない？

それでは、ワームホールを使って過去へタイムトラベルする方法を説明したいと思います。

今度は、超光速粒子を使う場合と違って**一般相対性理論による時間の遅れ**が関係します。**時間の遅れは一方的**になることに注意してください。

いま、地球のそばにワームホールの2つの

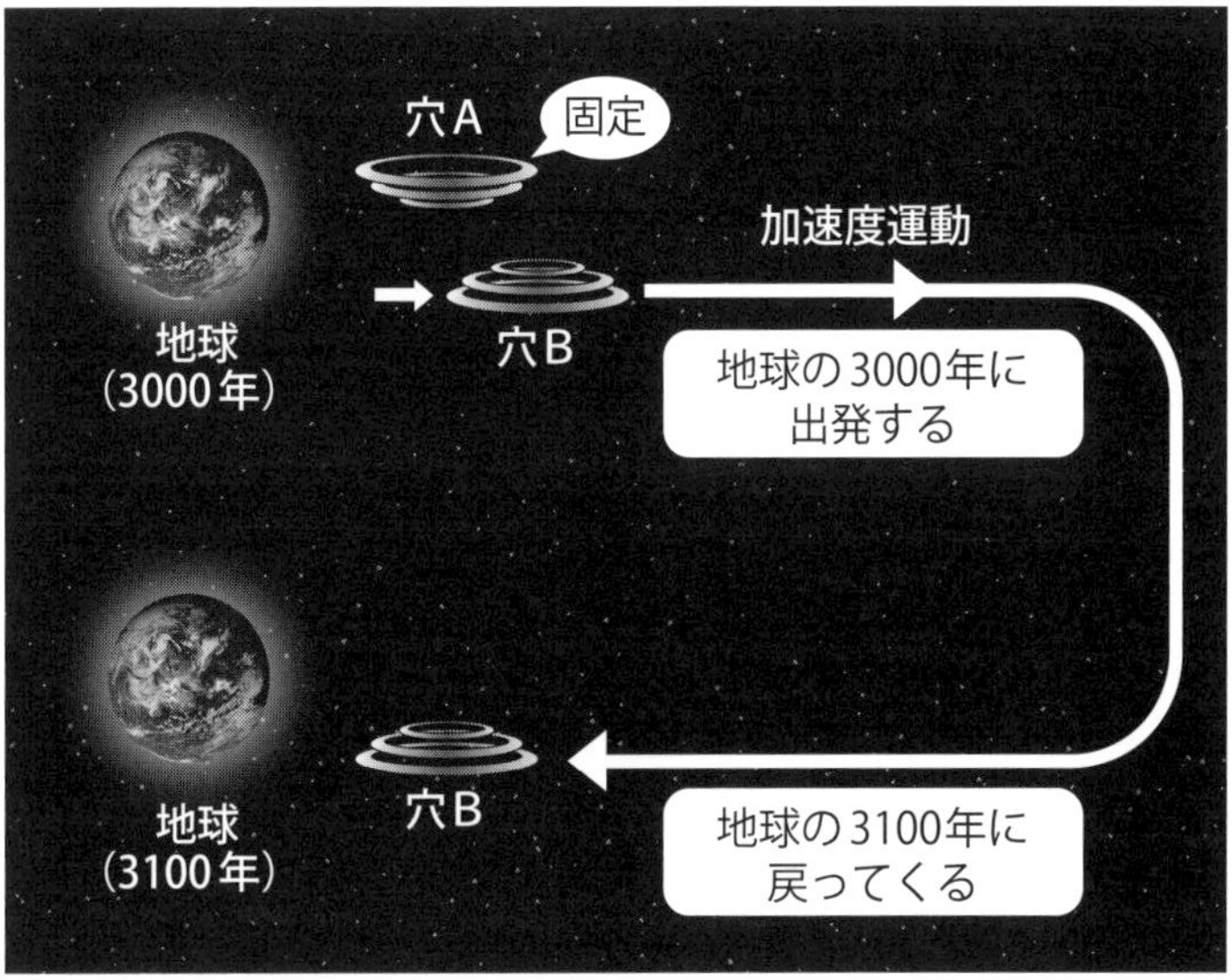

穴があるとします。そして、穴Aはその場にとどめたまま、穴Bだけを光に近い速さで遠くまで動かし、折り返してもとの位置まで戻します。

ワームホールの穴を動かすことなんてできるのか、と思われるかもしれませんが、それも可能であると考えられています。

さて、穴Bは高速で**往復運動**（**加速度運動**）しますので、**時間の進み方が遅くなります**。例えば、地球の西暦３０００年に穴Bが出発し、１００年かかって戻ってきたとします。つまり、穴Bが戻ってくるのは西暦３１００年ということです。

ところが、穴Bは高速で加速度運動するため、地球や穴Aに比べて時間がゆっくり進みます。

いま、仮に地球上で100年たつ間に穴Bでは10年しかたたないとしましょう。すると、穴Bが戻ってきたときの地球や穴Aは西暦3100年になっているのですが、穴Bの中は西暦3010年になっている、という状況が生まれます。

一方、ワームホールというのは離れているように見えるけれども本当はくっついている2つの穴のことでした。穴Bが移動している間も、ずっと穴Aとくっついているのです。そのために、AとBには時間の差が生じないのです。

「これは何だか変だぞ」と感じたかもしれません。

そうです。AとBには時間差が生じると言ったかと思えば、時間差はないのだと言っているわけですから、矛盾しているように思えますよね。

これは、私たちからすると不思議に思えるのですが、相対性理論によると**時間差がある**というの**もないというのもどちらも本当**なのです。

AとBに時間差ができるというのはワームホールの外から見たときの話です。一方、AとBに時間差ができないというのはワームホールを通して見たときの話なのです。

2つの穴を利用して過去へ行くことができる

それでは、この不思議な状況を利用して、

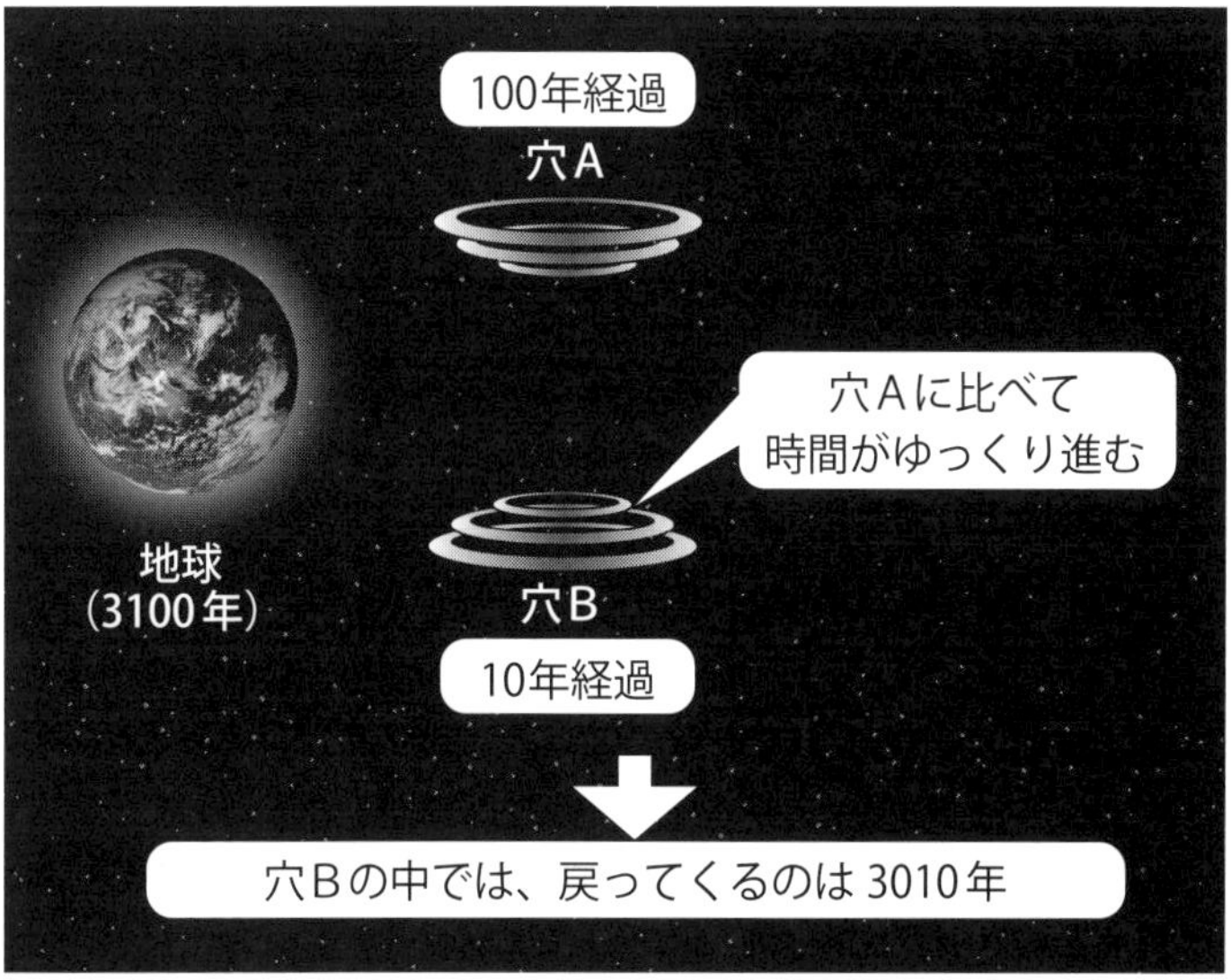

過去へタイムトラベルする方法を考えます。

ワームホールの穴Bが帰ってきたときに、宇宙船が地球を出発して穴Bに飛び込むとします。宇宙船は、地球を西暦3100年に出発するわけですね。

ところが、このとき穴Bでは西暦3010年だったわけです。「お、3100年から3010年に移動したのだから、これが過去へのタイムトラベルだ！」と思うかもしれませんが、この段階ではまだタイムトラベルはできていません。

それは、地球と穴Bとは別の場所だからです。同じところの過去へ行かなければ、過去へのタイムトラベルとは言えないのです。

過去へのタイムトラベルは、宇宙船が穴Bへ飛び込んだあとに起こります。

穴Bは穴Aとつながっています。そして、ワームホールを通して見ると2つの穴に時間差はないのでした。

つまり、穴Bに飛び込んでワームホールを通過して穴Aから出てくるとき、Bと同じ時間のAに出てくるのです。

宇宙船が飛び込んだとき、Bは西暦3010年でした。ですので、宇宙船はワームホールを通過した後に西暦3010年のAに出てくることになるのです。

そして、宇宙船はAから地球へ移動します。地球とAはすぐ近くですので、すぐに地球へ到着します。

そして、地球とAには時間差はありませんでした。ですので、宇宙船は西暦3010年の地球へやってくることになるのです。

過去へのタイムトラベルは可能！

さあ、これで宇宙船は過去へのタイムトラベルを果たすことができました！

宇宙船は西暦3100年の地球を出発し、ワームホールを通過して西暦3010年の地球にやってくることができたのです。

これは地球という同じところの90年前にやってきたわけですから、間違いなく過去へのタイムトラベルです。

このように、ワームホールを利用することができれば過去へタイムトラベルすることが可能であると、相対性理論は予言しているのです。

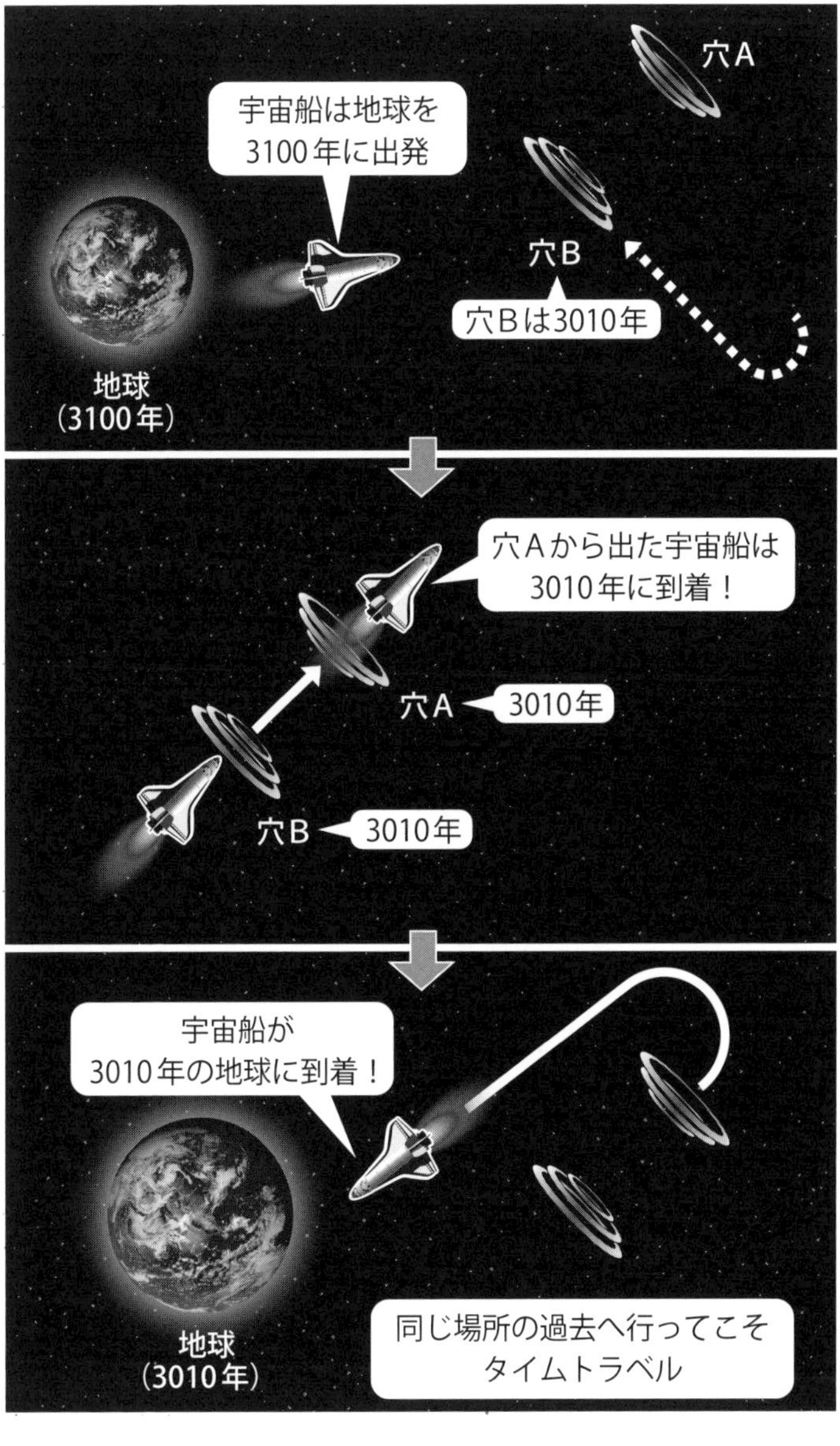
穴A
宇宙船は地球を
3100年に出発
穴B
穴Bは3010年
地球
（3100年）
穴Aから出た宇宙船は
3010年に到着！
穴A
3010年
穴B
3010年
宇宙船が
3010年の地球に到着！
地球
（3010年）
同じ場所の過去へ行ってこそ
タイムトラベル

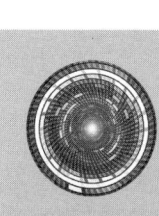

タイムマシンへの反論

タイムマシンの限界

ここまで、相対性理論をもとにして、どのような方法で過去へタイムトラベルできる可能性があるかを紹介してきました。いつの日か、タイムマシンが完成する日が来るかもしれないと思うと、ワクワクしますね！

ただ、そのような楽観的な考え方を否定する意見は根強くあります。

「人類がどんなに科学技術を発展させたとしても、タイムマシンなど永遠に完成しない」というものです。

その根拠はいくつもありますが、代表的なものの1つは「**もしも遠い未来にタイムマシンができるのなら、現在のこの世界に未来からやってくる人がいるはずではないか**。でも、

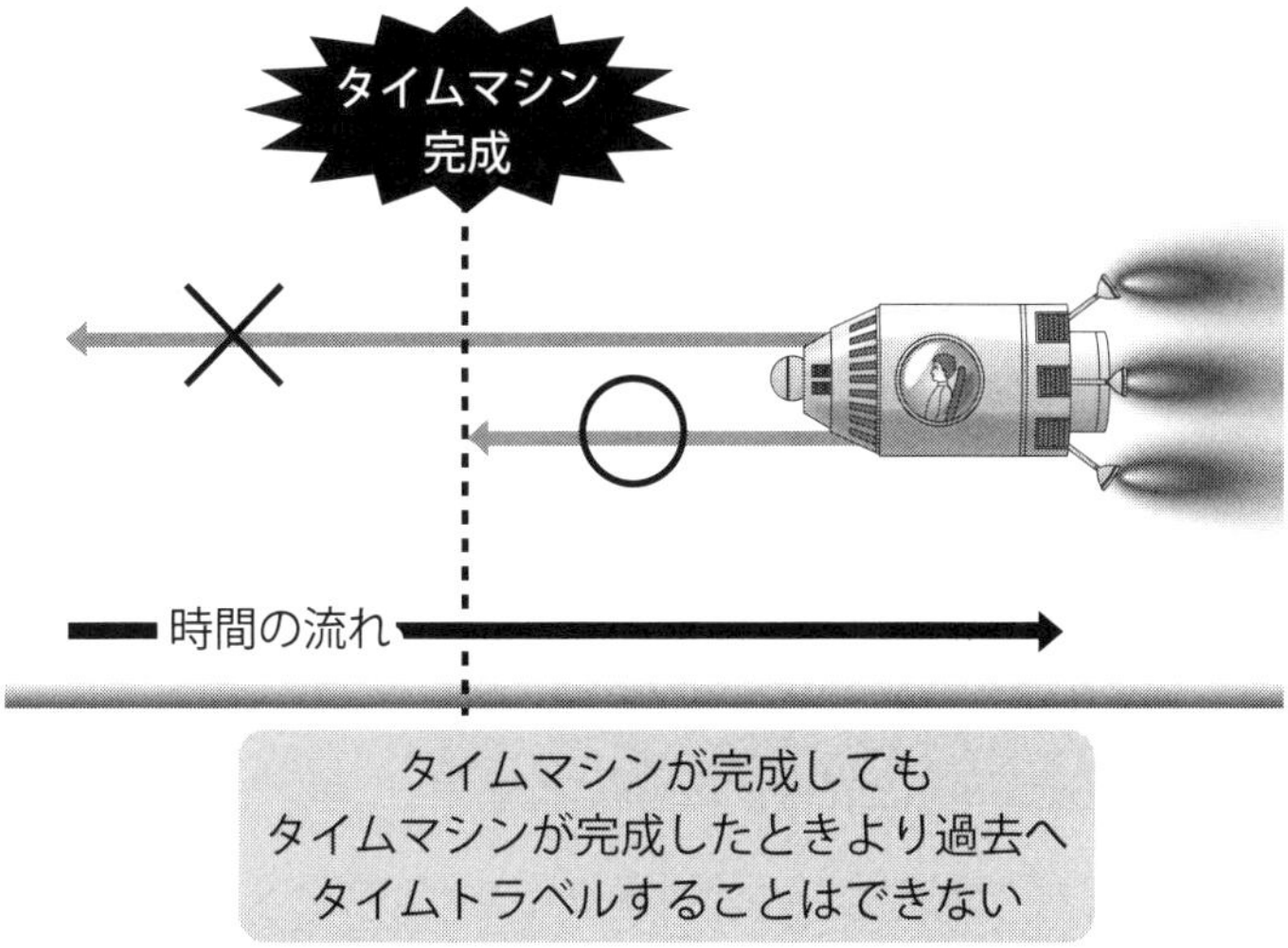

いまだかつてそのようなことはないのだから、それこそが永遠にタイムマシンは完成しない証拠だ」というものです。

たしかにそうも思えますが、だからといってタイムマシンが否定されることはありません。というのは、ここまで紹介した過去へのタイムトラベルの2つの方法では、いずれも**タイムマシンが完成したときよりも昔へ行くことはできない**からです。

例えば、人類が頑張って西暦４０００年にタイムマシンが完成したとします。その後、西暦４２００年に生まれた人が西暦４１００年へ行くことはできるかもしれませんが、西暦４０００年より前には行けないのです。

いま現在、タイムマシンは完成していません。だから、遠い未来にタイムマシンができたとしても、現在へタイムトラベルしてくる人がいないのは当然、と言えるのです。

両親の結婚を邪魔したらどうなる？

では、こんな意見はどうでしょう。

「もしもタイムマシンができたとして、それに乗って過去へ行き、あなたの両親の結婚を邪魔したら、あなたは消えてしまうのですか？」というものです。

あなたは両親が結婚したからこの世にいるわけですが、過去へ戻って結婚を破談にしてしまったらあなたの存在はどうなるのでしょう。その瞬間に、あなたはこの世から消えてしまうのでしょうか。そんな恐ろしいことが本当に起こるのでしょうか。

タイムマシンに乗って過去を変えたらどうなるのだ、というのはとても難しい問題で、答えが出ているわけではありません。実際、これを根拠にタイムマシンに否定的な考えを持つ人は大勢います。

それでも、タイムマシンは可能であるという望みはあります。

その1つが、「**パラレルワールド（並行世界）**」という考え方です。

過去へ戻って両親の結婚を邪魔した場合、その瞬間に世界が枝分かれする、というのがパラレルワールドの考え方です。

左の図のように、タイムトラベラーが過去へ行って歴史を変えた瞬間、歴史が変わった

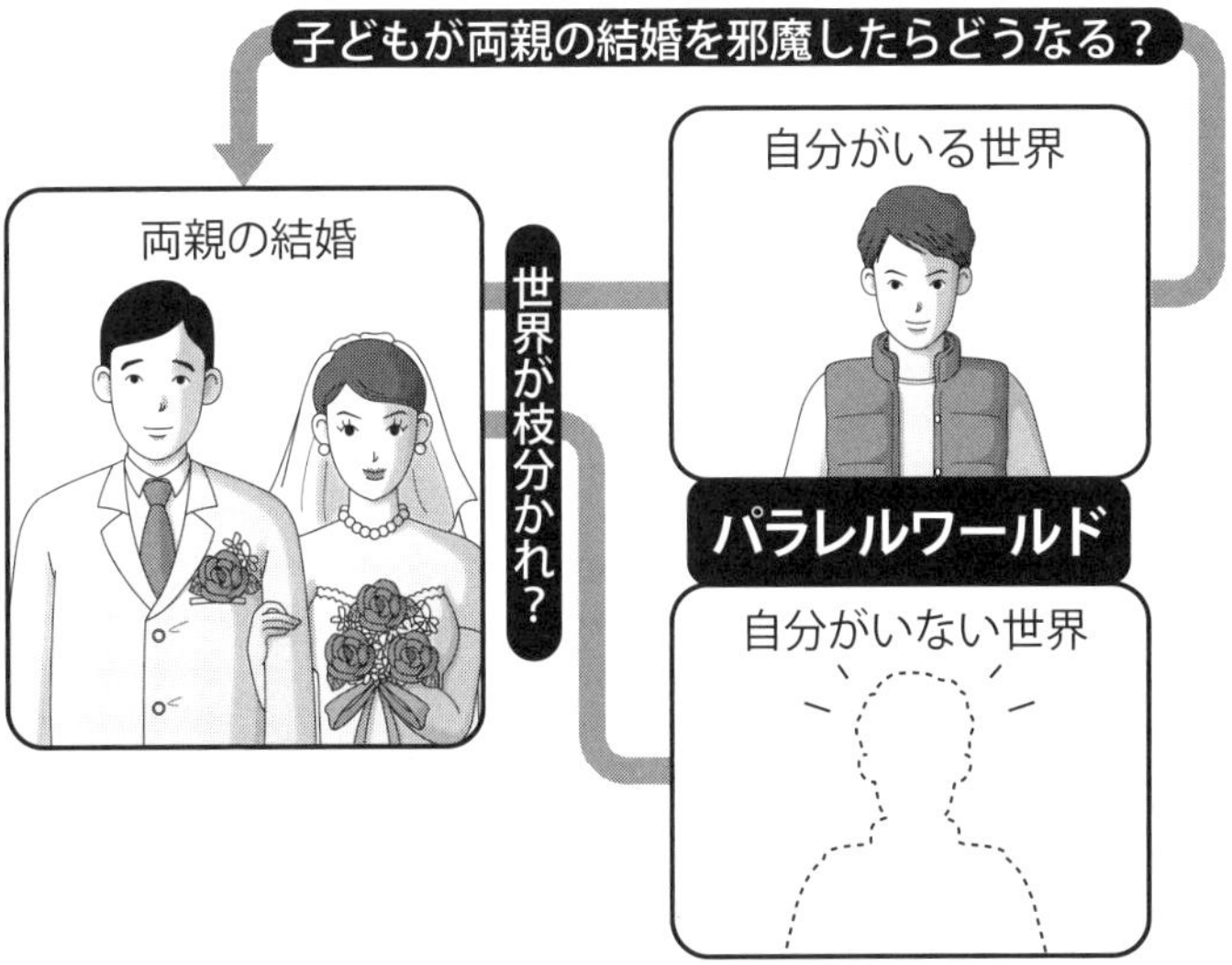

世界と変わらなかった世界に枝分かれするのです。

「世界が枝分かれする」というのも想像できない話ですが、2つの世界がお互い独立に同時に存在している、という何とも不思議な考え方です。

世界が枝分かれするなら、過去へ行って歴史を変えても新しい世界が増えるだけで、もとの世界には何も影響が及ばないということになります。そうであるならば、過去へタイムトラベルしても何ら困ったことは起こりません。

もちろんこれは1つの仮説にすぎませんが、タイムマシンの可能性は否定されていない、希望はあるのだということを理解していただければと思います。

おわりに

ここまでお読みいただき、ありがとうございました。

正直なところ、2年前に「相対性理論の本を書きませんか」と声をかけていただいたときは、自分には荷が重いと感じました。世の中には相対性理論を解説した本はたくさんありますので、それらと差別化できるかどうか不安があったからです。

そこで、本書は「いちばんやさしく」解説することを目指しました。「相対性理論に触れたことがない方、物理を学んだことがない方にも、相対性理論の不思議な世界を味わってもらいたい」という願いを持って、そのためにはどのように表現したらよいか、悩みながら書いたつもりです。

また、楽しみながら読んでいただくために、「ブラックホール」「重力波」「タイムマシン」といった話題を取り入れてきました。どれか1つでも興味深く読んでいただけたなら幸いです。

本書では、多くの図を活用しました。やはり、やさしい解説を目指す上で図解は欠かせません。ポイントを押さえながらも親しみやすい図にすることはなかなか困難ですが、彩図社の柴田智美さんに大変ご苦労いただいてなんとか完成に至りました。深く感謝しております。

2017年8月　三澤信也

【参考文献】

『相対性理論』アインシュタイン著　内山龍雄訳・解説（岩波文庫）
『相対論の意味』アインシュタイン著　矢野健太郎訳（岩波文庫）
『相対性理論の世界』ジェームズ・A・コールマン著　中村誠太郎訳（講談社）
『相対性理論から100年でわかったこと』佐藤勝彦（PHPサイエンス・ワールド新書）
『相対論のABC』福島肇（講談社）
『相対性理論を楽しむ本』佐藤勝彦監修（PHP文庫）
『やさしくわかる相対性理論』二間瀬敏史（ナツメ社）
『マンガでわかる相対性理論』新堂進（ソフトバンククリエイティブ）
『光と重力』小山慶太（講談社）
『重力波とは何か』川村静児（幻冬舎新書）
『重力波とはなにか』安東正樹（講談社）
『ブラックホール・膨張宇宙・重力波』真貝寿明（光文社新書）
『ゼロからわかるブラックホール』大須賀健（講談社）
『宇宙に外側はあるか』松原隆彦（光文社新書）
『タイムマシンのつくりかた』ポール・テイヴィス著　林一訳（草思社文庫）
『Newton』2009.5 2011.12 2012.3 2013.10 2016.10（ニュートンプレス）

【著者紹介】

三澤信也（みさわ　しんや）
長野県生まれ。東京大学教養学部基礎科学科卒業。長野県の中学、高校にて物理を中心に理科教育を行っている。
また、ホームページ「大学入試攻略の部屋」を運営し、物理・化学の無料動画などを提供している。
http://daigakunyuushikouryakunoheya.web.fc2.com/

【図解】いちばんやさしい相対性理論の本

2017年9月19日　第1刷
2020年9月 1日　第4刷

著　者　三澤信也

イラスト　宮崎絵美子

発行人　山田有司

発行所　株式会社　彩図社《さいずしゃ》

〒170-0005　東京都豊島区南大塚3-24-4 MTビル
TEL:03-5985-8213
FAX:03-5985-8224

印刷所　シナノ印刷株式会社

URL：http://www.saiz.co.jp
https://twitter.com/saiz_sha

 ISBN978-4-8013-0247-1 C0040

カバー・本文に利用した一部のイラスト　designed by Freepik.com